奶牛营养
与生理

蒋林树　陈俊杰　熊本海　主编

U0238337

中国农业出版社

奶牛营养学北京市重点实验室/北京农学院

中国农业科学院北京畜牧兽医研究所

国家"十三五"重点研发计划-智能农机装备-信息

感知与动物精细养殖管控机理研究(2016YFD0700200)

现代农业产业技术体系北京市奶牛创新团队

编写人员名单

主　　编	蒋林树　陈俊杰　熊本海
副 主 编	苏明富　孙春清　张连英　郭江鹏
	方洛云　童津津
参编人员（按姓氏笔画排序）	
	王　俊　王　瑞　王秀芹　刘　磊
	刘长清　孙玉松　严尚维　李　旭
	李　峥　李振河　张　良　张　翼
	罗远明　胡肄农　南雪梅　贾春宝
	黄秀英　曹　沛　熊东艳　潘晓花

前　言

　　奶业是现代农业和食品工业的重要组成部分，对于改善居民膳食结构、增强国民体质、增加农牧民收入具有重要意义。近年来，我国奶业发生了根本性变化，取得了巨大的历史进步，已跨入层次更高、实力更强、目标更远大、质量安全稳定、持续健康发展的新阶段。2016 年，全国奶牛养殖场（户）平均存栏量 75 头，100 头以上规模养殖比例达到 53%，100% 实现机械化挤奶，80% 使用全混合日粮（TMR），全国荷斯坦牛平均年单产 6.4t，规模牧场平均达到 8.4t，单产水平达到 10t 以上的企业也不少。

　　在看到成绩的时候，我们也要清楚地认识到不足。与奶业发达国家相比，我国奶牛单产水平、资源利用效率和劳动生产率仍有一定差距。泌乳奶牛年均单产比欧美国家低 30%；饲料转化率 1.2，低 0.2 左右；规模牧场人均饲养奶牛 40 头，只有欧美国家的一半。产业一体化程度较低，养殖与加工脱节，缺乏稳定的利益联结机制，产业周期性波动大。

　　综合来看，我国奶业发展既存在困难挑战，也面临重大机遇。从市场潜力看，我国人均奶类消费量仅为世界平均水平的 1/3、发展中国家平均水平的 1/2。随着城乡居民收入水平提高、城镇化推进和二胎政策的实施，奶类消费有较大的增长潜力。预计 2020 年，全国奶类总需求量为 5 800 万 t，年均增长 3.1%，比"十二五"年均增速高 0.5 个百分点。从生产发展看，经过多年的整顿和发展，我国奶业取得长足进步，已具备全面振兴的基础和条件。随着产业政策的不断完善和国际市场的不断融合，通过转型升级、创新驱动、提质增效、补齐短板，我国奶业将迎来更大的发展空间。

奶牛是一种草食动物，它可以化腐朽为神奇，把大量粗饲料、农作物秸秆以及加工副产品转化成高质量的动物性食品——牛奶和牛肉。在全世界供人饮用的各种奶类中，奶牛所产的奶约占 90%。牛奶中含有人体所必需的蛋白质和各种氨基酸、脂肪、乳糖、多种维生素、常量和微量矿物质以及各种免疫活性因子，是一种营养丰富的、所含成分接近完善的天然理想食物。

我国人民自古就有养牛挤奶、喝奶的习惯。我国北方和西南地区少数民族，利用黄牛、牦牛挤奶食用，已有 5 000 多年的历史。据 2 100 年前的《史记·匈奴列传》记载，古代匈奴人"人食畜肉，饮其汁"，所谓"汁"，就是牛和马的乳汁。"牛乳"二字，最早见于距今已经有 1 800 年的《神农本草经》。自 19 世纪以来，人们对牛奶的需求量大大地增加，进而拉动着奶牛的产业链条，使奶牛的繁殖、商品奶牛的销售、奶牛的养殖都大幅度增长。但作为一项产业，中国奶业生产只是近半个多世纪才逐渐形成独立的生产体系，并逐步实现了一定规模的商品生产结构。目前，奶业已成为我国现代农业和食品工业发展中最具活力、增长最快的产业之一，也是政府重视、社会关注、民众关心的民生产业，更是促进农民增收、农村经济发展的优势产业。

在实际生产中，仍有部分小规模奶牛散养户缺乏奶牛饲养的基本知识，不能根据奶牛的消化生理需求正确合理利用饲料，造成奶牛生产能力不高或营养代谢障碍等，给养殖户造成了较大的经济损失。鉴于此，我们组成了蒋林树教授、陈俊杰研究员等专家组，他们长期战斗在生产第一线，具有较深的理论水平和丰富的实践经验，较为系统地编写了此书。本书从奶牛的饲料种类、营养需求、消化生理、生殖生理以及奶牛不同生理阶段的饲养等多方面对其进行了系统论述，希望广大奶牛养殖从业人员能从中得到帮助和启迪。

因编者水平有限，书中难免存在一些缺点和错误，敬请读者批评指正。

编 者

2017 年 10 月

目 录

第一章

奶牛的饲料营养

第一节　饲料中的营养成分

　　饲料中养分是由单一化学元素或若干化学元素相互结合而成的。在已知的 100 多种化学元素中，构成饲料各种养分的至少有 26 种，其中以碳、氢、氧、氮 4 种有机元素的含量最多，约占饲料干物质总量的 90%；其次是一些常量矿物质元素，如钠、钾、钙、镁、硫、磷、氯等；其余为微量矿物质元素，如铜、铁、锰、锌、碘、硒、钴以及氟、硅、钼、铬、钒、砷、镍、锡等。

一、饲料碳水化合物

　　多羟基醛或多羟基酮以及能水解产生多羟基醛或多羟基酮的一类化合物。分为单糖、寡糖和多糖三大类。

　　按概略养分分析方案，碳水化合物又可分为无氮浸出物和粗纤维两大类。无氮浸出物包括单糖、寡糖、淀粉、糊精、糖原和果聚糖等多糖；粗纤维包括纤维素、半纤维素等多糖以及多缩戊糖、木质素、果胶和角质等。

　　1. 单糖　单糖一般是含有 3～6 个碳原子的多羟基醛或多羟基酮。最简单的单糖是甘油醛和二羟基丙酮。单糖是构成各种糖分子的基本单位，天然存在的单糖一般都是 D 型。在糖通式中，单糖的 n 是从 3～7 的整数，依次被称为丙糖、丁糖、戊糖、己糖和庚糖。单糖既可以环式结构形式存在，也可以开链形式存在。

2. 寡糖 寡糖又称低聚糖，由 2～10 个分子的单糖通过糖苷键形成的，溶于水，味甜，与酸在加热的条件下可水解成各种单糖。寡糖种类较多，但以二糖存在的形式最广，也最为重要。作用是为动物肠道内有益微生物提供养分，可促进动物体自身免疫能力的提高。

（1）二糖。常见的有蔗糖、乳糖、麦芽糖、纤维二糖。

①蔗糖。蔗糖由葡萄糖和果糖缩合失水形成，是自然界最重要的二糖。蔗糖水解后的产物称为转化糖，蜂蜜的主要组分即为转化糖，其甜度较蔗糖更高。

②乳糖。乳糖由葡萄糖和半乳糖缩合失水形成。乳糖在动物乳腺中生成，猪、牛奶中含量 4%～6%，其甜度为蔗糖的 16%。

③麦芽糖。麦芽糖是由两个葡萄糖分子缩合失水形成。麦芽糖大量存在于发芽的谷粒中。淀粉、糖原被淀粉酶水解也可以产生少量麦芽糖。

④纤维二糖。纤维二糖是构成纤维素的基本单位，是由两分子 β-D-葡萄糖缩合失水形成。纤维二糖可被消化道微生物分泌的 β-葡萄糖苷酶分解成葡萄糖。

（2）三糖与四糖。常见的有棉籽糖、水苏糖。棉籽糖与水苏糖不能被单胃动物利用，是一类抗营养因子。

3. 多糖 多糖由多个（10 个以上到上万个）单糖分子脱水缩合而成。多糖是自然界中一类结构复杂的高分子化合物，可分为同聚多糖和杂聚多糖两大类。同聚多糖由一种单糖缩合而成。杂聚多糖由一种以上不同类型的单糖或其他衍生物组成。

多糖一般不溶于水，无甜味，在经过水解或发酵后才能为动物吸收利用。多糖包括淀粉、糖原、纤维素、半纤维素、木质素、果胶、几丁质等。其中，糖原在动物肝及肌肉内储量较大，肝糖原可占肝的 5%，肌糖原可占肌肉的 1%～2%。

4. 结合糖 结合糖又称配糖体或糖苷，是单糖或聚合糖与非糖物质的结合。重要的结合糖有蛋白多糖、氨基多糖、糖蛋白等。

5. 其他分类方法划分的碳水化合物

（1）粗纤维。粗纤维是植物细胞壁的主要组成成分，包括纤维素、半纤维素、木质素及角质等成分。其中，纤维素是由 β-1,4 葡萄糖聚合而成的同质多糖；半纤维素是葡萄糖、果糖、木糖、甘露糖和阿拉伯糖等聚合而成的异质多糖；木质素则是一种苯丙基衍生物的聚合物，它是动物利用各种养分的主要限制因子。

（2）无氮浸出物。饲料中的无氮浸出物（Nitrogen free extract，NFE）是非常复杂的一组物质，主要包括淀粉、单糖（五碳糖、葡萄糖、果糖）、双糖蔗糖、糊精、有机酸、一部分果胶、木质素、单宁、色素和不属于纤维素的其他化合物。由于无氮浸出物的成分复杂，所以常规饲料分析不能直接分析饲料中无氮浸出物含量，而是通过计算求得。

（3）中性洗涤纤维（NDF）。中性洗涤纤维是植物材料或含植物材料的饲料中不溶于中性洗涤剂的那部分物质，包括纤维素、半纤维素、木质素、硅酸盐。

（4）酸性洗涤纤维（ADF）与酸性洗涤木质素（ADL）。酸性洗涤纤维（ADF）是对纤维素和木质素含量的估计，根据 NDF 和 ADF 的差值可估测饲料中半纤维素含量。

$$半纤维素＝NDF－ADF$$
$$纤维素＝ADF－木质素－灰分$$
$$木质素＝ADF－纤维素－灰分$$

二、饲料蛋白质与含氮化合物

饲料中的含氮化合物包括真蛋白质与非蛋白含氮物。真蛋白质是由多种氨基酸结合而成的高分子化合物。非蛋白含氮物是指非蛋白质形态的含氮化合物，如游离氨基酸、肽、酰胺、氨、硝酸盐、生物碱、核酸和尿素等。

1. 蛋白质组成与结构

（1）蛋白质组成。蛋白质是各种 α-氨基酸通过酰胺键连成多肽链的高分子有机化合物。

（2）蛋白质的结构。

①蛋白质的初级结构。蛋白质的一级结构专指蛋白质肽链中的氨基酸的排列顺序。

②蛋白质的高级结构。蛋白质高级结构与功能密切相关。包括二级结构、三级结构和四级结构。

2. 蛋白质的分类

①单纯蛋白质。在蛋白质分子中完全由氨基酸构成的蛋白质称为单纯蛋白质。

②复合蛋白质。一些蛋白与非蛋白质的辅基或者其他的分子结合在一起，称为复合蛋白质。

3. 氨基酸

（1）氨基酸的结构。氨基酸在结构上的共同特点是都含有氨基（—NH_2）和羧基（—COOH），且在与羧基相邻的 α-碳原子上都有一个 α-氨基。

（2）氨基酸的分类。常见的氨基酸分类方法有 3 种。

①根据侧链 R 基团的疏水性与亲水性分类。

②根据 α-氨基酸中侧链 R 基团的极性性质分类。

③根据不同氨基酸中所含氨基和羧基的多少及是否含硫基或羟基分类。

（3）氨基酸的理化性质。

①氨基酸的旋光性。左旋（L）、右旋（D）。天然存在氨基酸多为 L 型，动物对其吸收利用率高。蛋白质水解后得到都是 L 型 α-氨基酸。

②光吸收。酪氨酸、色氨酸及苯丙氨酸对紫外线有明显的光吸收能力。

③氨基酸的溶解度。

4. 非蛋白含氮物

（1）核酸和碱基。核酸是由许多核苷酸聚合成的生物大分子化合物，为生命的最基本物质之一。核酸广泛存在于所有动植物细胞、微生物体内，生物体内的核酸常与蛋白质结合形成核蛋白。不同的核酸，其化学组成、核苷酸排列顺序等不同。根据化学组成不同，核酸可分为核糖核酸（简称 RNA）和脱氧核糖核酸（简称 DNA）。

碱基是指嘌呤和嘧啶的衍生物，是核酸、核苷、核苷酸的成分。DNA 和 RNA 的主要碱基略有不同，其重要区别是：胸腺嘧啶是 DNA 的主要嘧啶碱，在 RNA 中极少见；相反，尿嘧啶是 RNA 的主要嘧啶碱，在 DNA 中则是稀有的。

（2）胺及酰胺类含氮化合物。胺是由相应氨基酸脱羧后的产物，如组氨酸脱羧后转化为组胺。

酰胺类在植物饲料中含量较多，常见有天门冬酰胺、谷氨酰胺及尿素。

5. 寡肽　寡肽是指氨基酸之间由肽键连接的低聚化合物，其是一类必需的营养素。蛋白质进入消化道后在多种蛋白酶的作用下可水解成寡肽和游离氨基酸。饲料蛋白质品质的实质与其在动物肠道中释放寡肽和游离氨基酸的量及比例有关。动物性蛋白质能产生较大比例的寡肽，植物性蛋白质可产生较多的游离氨基酸。

三、饲料脂类化合物

脂类是由碳、氢、氧 3 种元素组成的化合物。凡是与脂肪酸相结合或能够与脂肪酸相结合的，且易溶于有机溶剂，难溶于水的各种化合物统称为脂类。

1. 脂类化合物的分类　脂类化合物可简单分为脂肪和类脂。脂肪又称真脂，类脂又称类脂肪。

（1）脂肪。脂肪是指由甘油和脂肪酸组成的三酰甘油，又称甘油三酯或中性脂肪。脂肪主要是从动植物体内提炼出来的甘油酯部分。是由 1 分子甘油和 3 分子脂肪酸结合而得。在室温下呈固态的称为脂，在室温下为液态的称为油，统称为油脂。

（2）类脂。类脂由脂肪酸、甘油及其他物质结合而成，包括磷脂（神经磷脂、脑磷脂、卵磷脂）、固醇类和糖脂等。

2. 脂肪酸　高等动植物的脂肪酸绝大多数是偶数碳原子，奇数碳原子的脂肪酸极少。根据构成脂肪酸的碳原子之间是单键结合还是含有 1 个或 1 个以上的双键结合，把脂肪酸分为饱和脂肪酸和不饱和脂肪酸。

①饱和脂肪酸。是指分子结构中不含双键，即与碳原子相对应的氢原子呈饱和状态。常见的动植物饱和脂肪酸有硬脂酸、软脂酸和花生酸等。

②不饱和脂肪酸。除饱和脂肪酸以外的脂肪酸（不含双键的脂肪酸称为饱和脂肪酸，所有的动物油的主要脂肪酸都是饱和脂肪酸，鱼油除外）就是不饱和脂肪酸。不饱和脂肪酸的双键越多，不饱和程度越高，其熔点越低，含有较多此类脂肪酸的油脂呈液态。

3. 脂类化合物的理化特性

（1）熔点。脂肪的熔点随饱和程度和碳链长度的增加而升高。

（2）皂化值。能使 1g 油或脂完全皂化所消耗的氢氧化钾毫克数称为皂化值。在一定重量脂肪中，脂肪酸相对分子质量越小，分子数越多，转化所需碱的量越多，其皂化值越高。

（3）碘值。碘值是指每 100g 脂肪或脂肪酸能吸收碘的克数。碘值越高，说明该酸的不饱和程度越大。

（4）酸败与酸价。酸败是指天然油脂在空气中发生自发的氧化过程，导致酸臭、味苦的现象，其化学本质是油脂水解产生游离脂肪酸，后者再氧化为醛或酮。酸价是指中和 1g 脂肪内所含游离脂肪酸所需的氢氧化钾的毫克数。腐败变质的脂肪其酸价较高。

（5）氢化。油脂中的不饱和键可在金属镍催化下加氢使双键消失，使不饱和脂肪酸变为饱和脂肪酸，该反应称氢化反应。脂肪氢化作用可防止油脂酸败氧化。

4. 必需脂肪酸　必需脂肪酸是指那些在动物体内不能合成，或者合成量不能满足需要，为保证正常生理功能，必须由日粮供给的脂肪酸。目前公认的必需脂肪酸为亚油酸。

必需脂肪酸的生理功能：是磷脂的重要组成部分；是合成前列腺素（PG）、血栓素（TXA）及白三烯（LT）等类二十烷酸的前体物质；与胆固醇的代谢有关；参与动物精子的形成；维持正常视觉功能等。

四、饲料能量

1. 能量

（1）能量概念与单位。饲料有机物完全燃烧生成水和二氧化碳时放出的热量，称为燃烧热或总能。能量的单位是焦耳，简称"焦"（J）。

（2）能量的来源。来源于碳水化合物、脂肪和含氮化合物（植物的能量来源于太阳能，动物的能量来源于植物）。

各种营养物质产生能量的多少，主要决定于所含的化学元素成分，特别是氧元素在化合物中所占比例，含氧高需氧少，氧化产热低；反之，氧化时需氧多，产热也较多。

2. 饲料中的有效能

（1）消化能。消化能是指从饲料总能中减去粪能后的能值，也称"表观消化能"。

即：消化能（DE）＝饲料总能（GE）－粪能（FE）

（2）代谢能。代谢是生物体利用食物转化成生活原生质和储存物、产生能量、排出废物等一系列的生化过程，实质上也是一系列化学反应过程。它包括营养物质的转化、能量的转换、合成和降解过程、废物的排出以及生物体所有其他机能。进行上述过程所需要的能量称为代谢能，在体内其能量主要来自于三磷酸腺苷（ATP）循环。

即：代谢能（ME）＝饲料总能（GE）－粪能（FE）－尿能（LIE）－甲烷能（AM）

其中，尿能也有非饲料来源的内源能。

（3）净能。动物有机体在采食时常有身体增热现象产生。代谢能减去体增热（热增耗）能即为净能。又可以分为维持净能和生产净能。动物体维持生命所必需的能量称为维持净能（NEm）。用来动物产品和劳役的能量称为生产净能（NEp）。净能等于维持净能加上生产净能。

即：净能（NE）＝总能（GE）－粪能（FE）－尿能（UE）－甲烷能（AM）－体增热（HI）

五、饲料矿物质

动植物体中除构成有机质分子的碳、氢、氧、氮四大元素外还含有其他几十种元素，通常称为矿物质元素，一般把在动物体内含量大于 0.01% 的元素称为常量矿物质元素，如 Ca、Mg、Na、S、P、Cl、K 等。把在动物体内含量小于 0.01% 的元素称为微量元素，如 Cu、Fe、Mn、Zn、I、Se、Co、Mo、Cr 等。各种矿物质元素在动植物组织中主要以可溶性无机盐形式存在，如阳离子 K^+、Na^+、Ca^{2+}，阴离子 Cl^- 等。多价元素以离子、不溶性盐和胶体溶液形成动态平衡，金属离子则多以螯合物形式存在。

1. 钙和磷　补充主要是以各种矿物质饲料和动物加工副产品形式提供。以铵盐、钙盐和钠盐形式存在的磷效价很高。

2. 钠和氯　在维持渗透压、调节酸碱平衡和控制水代谢方面起重要作用。多数饲料原料中钠和氯的效价在 $90\%\sim100\%$。

3. 钾 是机体内含量较丰富的矿物质，仅次于钙和磷，是肌肉组织中最丰富的矿物质。常见日粮中钾的含量一般能满足动物的需要，玉米和豆粕中钾的效价为 90%～97%。钾参与电解质平衡和肌肉神经的功能。镁是许多酶系的辅助因子，也是骨骼的组成成分。

4. 硫 动物饲料中含有足量蛋白质时一般不会缺硫。硫是含硫氨基酸的组成部分，也是维生素 B$_1$ 和生物素、激素组成成分。

5. 铜 动物需要铜合成血红蛋白及合成与激活正常代谢所需的一些氧化酶类。植物籽实及其加工副产品通常含铜，补充物中生物学效价高的铜盐有硫酸铜、碳酸铜和氯化铜。

6. 铁 不同来源铁的效价变异很大，植物的籽实、血粉和鱼粉等都是铁很好的来源，硫酸亚铁、氯化铁、氨基酸螯合铁、葡萄糖铁、柠檬酸铁、柠檬酸胆碱铁、柠檬酸铵铁对防治缺铁性贫血很有效。

7. 锌 在蛋白质、碳水化合物和脂类代谢中发挥重要作用。使用高铜作为添加剂时，特别要注意提高锌的水平。

8. 锰 锰为硫酸软骨素合成所必需，后者是骨的有机质黏多糖的组成成分。硫酸锰的效价很高。

9. 碘 亚麻籽、油菜籽、花生和大豆等含有促甲状腺素，影响碘的吸收利用。海产品，如鱼粉是碘的良好来源。补充物中碘化钾、碘化钠都是有效形态，但碘盐混合物比碘化钾或碘化钠更稳定。

10. 硒 硒和维生素 E 的相互节省效应是由于两者均有抗氧化作用，但机理不同，高水平维生素 E 不能完全替代对硒的需要。

11. 钴 钴是维生素 B$_{12}$ 的组成成分，如果日粮有足够的维生素 B$_{12}$ 可以不添加钴。

12. 铬 铬作为葡萄糖耐量因子的活性成分，增强胰岛素同其受体的结合力。

六、饲料维生素

维生素是动物维持机体正常生命活动所必需的一类小分子有机化合物。维生素既不是构成动物体组织的成分，也不是供应能量的物质，但它们在维持动物体内物质与能量代谢、保证正常的生理功能方面具有重要的作用。维生素包括两大类：脂溶性维生素和水溶性维生素，脂溶性维生素包括维生素 A、维生素 D、维生素 E、维生素 K，水溶性维生包括 B 族维生素和维生素 C。动物需要的维生素的来源与分布：

1. 外源性维生素　包括天然饲料中含有的维生素及各种维生素添加剂。

2. 内源性维生素　包括动物消化道微生物合成的维生素 K 及 B 族维生素，以及动物机体组织器官合成的维生素 C 和维生素 D_3。

七、饲料中的水分

水分存在于一切饲料中，风干饲料中有 10% 左右的水分，而青绿多汁饲料水分含量可达 60% 以上。一般饲料水分低则易于储存，其营养价值相对高一些；反之，水分过高会使饲料易于变质，降低营养价值。全价配合饲料中水分含量一般在12%～14%。

1. 饲料中水分的形态　水在饲料中有两种形态，即束缚水和自由水。

(1) 束缚水。束缚水又称化学结合水或结晶水，是氢键结合力维系着的水，它按比例牢固地与物料结合，一般通风干燥或 100℃ 以下加热都不能排除。大部分束缚水多与蛋白质、碳水化合物相结合，束缚水的沸点高于一般水，冰点低于一般水，不易结冰（－20℃ 以上）。束缚水与饲料风味有直接关系，若采取措施使其与饲料分离，则导致饲料品质降低。

（2）自由水。自由水又称游离水，属组织细胞中易结冰也易溶解的水分。青绿饲料含有较多的自由水。自由水可分为三类：

①滞化水。由组织中的显微及亚显微结构与膜所阻留的，不能流动的水为滞化水。

②毛细管水。在生物组织的细胞间隙中存在的由毛细管系着的水称为毛细管水，此属细胞间水。

③自由流动水。一些新鲜饲料等植物导管细胞外的水分称为自由流动水。

2. 水分活度 水分活度是从另一个角度定量评价饲料中水分状态与耐存性关系的一个指标。水分活度可以理解为饲料中水分可以被微生物利用的程度。水分活度越大说明饲料的含水量越高。控制好饲料的水分活度值，可以达到少用或不用防霉剂而安全储藏的目的。

八、饲料抗营养因子和有毒有害物质

饲料中营养成分的消化、吸收和利用受到两方面不利因素的干扰：一是动物消化道内缺乏合适的消化酶，二是饲料中存在某些能破坏营养成分或阻碍营养成分消化、吸收和利用的物质。后者被称为饲料抗营养因子。

1. 蛋白酶抑制因子 蛋白酶抑制因子包括胰蛋白酶抑制因子（又称抗胰蛋白酶因子）以及胰凝乳蛋白酶抑制因子。

2. 植物凝集素 植物凝集素是能凝集动物红细胞的一种蛋白质。多以糖蛋白形式存在于豆科植物及其饼粕饲料中，以菜豆的含量为丰富。

3. 单宁 单宁是一类能与蛋白质结合成不溶性复合物的植物聚酚类物质。根据单宁的结构，分为可水解单宁和缩合单宁。如高粱的籽粒、豆类籽实、油菜籽、马铃薯、茶叶等所含的单宁均为缩合单宁。

4. 植酸　植酸又称为肌醇六磷酸，其中以禾本科和豆科籽实的含量最丰富。植酸是植物性饲料有机磷的主要存在形式。在植物性饲料中以植酸盐形式存在的有机磷化合物，通常成为植酸磷。

5. 硫葡萄糖苷　硫葡萄糖苷水解产生有毒产物。一般油菜籽的硫葡萄糖苷含量为 3%～8%，甘蓝型油菜平均含量为6.13%，白菜型油菜的平均含量为 4.04%，芥菜型油菜平均含量为 4.85%。

6. 芥子碱和芥酸　芥子碱是油菜籽中的另一种抗营养因子，它是芥子酸和胆碱作用生成的酯类物质，不稳定，易发生非酶催化的水解反应，生成芥子酸和胆碱。芥子碱有苦味，影响饲料的适口性。芥酸是油菜等十字花科作物种子中另一种广泛存在的抗营养因子。它不是芥子酸（芥子酸是芥子碱水解产物）。大量食入会引起心肌脂肪沉积和心肌坏死。

7. 棉酚及其衍生物　棉酚是一种高活性的多酚化合物，含活性醛基和活性羟基的游离棉酚毒性最大，变性棉酚毒性较小，结合棉酚几乎没有毒害作用。棉酚是黄色晶体，游离棉酚具有 3 种异构体：酚醛型、半缩醛型和环状羰基型异构体，这 3 种异构体可发生互变。

8. 环丙烯类脂肪酸　环丙烯类脂肪酸是棉籽产品中又一类抗营养因子，存在于棉籽粕中。主要指锦葵酸，对蛋品质有不良影响，可产生"海绵蛋"。

9. 胃肠胀气因子　胃肠胀气因子与豆科籽实产品中含有的某些低聚糖有关。这些低聚糖进入大肠后，能被肠道微生物发酵，产生大量的二氧化碳和氢，也可产生少量甲烷，从而引起肠道胀气，导致腹痛、腹泻等。

10. 香豆素　广泛存在于植物界，尤其是伞形科、豆科。由于双香豆素与维生素 K 的化学结构相似，可发生竞争性抑制作用，从而妨碍维生素 K 的利用，并产生抗凝血的效果。

11. 抗维生素因子　主要有脂氧合酶，可破坏维生素 A 和胡萝卜素；硫胺素酶能使维生素 B_1 分解嘧啶和噻唑；生大豆含有抗维生素 D 因子；生的菜豆含有抗维生素 E 因子；生鸡蛋的蛋白中存在抗生物素蛋白；高粱中含有抗烟酸因子；亚麻籽中有一种抗维生素 B_6 因子。

12. 生氰糖苷　生氰糖苷也称氰苷或含糖氰苷。常见的饲料如亚麻籽粕、木薯、菜豆属、白三叶草都同时含有亚麻苦苷和白脉根苷。

13. 含羞草素　含羞草素又称含羞草氨酸，是一种有毒的氨基酸。与酪氨酸和苯丙氨酸竞争，干扰其代谢过程。能与维生素 B_6 结合，影响需要该物质的酶。反刍动物瘤胃微生物降解后的产物，能抑制碘与酪氨酸合成甲状腺素，从而导致甲状腺肿大。

14. 抗原蛋白　抗原蛋白是饲料中的大分子蛋白质或糖蛋白。

15. 产雌激素因子　产雌激素因子是指饲料中含有一些能够引起动物发情反应的因子，它们是一些与糖基结合的异黄酮类糖苷。异黄酮多具有雌激素样作用，家畜大量食入后，可引起动物的假发情、卵巢囊肿以及公畜雌性化，母畜不孕、流产等。

16. 水溶性非淀粉多糖　水溶性非淀粉多糖是植物的结构多糖的总称。包括 β-葡聚糖、阿拉伯木聚糖、葡萄甘露聚糖、半乳甘露聚糖和鼠李半乳糖醛酸聚糖。

17. 硝酸盐及亚硝酸盐　青绿饲料、树叶类等饲料常有含量不等的硝酸盐通过多种途径可转化有毒的亚硝酸盐。含硝酸盐、亚硝酸盐的饲料可导致动物急、慢性中毒。

18. 草酸　草酸又名乙二酸，草酸多以酸钾盐形式广泛存在一些牧草及蔬菜类饲料中，如甜菜、菠菜、荠菜等中含量可达 $0.5\% \sim 1.5\%$。

19. 其他抗营养因子 其他较为重要的抗营养因子包括生物碱、皂苷和组胺等。生物碱是一类存在于生物体内的含氮化合物，有类似碱的性质，能和酸结合成盐。巢菜碱和伴巢菜碱主要存在于蚕豆的生物碱，在动物体产生蚕豆溶血性贫血现象，鸡蛋蛋黄脆性增加。皂苷广泛存在于饲用植物大豆、菜豆、豌豆、羽扇豆、花生、苜蓿、三叶草、油菜籽饼、甜菜中。皂苷能产生泡沫，易导致瘤胃膨气。组胺由组胺酸脱羧派生而来，可损伤肠道系统，使肠壁微生态系统紊乱和消化液分泌失调，影响营养物质的吸收。

九、饲料的其他成分

1. 色素 所有的色素都是由发色基团和助色基团组成的。发色基团是指有机分子在紫外及可见光区域内有吸收峰的基团。助色基团是本身吸收波段在紫外线区，但能将所有的基团接到发色基上，使发色基的吸收波段移向长波方向。

2. 饲料中的异种成分 饲料中的异种成分主要是指由于饲料储藏不当而滋生了有害微生物所产生的有毒有害物质。

第二节 蛋白质与奶牛营养

蛋白质是细胞的重要组成成分，在生命过程中起着重要的作用，涉及动物代谢的大部分与生命攸关的化学反应。不同种类动物都有自己特定的、多种不同的蛋白质。在器官、体液和其他组织中，没有两种蛋白质的生理功能是完全一样的。这些差异是由于组成蛋白质的氨基酸种类、数量和结合方式不同的必然结果。

动物在组织器官的生长和更新过程中，必须从食物中不断获取蛋白质等含氮物质。因此，把食物中的含氮化合物转变为机体蛋白质是一个重要的营养过程。

一、蛋白质的组成和作用

1. 蛋白质的组成结构

（1）组成蛋白质的元素。蛋白质的主要组成元素是碳、氢、氧、氮，大多数的蛋白质还含有硫，少数含有磷、铁、铜和碘等元素。比较典型的蛋白质元素组成如下：碳 $51.0\% \sim 55.0\%$，氮 $15.5\% \sim 18.0\%$，氢 $6.5\% \sim 7.3\%$，硫 $0.5\% \sim 2.0\%$，氧 $21.5\% \sim 23.5\%$，磷 $0 \sim 1.5\%$。

各种蛋白质的含氮量虽不完全相等，但差异不大。一般蛋白质的含氮量按 16% 计。动物组织和饲料中真蛋白质含氮量的测定比较困难，通常只测定其中的总含氮量，并以粗蛋白质表示。

（2）氨基酸。蛋白质是氨基酸的聚合物。由于构成蛋白质的氨基酸的数量、种类和排列顺序不同而形成了各种各样的蛋白质。因此，可以说蛋白质的营养实际上是氨基酸的营养。目前，各种生物体中发现的氨基酸已有 180 多种，但常见的构成动植物体蛋白质的氨基酸只有 20 种。几种动物产品和饲料氨基酸含量见表 1-1。植物能合成自己全部的氨基酸，动物蛋白虽然含有与植物蛋白同样的氨基酸，但动物不能全部自己合成。

表 1-1 几种蛋白质的氨基酸含量

单位:%

氨基酸	酪蛋白	卵蛋白	牛肉	鳕鱼粉	大豆蛋白	蚕豆蛋白	小麦蛋白
丙氨酸（Ala）	3.0	6.7	5.0	7.5			
精氨酸（Arg）	1.1	5.7	7.2	6.7	6.5	6.0	5.0
天门冬氨酸（Asp）	7.1	9.3	6.1	8.6			
半胱氨酸（Cysteine）	1.3	1.5					
胱氨酸（Cys）	0.3	0.5	1.1	1.0			
谷氨酸（Glu）	22.4	16.5	15.6	13.4			
甘氨酸（Gly）	2.7	3.0	5.1	12.5			

（续）

氨基酸	酪蛋白	卵蛋白	牛肉	鳕鱼粉	大豆蛋白	蚕豆蛋白	小麦蛋白
组氨酸（His）	3.1	2.4	2.9	1.8	2.3	2.9	1.9
异亮氨酸（Ile）	6.1	7.0	6.3	4.1	12.4	13.5	9.5
亮氨酸（Leu）	9.2	9.2	7.7	6.7			
赖氨酸（Lys）	8.2	6.3	8.2	6.9	6.3	6.0	2.1
蛋氨酸（Met）	2.8	5.2	2.2	2.8	1.5	0.8	1.3
苯丙氨酸（Phe）	5.0	7.7	5.0	3.4	9.4*	7.0*	7.5*
脯氨酸（Pro）	11.3	3.6	6.0	6.8			
丝氨酸（Ser）	6.3	8.1	5.5	5.6	4.2	2.6	2.9
苏氨酸（Thr）	4.9	4.0	5.0	4.2	1.3	0.9	1.2
色氨酸（Trp）	1.2	1.2	1.1	1.0			
酪氨酸（Tyr）	6.3	3.7	4.4	2.8			
缬氨酸（Val）	7.2	7.0	5.0	4.8	4.7	5.1	4.0

引自 Kirchgessner M（1987）。*表示加上酪氨酸。

2. 蛋白质的性质和分类

（1）蛋白质的性质。蛋白质凭借游离的氨基和羧基而具有两性特征，在等电点易生成沉淀。不同的蛋白质等电点不同，该特性常用作蛋白质的分离提纯。生成的沉淀按其有机结构和化学性质，通过 pH 的细微变化可复溶。蛋白质的两性特征使其成为很好的缓冲剂，并且由于其相对分子质量大和离解度低，在维持蛋白质溶液形成的渗透压中也起着重要作用。这种缓冲和渗透作用对于维持内环境的稳定和平衡具有非常重要的意义。

在紫外线照射、加热煮沸以及用强酸、强碱、重金属盐或有机溶剂处理蛋白质时，可使其若干理化和生物学性质发生改变，这种现象称为蛋白质的变性。酶的灭活，食物蛋白经烹调加工有助于消化等，就是利用了这一特性。

（2）蛋白质的分类。简单的化学方法难于区分数量庞杂、特性各异的这类大分子化合物。通常按照其结构、形态和物理特性进行分类。不同分类间往往也有交错重叠的情况。一般可分为纤维蛋白、球状蛋白和结合蛋白三大类。

①纤维蛋白。包括胶原蛋白、弹性蛋白和角蛋白。

胶原蛋白：胶原蛋白是软骨和结缔组织的主要蛋白质，一般占哺乳动物体蛋白总量的30%左右。胶原蛋白不溶于水，对动物消化酶有抗性，但在水或稀酸、稀碱中煮沸，易变成可溶的、易消化的白明胶。胶原蛋白含有大量的羟脯氨酸和少量羟赖氨酸，缺乏半胱氨酸、胱氨酸和色氨酸。

弹性蛋白：弹性蛋白是弹性组织，如腱和动脉的蛋白质。弹性蛋白不能转变成白明胶。

角蛋白：角蛋白是羽毛、毛发、爪、喙、蹄、角以及脑灰质、脊髓和视网膜神经的蛋白质。它们不易溶解和消化，含较多的胱氨酸（14%～15%）。粉碎的羽毛和猪毛，在15～20lb* 蒸汽压力下加热处理1h，其消化率可提高到70%～80%，胱氨酸含量则减少5%～6%。

②球状蛋白。主要有以下几种：

清蛋白：主要有卵清蛋白、血清蛋白、豆清蛋白、乳清蛋白等，溶于水，加热凝固。

球蛋白：球蛋白可用5%～10%的NaCl溶液从动植物组织中提取；其不溶或微溶于水，可溶于中性盐的稀溶液中，加热凝固。血清球蛋白、血浆纤维蛋白原、肌浆蛋白、豌豆的豆球蛋白等都属于此类蛋白。

谷蛋白：麦谷蛋白、玉米谷蛋白、大米的米精蛋白属此类蛋白。不溶于水或中性溶液，而溶于稀酸或稀碱。

醇溶蛋白：玉米醇溶蛋白、小麦和黑麦的麦醇溶蛋白、大麦

---

* lb 为非法定计量单位。1lb=0.453 592 37kg。

的大麦醇溶蛋白属此类蛋白。不溶于水、无水乙醇或中性溶液，而溶于 70%～80%的乙醇。

组蛋白：属碱性蛋白，溶于水。组蛋白含碱性氨基酸特别多。大多数组蛋白在活细胞中与核酸结合，如血红蛋白的珠蛋白和鲑精子中的鲑组蛋白。

鱼精蛋白：鱼精蛋白是低分子蛋白，含碱性氨基酸多，溶于水。如鲑精子中的鲑精蛋白、鲟的鲟精蛋白、鲱的鲱精蛋白等。鱼精蛋白在鱼的精子细胞中与核酸结合。球蛋白比纤维蛋白易于消化，从营养学的角度看，氨基酸含量和比例也较纤维蛋白更理想。

③结合蛋白。结合蛋白是蛋白部分再结合一个非氨基酸的基团（辅基）。如核蛋白（脱氧核糖核蛋白、核糖体），磷蛋白（酪蛋白、胃蛋白酶），金属蛋白（细胞色素氧化酶、铜蓝蛋白、黄嘌呤氧化酶），脂蛋白（卵黄球蛋白、血中 β_1-脂蛋白），色蛋白（血红蛋白、细胞色素 C、黄素蛋白、视网膜中与视紫质结合的水溶性蛋白）及糖蛋白（γ 球蛋白、半乳糖蛋白、甘露糖蛋白、氨基糖蛋白）。

3. 蛋白质的营养生理作用　蛋白质在动物的生命活动中具有重要的营养作用。

（1）蛋白质是构建机体组织细胞的主要原料。动物的肌肉、神经、结缔组织、腺体、精液、皮肤、血液、毛发、角、喙等都以蛋白质为主要成分，起着传导、运输、支持、保护、连接、运动等多种功能。肌肉、肝、脾等组织器官的干物质含蛋白质80%以上。蛋白质也是乳、蛋、毛的主要组成成分。除反刍动物外，食物蛋白质几乎是唯一可用以形成动物体蛋白质的氮来源。

（2）蛋白质是机体内功能物质的主要成分。在动物的生命和代谢活动中起催化作用的酶、某些起调节作用的激素、具有免疫和防御机能的抗体（免疫球蛋白）都是以蛋白质为主要成分。另外，蛋白质对维持体内的渗透压和水分的正常分布，也起着重要的作用。

（3）蛋白质是组织更新、修补的主要原料。在动物的新陈代谢过程中，组织和器官的蛋白质的更新、损伤组织的修补都需要蛋白质。据同位素测定，全身蛋白质6～7个月可更新一半。

（4）蛋白质可供能和转化为糖、脂肪。在机体能量供应不足时，蛋白质也可分解供能，维持机体的代谢活动。当摄入蛋白质过多或氨基酸不平衡时，多余的部分也可能转化成糖、脂肪或分解产热。正常条件下，鱼等水生动物体内也有相当数量的蛋白质参与供能作用。

二、蛋白质的消化吸收

1. 消化吸收　反刍动物真胃和小肠中蛋白质的消化、吸收与非反刍动物类似。但由于瘤胃微生物的作用，使反刍动物对蛋白质和其他含氮化合物的消化、利用与非反刍动物又有很大的差异。

（1）饲料蛋白质在瘤胃中的降解。进入瘤胃的饲料蛋白质，经微生物的作用降解成肽和氨基酸，其中多数氨基酸又进一步降解为有机酸、氨和二氧化碳。瘤胃液中的各种支链酸，大多是由支链氨基酸衍生而来，如缬氨酸转变为异丁酸和氨。微生物降解所产生的氨与一些简单的肽类和游离氨基酸，又被用于合成微生物蛋白质。

瘤胃液中氨的最适浓度范围较宽（85～300mg/L），其变异主要与瘤胃内微生物群能量及碳架供给有关。因此，用氨与发酵有机物质间的关系来表示瘤胃内环境比用最适氨浓度表示更切合实际，瘤胃内每千克有机物质发酵，微生物可利用近30g以上蛋白质或核酸形式存在的氮。

饲料供给的蛋白质少，瘤胃液中氨的浓度就低，经血液和唾液以尿素形式返回瘤胃的氮的数量可能超过以氨的形式从瘤胃吸收的氮量。这种进入瘤胃的"再循环氮"转变为微生物蛋白质，就意味着转移到后段胃肠道的蛋白质数量可能比饲料蛋白质多。这样，瘤胃微生物对反刍动物蛋白质的供给具有一种"调节"作用，能使劣质蛋白质品质改善，优质蛋白质生物学价值降低。因此，通过给反刍动物饲料添加尿素，以提高瘤胃细菌蛋白质合成量已成为一项实用措施；对优质饲料蛋白质进行适当的处理（甲醛处理、包被等），以降低其溶解度，使其在瘤胃中的降解率降低，也是必要的方法。

瘤胃降解生成的肽，除部分被用于合成微生物蛋白外，也可直接通过瘤胃壁或瓣胃壁吸收，尤其是相对分子质量较小的肽，逃脱微生物利用和直接吸收的肽，则又可在后胃肠道被进一步消化吸收。

（2）微生物蛋白质的产量和质量。瘤胃中 80％的微生物能利用氨，其中 26％只能利用氨，55％可利用氨和氨基酸，少数的微生物能利用肽。原生动物不能利用氨，但能通过吞食细菌和其他含氮物质而获得氮。

在氮源和可发酵有机物比例适当、数量充足的情况下，瘤胃微生物能合成足以维持正常生长和一定产奶量的蛋白质。例如，用近于无氮的饲料加尿素，羔羊能合成维持正常生长所需的 10 种必需氨基酸，其粪、尿中排出的氨基酸是摄入饲料氨基酸的 3～10 倍，瘤胃中的氨基酸是摄入氨基酸的 9～20 倍。用无氮饲料加尿素饲喂奶牛 12 个月，产奶4 271kg；当饲料中 20％的氮来自蛋白质时，产奶量有所提高。在一般情况下，瘤胃中每 1kg 可发酵有机物质，微生物能合成 90～230g 菌体蛋白质，可供 100kg 左右体重的反刍动物维持正常生长或日产奶 10kg 的蛋白质需要。

瘤胃微生物能合成宿主所需的必需氨基酸。瘤胃微生物蛋白质的品质一般略次于优质的动物蛋白质，与豆饼和苜蓿叶蛋白大约相当，优于大多数谷物蛋白。原生动物和细菌蛋白质的生物学价值平均为 70～80。原生动物蛋白质的消化率（88％～91％）

高于细菌蛋白（66％～74％）。采食较多的粗饲料，有利于瘤胃原生动物的繁殖。微生物蛋白质中约 20％的核酸对宿主动物意义不大。

2. 影响反刍动物对含氮化合物消化吸收的因素　影响反刍动物对含氮化合物消化吸收的主要因素是饲料组成、降解速率和蛋白质的热损害。

（1）饲料组成及降解速率。瘤胃微生物合成氨基酸和蛋白质是通过氨与饲料成分所提供的碳架相结合而实现的。因此，反刍动物对氮的利用效率不仅取决于饲料中含氮组分的降解速率，而且也取决于饲料中以碳水化合物形式存在的碳架的同步供给情况。

微生物对饲料蛋白质及含氮化合物的降解速度取决于被微生物侵袭的表面积大小、物质密度、蛋白质的化学性质以及其他物质的保护作用等多种因素。蛋白质的溶解度越高，则降解速度越快。饲料真蛋白质一般较非蛋白含氮化合物降解慢。例如，尿素的降解率为 100％，降解速度很快；酪蛋白质降解率为 90％，降解速度稍慢。植物性饲料蛋白质的降解率变化较大，玉米约为 40％，少数植物蛋白质可达 80％。因此，要使瘤胃微生物很好地利用饲料氮源，提高饲料粗蛋白质的利用率，必须对饲料组成做全面考虑，既要保证真蛋白氮与非蛋白氮的适当比例，也要考虑饲料总氮含量与可利用碳水化合物的适宜比例。

（2）蛋白质的热损害。反刍动物饲料蛋白质的热损害与单胃动物饲料蛋白质的热损害有一定的差异，这与饲料的组成结构不同有关。反刍动物饲料蛋白质的热损害是指饲料中蛋白质肽链上的氨基酸残基与碳水化合物中的半纤维素结合生成聚合物的反应（纤维素基本上不发生此反应），该反应生成的聚合物含有 11％的氮，类似于木质素，完全不能被宿主或瘤胃微生物消化。因此，这种聚合物也称为"人造木质素"（artifact lignin）。这种"人造木质素"的分析与酸性洗涤纤维相同，其所含氮称作"酸性洗涤不溶氮"（ADIN-acid detergent insoluble nitrogen）。

酸性洗涤不溶氮产生的最适环境是 70% 的相对湿度和 60℃ 的温度，时间越长，则情况越严重。在饲料的干燥和青贮过程中，特别是低水分青贮时，常存在热损害的条件。在反刍动物饲料中，酸性洗涤不溶氮低于 10% 被认为是正常的。目前，一些国家在评定反刍动物饲料蛋白质质量时，常扣除其中的酸性洗涤不溶氮。

三、饲料氨基酸的平衡

蛋白质的质量问题实质上是必需氨基酸的数量和比例是否恰当的问题。而在实际生产中，常用饲料的蛋白质及必需氨基酸含量和比例与动物需要相比，大多不够理想，有的还相差甚远。因此，如何平衡饲料氨基酸是一个重要的问题，它直接涉及饲料蛋白质的质量和利用率。现就有关饲料氨基酸平衡所涉及的问题做简要介绍。

1. 饲料氨基酸含量的表示法

（1）氨基酸占饲料的百分比。指整个饲料中各种氨基酸占饲料风干物质或干物质的百分比。在营养需要和饲养标准中多采用此表示方法，便于配合饲料。

（2）氨基酸占粗蛋白质的百分比。指饲料中各种氨基酸含量占饲料粗蛋白质的百分比。此种表示法常用于比较蛋白质的品质，以便于了解饲料各种氨基酸与理想蛋白的差距。

2. 氨基酸的缺乏　一般在低蛋白质饲料情况下，可能有一种或几种必需氨基酸含量不能满足动物的需要。氨基酸缺乏不完全等于蛋白质缺乏。某些情况下，有可能饲料蛋白质水平超过标准，而个别氨基酸（如赖氨酸）含量仍不能满足需要；或者蛋白质不足，但个别氨基酸并不缺乏。

3. 氨基酸的不平衡　主要指饲料氨基酸的比例与动物所需氨基酸的比例不一致。一般不会出现饲料中氨基酸的比例都超过需要的情况，往往是大部分氨基酸符合需要的比例，而个别氨基酸偏低。不平衡主要是比例问题，缺乏主要是量不足。在实际生产中，饲料氨基酸不平衡一般都同时存在氨基酸的缺乏。

4. 氨基酸的互补　指在饲料配合中，利用各种饲料氨基酸含量和比例的不同，通过两种或两种以上饲料蛋白质配合，相互取长补短，弥补氨基酸的缺陷，使饲料氨基酸比例达到较理想状态。在生产实践中，这是提高饲料蛋白质品质和利用率的经济有效的方法。

5. 氨基酸的拮抗　某些氨基酸在过量的情况下，有可能在肠道和肾小管吸收时与另一种或几种氨基酸产生竞争，增加机体对这种（些）氨基酸的需要，这种现象称为氨基酸的拮抗。例如，赖氨酸可干扰精氨酸在肾小管的重吸收而增加精氨酸的需要；缬氨酸与亮氨酸、异亮氨酸之间存在拮抗作用；苯丙氨酸与缬氨酸、苏氨酸，亮氨酸与甘氨酸，苏氨酸与色氨酸之间也存在拮抗作用。存在拮抗作用的氨基酸之间，比例相差越大拮抗作用越明显。拮抗往往伴随着氨基酸的不平衡。

6. 氨基酸中毒　在自然条件下几乎不存在氨基酸中毒，只有在使用合成氨基酸大大过量时才有可能发生。例如，在含酪蛋白的正常饲料中加入 5％的赖氨酸或蛋氨酸、色氨酸、亮氨酸、谷氨酸，都可导致动物采食量下降和严重的生长障碍。就过量氨基酸的不良影响而言，蛋氨酸的毒性大于其他氨基酸。

7. 饲料氨基酸的平衡　生产中，畜禽饲料常以植物性饲料为主，而植物性饲料蛋白质的质量一般都比动物性饲料蛋白质差，禾谷类饲料必需氨基酸的含量远远低于动物的需要。以赖氨酸为例，动物性蛋白质赖氨酸含量占粗蛋白质的比例都在 6％以上，而禾谷类通常只有 4％左右。饲料必需氨基酸的不足或比例不当，将严重影响动物对蛋白质的利用、生长速度或其他生产成绩。

为了便于平衡饲料氨基酸，生产中常添加合成氨基酸，如合成赖氨酸、蛋氨酸等。这些氨基酸一般是猪禽饲料的前几种限制性氨基酸。通过添加合成氨基酸，可降低饲料粗蛋白质水平，改善饲料蛋白质的品质，提高其利用率，从而减少氮的排泄。当赖氨酸缺乏较严重时，仅添加合成赖氨酸就能使饲料粗蛋白质水平降低 3～4 个百分点。例如，当用菜籽饼作为育肥猪的主要蛋白质饲料时，一般需添加 0.2%～0.3% 的合成赖氨酸。以可消化（可利用）氨基酸为基础，按畜禽理想蛋白质氨基酸模式平衡饲料配方，是保证饲料氨基酸平衡的有效途径。

第三节 碳水化合物与奶牛营养

日粮中的碳水化合物在奶牛营养中的起着重要的作用。碳水化合物在瘤胃微生物的作用下生成乙酸、丙酸、丁酸、异丁酸、异戊酸等挥发性脂肪酸（VFA），这些 VFA 是反刍家畜主要的能量来源，可以满足宿主动物总能量需要的 70%～80%。但由于瘤胃微生物对日粮中碳水化合物的有效降解，小肠吸收的葡萄糖不能满足宿主动物的需要。因此，糖元异生对反刍类动物极其重要，并且葡萄糖前体物的供应量和某些器官合成葡萄糖的效率都可能是反刍动物整体生产性能提高的限制性因素。奶牛酮病的预防、奶牛泌乳量和乳脂率的提高以及保证瘤胃添加剂最大限度的提高生产性能，所有这些都取决于饲喂日粮中碳水化合物的水平和类型。

一、反刍动物消化系统

反刍动物的胃分成 4 个胃室。哺乳仔畜的前两个胃室，即瘤胃及其延续部分网胃，发育尚很不充分，故到达胃中的乳汁通过食道沟（the oesophageal groove）或网状沟（reticular groove）的管状组织皱襞闭合的管道直接进入其第三胃室瓣胃和第四胃室皱胃。当犊牛开始吃固体饲料时，其前面两个胃室

（通常把两者一起称作瘤网胃）容积增大，到成年时瘤网胃占 4 个胃室总容积的 85%。在通常饲养条件下，成年反刍动物的食道沟不再起作用，故其食入的饲料和水进入瘤网胃。然而，即使成年反刍动物仍能通过刺激使其食道沟反射性地闭合形成一个管道，尤其在它们用乳头饮水后更易使其食道沟反射性地闭合。

饲料在采食和反刍期间先后两次被大量的唾液所稀释，牛每天分泌的唾液量的典型值为 150L，平均每千克瘤胃内容物中含水分 850～930g，而瘤胃内容物通常则以两种状态存在：其下层呈液体状态，较细的饲料颗粒悬浮于其中；其上层为较干而粗糙的固形物。食物的磨碎和分解，部分是靠物理和化学的方法完成的。瘤胃内容物靠瘤胃壁节律性的收缩不断进行混合，在反刍期间，瘤胃前端内容物经逆呕返回食道内，并靠收缩波动的推动再返回口腔。内容物中的液态物质被再次迅速吞咽，而粗糙的固形物经彻底地咀嚼后再返回瘤胃。瘤胃前部上皮的触觉是引起反刍动物反刍的主要因素；某些日粮，尤其是那些粗饲料的含量极少或根本不含粗饲料的日粮可因刺激不充分而不引起反刍。动物反刍所花费时间的长短取决于其饲料中纤维的含量。放牧牛一般每天反刍约 8h，约与其放牧时间相等。每个反刍食团要咀嚼 40～50 次，因此使食团受到比采食时更为仔细地彻底咀嚼。

在瘤网胃内饲料的化学降解是通过消化道所分泌的酶催化的，是由微生物而不是由寄主动物本身引起的消化。瘤网胃为厌氧细菌和原生虫（还有一些真菌）提供了连续培养的环境。饲料和水进入瘤胃，其中饲料部分经微生物发酵，其产物主要是各种挥发性脂肪酸、微生物细胞（microbial cells）和甲烷与二氧化碳等气体。所产生的气体经嗳气（打嗝）散失，而挥发性脂肪酸则主要通过瘤胃壁吸收。微生物细胞与未降解的饲料成分一起经过皱胃再进入小肠；它们在小肠内被宿主动物分泌的酶消化，其消化产物被吸收。

二、瘤胃微生物

每毫升瘤胃内容物中含细菌为 $10^9 \sim 10^{10}$ 个。现已鉴定出 60 多种细菌。大多数细菌是不形成芽孢的厌氧菌。表 1-2 列出了几种较重要的细菌，简要说明了它们所利用的基质及其发酵产物。该资料是根据对体外分离的菌种的研究提供的，因此，它与体内菌种的情况不完全一致。瘤胃细菌的总数以及其中单个菌种相对群落大小随着动物的日粮而变化；例如，富含精饲料的日粮可提高瘤胃细菌总数并促进乳酸杆菌（lactobacilli）的增殖。

瘤胃中存在的原虫（protozoa）虽然其总数目比细菌少得多，但因原生虫的体积大，故其总体积可与细菌相等。

瘤胃中存在发酵不同种类的碳水化合物及其中间产物的不同种类的细菌，瘤胃中发酵主要碳水化合物的微生物见表 1-3。

在成年反刍动物体内，大多数瘤胃原生虫属于纤毛虫纲（Ciliate）两个科的原虫。通常称作全毛目（Holotrich）等毛科（Isotrichidae）的原生虫是布满纤毛（cilia）的卵圆形微生物，它们属于等毛虫属（*Isotricha*）和多毛虫属（*Dasytricha*）。头毛虫科（Ophroscolecidae）或寡毛目（Oligotrichs）包括许多种在体积、形状和外貌上差异很大的原生虫，它们包括内梳属（*Entodinium*）、双梳属（*Diplodinium*）、前毛虫属（*Epidinium*）和眉梳属（*Ophryoscoles*）。寡毛目原虫可吞噬饲料颗粒，并既能利用简单的碳水化合物又能利用包括纤维素在内的复杂碳水化合物。反之，全毛目原虫通常既不吞噬饲料颗粒又不能利用纤维素。

瘤胃内 pH 低容易杀死原虫，当给反刍动物饲喂促使瘤胃 pH 降低的日粮，甚至短暂地降低 pH，都可导致瘤胃原虫缺乏，甚至消失；当饲喂全精料日粮，由于其发酵迅速，就会出现这种现象。

表1-2　典型的瘤胃细菌及其能源和体外发酵产物

种　类	性质和形态描述	典型的能源	典型的发酵产物*						备择能源
			乙酸	丙酸	丁酸	乳酸	琥珀酸	甲酸	
产琥珀酸厌氧杆菌（*Bacteroides succinogenes*）	革兰氏阴性杆菌	纤维素	+				+	+	葡萄糖（淀粉）
黄瘤胃球菌（*Ruminococcus flavefaciens*）	过氧化氢酶缓化作用（Catalase negative）黄色菌落链球菌	纤维素	+				+	+	木聚糖
白瘤胃球菌（*Ruminococcus albus*）	单球菌或双球菌	纤维二糖	+					+	木聚糖
牛属链球菌（*Streptococcus bovis*）	革兰氏阳性，短链球菌形成荚膜	淀粉				+			葡萄糖
瘤胃厌氧杆菌（*Bacteroides ruminicola*）	革兰氏阴性，卵圆形或杆状菌	葡萄糖	+	+			+	+	木聚糖、淀粉
埃氏巨型球菌（*Megasphaera elsdenii*）	大球菌双球或链球菌	乳酸	+	+	+				葡萄糖、甘油

* 所产生的各种气体除外。

表 1-3　瘤胃中发酵主要碳水化合物的微生物

碳水化合物	细菌种类
发酵淀粉和糊精的细菌	嗜淀粉拟杆菌（*Bacteroides amylophilus*）、牛链球菌（*Streptococcus bovis*）、溶淀粉琥珀酸单胞菌（*Succinimonas amylolytica*）和溶糊精琥珀酸弧菌（*Succinivibrio dextrinosolvens*）
糖酵解细菌	居瘤胃拟杆菌（*Bacteroides ruminicola*）、溶纤维丁酸弧菌（*Butyrivibrio fibrisolvens*）和反刍兽新月单胞菌（*Selenomonas ruminantium*）
发酵纤维素的细菌	居瘤胃拟杆菌（*Bacteroides ruminicola*）、溶纤维丁酸弧菌（*Butyrivibrio fibrisolvens*）和反刍兽新月单胞菌（*Selenomonas ruminantium*）
发酵半纤维素的细菌	纤维素分解菌通常也能降解半纤维素，然而，一些纤维素分解菌如琥珀酸拟杆菌（*B. succinogenes*）本身不发酵半纤维素水解产生的戊糖
发酵果胶的细菌	产琥珀酸拟杆菌（*succinogenes*）、居瘤胃拟杆菌（*ruminicola*）、溶纤维拟杆菌（*fibrisolvens*）和一些原虫降解

　　瘤胃内没有原虫的反刍动物在外观上也正常和健康。但是，它们从这些原虫得到益处也就不可能了。因为原虫可以从瘤胃液中吞噬可溶性糖类（故减慢了瘤胃发酵速度），它们还破坏细胞壁。原虫还吞噬和消化瘤胃细菌，把细菌蛋白质转变成原生虫蛋白。宿主动物所消化的微生物蛋白质中可能约 25％ 为原虫蛋白质。可是，瘤胃中原虫也存在着不利的特性——可将其蛋白质"封锁"起来而阻止宿主动物利用；用低蛋白质日粮饲喂反刍动物时，这可能是一个突出的缺点。当用较优质日粮饲喂时，从几方面比较表明，瘤胃内有原生区系的反刍动物比灭绝原虫区系的反刍动物的生长更快。

三、瘤胃对碳水化合物的发酵产生影响

　　1. 瘤胃微生物对多糖发酵的影响　瘤胃是反刍动物消化粗

饲料的主要场所。瘤胃微生物每天消化的碳水化合物占采食粗纤维和无氮浸出物的 70%～90%，其中瘤胃相对容积大，是微生物寄生的主要场所，每天消化碳水化合物的量占总采食量的 50%～55%，具有重要营养意义。

反刍动物日粮中含有大量的纤维素、半纤维素、淀粉和水溶性碳水化合物［大多数以果聚糖（fructans）形式存在］。因此，反刍动物主要饲料——幼嫩牧草中，每千克干物质可含约 400g 纤维素和半纤维素以及 200g 水溶性碳水化合物。但在成熟牧草以及干草和蒿秆中，纤维素和半纤维素的含量则远远高于幼嫩牧草，而其水溶性碳水化合物含量远远低于幼嫩牧草。β 连接的碳水化合物（β - linked carbohydrates）与木质素结合在一起，其木质素含量为每千克干物质 20～120g。所有的碳水化合物，但不包括木质素，都受到瘤胃微生物的作用。

瘤胃中碳水化合物的降解可分为两个阶段：第一阶段是将复杂的碳水化合物消化生成各种单糖；第二阶段主要是糖的无氧酵解阶段，二糖和单糖被瘤胃微生物摄取，在细胞内酶的作用下迅速地被降解为挥发性脂肪酸——乙酸、丙酸、丁酸，还有二氧化碳和甲烷。

第一阶段是由细胞外微生物酶引起的消化，因此与非反刍动物碳水化合物的消化类似。在瘤胃内碳水化合物消化的第一阶段所生成的各种单糖在瘤胃液中很难检测出来，因为它们立即被微生物吸收并进行细胞内代谢。

2. 瘤胃微生物对单糖发酵的影响 第二阶段的消化代谢途径在许多方面与动物体本身进行的碳水化合物代谢相似。因此，通过瘤胃微生物进行的碳水化合物代谢的主要终产物为乙酸、丙酸和丁酸，还有二氧化碳和甲烷。丙酮酸、琥珀酸和乳酸是重要的中间代谢产物，有时还能在瘤胃液中检测出乳酸。在瘤胃内，通常还通过氨基酸的脱氨基作用生成少量的其他脂肪酸；这些脂肪酸分别是由缬氨酸生成的异丁酸、由脯氨酸生成的戊酸、由异亮氨酸生成的 2-甲基丁酸和由亮氨酸生成的 3-甲基丁酸。瘤胃液挥发性脂肪酸的总浓度随着反刍动物日粮和上一顿饲喂后的间隔时间的不同而异，一般在 $2 \sim 15g/L$。各种脂肪酸间的相对比例也随之变化。

四、瘤胃中甲烷的形成

反刍动物进食以后，瘤胃内碳水化合物发酵可产生气体，牛产气可超过 30L/h。瘤胃气体的主要成分为：二氧化碳，占 40%；甲烷，占 30%~40%；氢，占 5%；以及比例不恒定的少量氧和氮气（从空气中摄入）。瘤胃甲烷的产生是糖无氧酵解的必然副产物，甲烷生成是一个包括叶酸和维生素 B_{12} 参与的复杂反应过程。甲烷是一种高能物质，但动物不能利用，它的释放必然造成反刍动物饲料中能量的丢失。每 100g 已消化的碳水化合物约形成 4.5g 甲烷，而反刍动物以甲烷的形式损失的能量约占其饲料总能的 7%。控制甲烷生成是瘤胃发酵调控的重要内容之一。一般来说，饲料中粗饲料比例越高，瘤胃液中乙酸比例越高，甲烷的产量也相应高，饲料能量利用效率则降低。而丙酸发酵时可利用 H_2，所以丙酸比例高时，饲料能量利用效率也相应提高。不过当丙酸比例很高（33%以上），乙酸比例很低时，乳用反刍家畜乳脂率会降低，甚至导致产奶量下降。

瘤胃内甲烷主要是通过二氧化碳和氢气进行还原反应产生，多种瘤胃细菌能催化甲烷生成反应：

$$4H_2 + HCO_3^- + H^+ \rightarrow CH_4 + 3H_2O$$

二氧化碳来自丙酮酸转变为乙酸的脱羧过程。糖降解为丙酮酸，然后转变为乙酸而产生氢。只有少量的氢和二氧化碳是由甲酸形成的，催化这一反应的是甲酸脱氢酶。

$$HCOOH \rightarrow CO_2 + H_2$$

瘤胃内甲酸是丙酮酸转变为乙酸时产生的，瘤胃内 VFA 混合物中大约含有 1%甲酸，氢能迅速被产甲烷菌利用，并作为微生物活动过程中其他还原反应的氢供体。所以，在瘤胃内的氢分压维持在很低水平。瘤胃内通过某些细菌催化活动，还存在另外3种产生甲烷的反应。

①甲酸易分解产生甲烷和CO_2：

$$HCOO^- + H_2O \rightarrow CH_4 + HCO_3^-$$

②乙酸的分解产物：

$$CH_3COO^- + H_2O \rightarrow CH_4 + HCO_3^-$$

③甲醇（果胶降解产物）分解产物：

$$4CH_3OH \rightarrow 3CH_4 + HCO_3^-$$

②与③反应生成的甲烷少，并不十分重要。甲烷不能被反刍动物利用，它通过嗳气释放到体外，所以是一种能量的损耗。为提高饲料利用效率，实践中曾使用各种方法控制甲烷的产量，如使用离子载体（莫能霉素）、卤代化合物（如多卤化醇）以及除莠剂等农用化学制剂，均可明显减少甲烷的产生。使用这些化学制剂应当慎重，因为必须考虑这些制剂在动物组织中和畜产品（乳肉）中的残留量对人体健康的危害问题。

第四节 脂肪与奶牛营养

奶牛泌乳期前100d对产奶周期的总产奶量，后胎的繁殖率及农场的经济效益起决定性作用，因此必须采取有效措施帮助奶牛特别是高产奶牛避开自身的生理缺陷，以期达到最高的经济效益，添加过瘤胃脂肪是非常有效的措施之一。

奶牛对脂肪的消化与单胃动物显著不同，要求人们必须根据奶牛或反刍动物自身的消化生理特点来进行产品设计或制订正确的添加脂肪方案。高度不饱和脂肪酸及乳化剂可提高所有阶段单胃动物脂肪的消化率，然而对反刍动物只是在犊牛的早期阶段要求高度不饱和脂肪酸及乳化剂，断奶后，犊牛的胃结构及功能变化极快，日粮配方也应相应调整以同步适应生理上的变化。产犊前后，母牛体内动员脂肪分解的激素及酶的浓度变化极大，如何选择正确的过瘤胃脂肪对保护奶牛体况、提高后期的繁殖率及效益关系极为密切。

一、保护脂肪与过瘤胃脂肪

天然脂肪及其衍生物能通过瘤胃而不干扰瘤胃微生物的发酵统称为保护脂肪。目前，学术界时常把保护脂肪与过瘤胃脂肪等同。但严格说来，不同保护脂肪消化率差别极大，而生产上需要的是高消化率的保护脂肪，即过瘤胃脂肪。常规的液体脂肪或植物油不饱和程度高，对瘤胃微生物具毒害作用，导致对瘤胃发酵的干扰。

过去的 30 年中，反刍动物的保护脂肪备受关注，生产实践过程中积累了许多信息，充分了解为什么开发保护脂肪及不同产品的性能对生产有重要指导意义。

目前，市场有多种保护脂肪，如长链饱和脂肪酸、氢化脂肪、脂肪酸钙皂及各种含脂肪或脂肪酸的产品。

二、泌乳期奶牛脂肪需求

奶牛在泌乳期特别是开始的 80d 其常规饲料营养主要是能量摄入量不足以满足产奶的生理需求。这会导致奶牛特别是高产奶牛严重的低食欲、体况损失、繁殖性能下降。奶牛对能量利用有一定的分配次序，即先用于泌乳，其次才用于维持正常的繁殖活动。奶牛的营养利用部分受激素控制，在泌乳早期，受生长激素的影响，奶牛摄入的营养多被直接用于泌乳需要。当奶牛处于能量负平衡时，奶牛会动用体脂肪储存以满足产奶需求，这会导致酮血症的发生率升高，进而导致代谢紊乱、食欲丧失，最终导致受胎率下降，产奶高峰快速下降。瘤胃中总脂肪浓度相对稳定，每 100g 瘤胃内容物中约含 500mg 脂肪，其中 80% 来自饲料，16% 来自纤毛虫，4% 来自细菌（Katz and Keeney，1966；Keeney，1970）。

三、反刍动物脂肪代谢

不饱和程度高的粗脂肪在泌乳牛料中使用有限。摄入后不饱和脂肪酸会在瘤胃中被水解出来成为游离脂肪酸，这种不饱和游离脂肪酸会在瘤胃中大幅度降低纤维的消化速度，因而不饱和脂肪或脂肪酸会对奶牛泌乳早期的代谢问题起负作用。脂肪酸链长度、熔点及不饱和程度将决定这种负作用的程度，其中短链脂肪酸及高度不饱和脂肪酸起较大负作用（Wallace J，1994）。分解纤维的微生物对不饱和脂肪酸的毒性作用尤其敏感。研究显示，饲喂普通牛油超过 500g 不能提高奶产量（Hennansen，1986），但保护脂肪可持续地提高产奶量直至日摄入1 200g。众多的试验证明，过瘤胃脂肪对高产奶牛来讲比普通脂肪或植物油效果更好、更经济。这激发着对过瘤胃脂肪的研究和开发。

反刍动物对棕榈酸及硬脂酸的消化率比单胃动物高（Noble，1981）。这种高效率可以持续到较高的添加水平。

四、瘤胃微生物对脂肪酸的吞食

研究显示，瘤胃细菌（Hawke，1971）及纤毛虫（broad and Dawson，1975）都能从瘤胃摄入长链脂肪酸并能将长链脂肪酸整合到细胞膜中复杂的脂质中去，植物叶绿体中的高度不饱和脂肪酸多以酯化形式存在，因而在瘤胃中被保护不被氢化。绿色饲草中的脂肪虽然是不饱和脂肪，但相当于保护脂肪，反刍动物可通过这种途径摄取必需脂肪酸。

五、小肠中脂肪的消化吸收

与瘤胃中短链脂肪酸的吸收相反，长链脂肪酸在到达小肠之前几乎不被吸收。到达十二指肠的脂质主要是非酯化的饱和脂肪酸组成，当饲料中补充保护性油脂时，反刍动物的十二指肠中的消化糜中会出现甘油三酯（Moore and Christie，1984）。

六、胆汁及胰液分泌

反刍动物的胰液管与胆管在十二指肠起始 $5\sim10cm$ 处结合。在牛和羊胆汁及胰液的流速都是每小时每千克体重 1.45mL 及 0.33mL（Harrison and Hill，1960；McCormick and Stewart，1967）。当 pH 在 $7.5\sim7.8$ 时，反刍动物胰脂酶的活性最高，小于 5.0 时几乎无活性，但当胆汁酸盐存在时，脂肪在酸性条件下 pH＜5.0 时，水解活动仍然存在（Arienti et al.，1974）。羊胰脂酶的特性与猪的类似（Frobish et al.，1971）。

一般而言，反刍动物的脂肪消化类似于单胃动物，然而反刍动物有以下自身特点：反刍动物对游离脂肪酸尤其是棕榈酸及硬脂酸消化率高；反刍动物对硬脂酸消化率比棕榈酸低得多；脂肪酸可以被直接吸收及运输而不必转化成甘油酯；乳腺组织可部分地将硬脂酸转化成油酸；高度不饱和脂肪或脂肪酸对瘤胃微生物群系有毒性作用，会干扰瘤胃中纤维的消化，降低乳脂率。

七、过瘤胃脂肪的发展过程

根据对奶牛日粮中添加油脂的过程，可将过瘤胃脂肪发展过程归为以下阶段：

1. 全脂油籽阶段 用富含植物油的籽实，如黄豆、向日葵籽、整粒棉直接饲喂奶牛，其效果只有在使用量少且整粒饲喂时效果较显著；当以粉状饲喂时，这些籽实会释放大量的不饱和脂肪从而影响瘤胃发酵。

2. 牛油阶段 在欧洲暴发疯牛病及二噁英事件之前，牛油由于其极低廉的价格在全世界养牛发达国家普遍使用。现欧盟已禁止在奶牛饲料中添加牛油，只有少数国家如澳大利亚仍然使用较多的牛油，在澳大利亚、美国、新西兰仍然使用牛油育肥肉牛，但总趋势是牛油使用越来越受限制，量越来越小。随着疯牛病从欧洲传播到亚洲的日本，牛油不论在奶牛上还是在肉牛上，牛油的使用会越来越受抵制，直至被取消使用。

3. 脂肪酸钙盐　在 20 世纪 80 年代早期，脂肪酸钙盐因可过瘤胃而又富含能量，对当时的高产奶牛防止酮血症有较好作用而倍受关注。然而，脂肪酸钙盐需要较长的适应期及易发生自燃现象，使得人们寻求一种纯植物来源、瘤胃适应期短、能量高过脂肪酸钙替代的产品。几年前，美国及欧洲产的脂肪酸钙盐多用牛油生产，受消费趋势的影响，棕榈将会取代牛油。高档的脂肪酸钙盐应是白色无味、可用精炼分离过的牛油或棕榈油脂肪酸制成。

4. 棕榈油脂肪酸产品　由于棕榈油加工业在 20 世纪 90 年代在马来西亚快速发展，产生大量的游离脂肪酸产品，刺激着科学家尝试用棕榈油产品取代牛油产品在奶牛饲料中应用，发现棕榈油产品对奶牛产奶、乳脂率、繁殖率提高均超过其他类型过瘤胃脂肪，而成本更低，因而在欧洲许多国家出现在较短时间内过瘤胃棕榈油成功取代牛油脂肪酸钙的现象。早在 1984 年，英国脂肪营养学家 M. Enser 就提出钙皂在瘤胃中对降低瘤胃微生物对脂肪酸的利用有利，但对于在小肠中难以吸收是个不利因素。

5. 未来方向　乳能佳时代 MMK＋＋ time：过瘤胃脂肪不仅要解决高产奶牛泌乳早期的能量负平衡问题，同时尽可能通过利用脂肪与维生素之间的协同作用，解决高产奶牛中脂溶性维生素不足的问题，特别是 β-胡萝卜素及维生素 E。乳能佳用纯棕榈油来源产品制成，不仅富含高产奶净能，同时富含 β-胡萝卜素及维生素 E 作为营养增强剂，在世界首先利用脂肪与维生素的协同作用用于奶牛，对奶牛产奶量、奶牛体况改善及繁殖率提高、免疫机能改进优于以前的保护脂肪效果，是真正的加强型过瘤胃脂肪。

第五节　能量与奶牛营养

一、总能

饲料完全燃烧后所产生的热量被称为总能。即饲料在氧弹测热器中，在 25～30 个氧气压力下，全部氧化所释放出的热量。通常以千卡/千克（kcal*/kg）表示。

二、消化能

总能不可能全部为奶牛所利用，经过消化过程，总能中的一部分会以粪能的形式排出体外，其余已消化养分所含的能量称为消化能。即：消化能（kcal/kg）＝总能－粪能。

三、代谢能

消化能的一部分以消化道产气和尿能的形式损失掉，其他能够进入机体利用过程的称为代谢能。即指食入饲料的总能减去粪能、尿能和消化过程中所产的气体能后所余的能量。即：代谢能（kcal/kg）＝总能－（粪能＋尿能＋气体能）。

四、净能

代谢能并不能被机体完全利用，有一部分在代谢过程中以热增耗的形式损失掉，为奶牛各种生命活动所利用的部分称为净能。即指被奶牛吸收利用的那部分能量。即：净能（kcal/kg）＝代谢能－食后增热；或净能（kcal/kg）＝总能－（粪能＋尿能＋消化作用的气体含能量＋消化道中发酵的热量＋食后增热）。

五、产奶净能

由于饲料能量供维持与供产奶的利用效率大致相等，因此，可用产奶净能表示奶牛维持与产奶需要的能量。其计算公式为：产奶净能（兆卡/千克干物质）＝0.84×饲料消化能（兆卡/千克干物质）－0.77。为了使用方便，我国专门规定以奶牛能量单位

---

* cal 为非法定计量单位。1cal＝4.184 0J。

（NND）作为奶牛产奶所需能量的计量单位。该单位相当于 1kg 含乳脂 4% 的标准乳的能量，即 750kcal 产奶净能（或 3 138kJ）。NND 和产奶净能之间的转化公式为：NND＝产奶净能（kcal）/750（kcal），或 NND＝产奶净能（kJ）/3 138。

六、能量对奶牛繁殖性能的影响

1. 产前能量过剩　主要指干奶前 2～3 个月（泌乳末期），此期能量转化为体膘效率高达 70%（干奶期为 50%），如在此期供给奶牛的能量过多，膘情过好（高于 4 分），极易造成产前奶牛肥胖综合征（脂肪肝、采食量下降），产后极易发生一系列代谢紊乱症（采食量下降和难产、胎衣不下、乳房炎、子宫炎及酮病均会升高），进而影响奶牛繁殖效率，应在泌乳末期控制好膘情（3.5 分），高者应减喂全株玉米青贮和精料，多喂干草。

2. 产前能量不足　主要指泌乳末期和干奶期，供给奶牛的能量不足，使奶牛膘情太差（低于 3 分），这易发生产后胎衣不下、恶露滞留及子宫炎增多（无力排出），卵泡发育迟缓，降低受胎率。应适当增加精料和全株玉米青贮的饲喂量，提高日粮营养浓度（每千克日粮干物质中含 2～2.15NND）。

3. 产后能量过剩　这主要指遗传潜力不佳、产奶量不高的牛只，易发生产后肥胖症，卵细胞质量下降，胚胎发育能力减弱，易发生卵泡囊肿，发情异常，受胎率下降。

4. 产后能量不足（负平衡）　此期为泌乳高峰期，极易造成能量负平衡，使发情延迟，卵泡发育迟缓，静止发情增多。产后应提高日粮营养浓度（每千克日粮干物质中应含 2.4～2.5NND），增喂一些高能量饲料（全棉籽、膨化大豆、鱼粉及脂肪等），会提高一次配种和总受胎率。若新产牛添加适量脂肪能缓解能量负平衡、降低胰岛素促进卵泡发育、刺激孕酮合成、促进前列腺素的合成和释放及能促进脂溶性维生素吸收，进而使排卵数增多，优势卵泡体积增大，最终提高受胎率。

第六节 矿物质与奶牛营养

动物体内存在的矿物质元素大多数是自然界中天然存在的，其中的许多元素已知为动物生命活动所必需。早在 1847 年 Boussigault 的试验获得了牛饲料中必须添加食盐的证据。随着化学分析技术的进步，发现应用缺乏某种元素纯合日粮可引起动物特有的缺乏症状，当日粮中添加所缺的元素后，症状才能消除。已经被证明为动物所必需且具有缺乏症表现的矿物质元素可分为两类：常量矿物质元素和微量矿物质元素。前者为含量占动物体重 0.01% 以上的元素，包括钙、磷、钠、氯、钾、镁和硫；后者则为仅占动物体重 0.01% 以下的元素，包括钴、铜、碘、铁、锰、钼、硒、锌、铬、硅、镍等元素，虽然已被证明为一种或多种动物所必需，由于其需要量极微或者由于饲料草中的广泛分布，就现实而言，在正常饲养条件下，尚无实际意义。

一些必需矿物质元素为反刍动物机体器官组织的结构成分，如钙、磷、氟等元素构成骨骼和牙齿；许多矿物质元素是体内多种金属酶的组成成分及辅因子，具有特定的催化活性；某些矿物质元素参与内分泌激素的构成，如碘为甲状腺素的构成成分；有些元素作为体液的成分，维持体液的渗透压、酸碱平衡、膜的电位和神经传导。

随着对矿物质营养研究的深入，许多矿物质元素在反刍动物的营养和代谢的研究中已取得重要进展，对一些有毒或有潜在毒性的元素的代谢研究和认识得到了进一步的发展和更新，同时对所需元素过量所造成的有害作用也引起了重视。一些新的或引申的概念可以用来更好地解释矿物质元素的代谢，其中对矿物质体内平衡的规律有了进一步了解，这就有可能更好地研究和了解反刍动物对矿物质的需要。近年来，已经发现许多矿物质元素和动物免疫机能间有着十分密切的关系，同时发现动物体内的电解质平衡涉及最基本的阳离子和阴离子，对动物的代谢、生产性能及健康均有很大影响。

特定的某种元素的耐受水平与动物种类、元素形态、元素对动物作用时间等因素有关。动物合理的矿物质营养不仅要考虑对动物生产性能及健康的影响，而且要重视某些矿物质元素在动物生产的人类食品中不存在危及人类健康的有害残留物。因此，在反刍动物的饲养中使用矿物质添加剂时应十分慎重。

一、常量元素

1. 钙　钙是动物体内最丰富的矿物质元素，成年动物体内约 98% 的钙以羟基磷灰石化合物的形式存在于骨骼和牙齿中，骨骼灰分中约含钙 360g/kg，接近体重的 2%，仅有少量的离子钙存在于软组织及细胞外液中。幼龄动物钙在骨骼中的沉积十分强烈，沉积的速度随年龄的增长而减弱。如牛出生后 10d，日沉积钙可以达 30g，6 月龄时减少为 10g，1～3 岁时仅沉积 5g 左右。骨骼是代谢上非常活跃的组织，它的生长、消溶是一个动态过程。对青年反刍动物，表现为钙的正平衡，即生长大于消溶；而成年反刍动物则两者接近平衡。泌乳初期，奶中排出的钙量多于消化道吸收的钙或钙的摄入量不足时，钙营养处于负平衡，消溶可能大于生长。由于骨骼中的钙具有可交换性，从化学观点，骨骼并非是一个稳定的实体，而是处在不断转换与再形成之中。骨中大部分钙可随时游离出来以补充血钙以及维持机体内环境的稳恒。正常生理条件下钙的交换总量，成年动物占骨骼总钙的 3%～5%，幼龄动物可达 9%～11%。严重缺钙情况下，骨骼的耗竭占总量的 30%～35%。因此，骨骼作为一个钙库在钙代谢中具有稳恒及缓冲的调控功能。

（1）钙的吸收。小肠是机体获得外源钙的主要器官。动物摄食的饲料钙，经皱胃液中盐酸的作用，大部分离解成 Ca^{2+}。离子钙是胃和小肠上段吸收的主要形式，反刍动物对钙的吸收主要在前胃和真胃，部分经十二指肠和空肠吸收。由于钙是以离子形式在酸性环境中被吸收，因此，影响胃肠道酸性环境的因素，均不利于钙的吸收。

钙的吸收率随钙的摄取量增加而下降。无论钙源的可利用性如何，当钙摄取量超过需要时，其吸收率均降低。根据泌乳母牛778个平衡试验结果统计分析，当进食钙/需要钙之比为0.1～1.5时，吸收率可达0.68；当此比例为2～2.5时，吸收率至0.41；若比例达3～3.5时，则吸收率降至0.34，比例为4～4.5时，吸收率仅为0.28（NRC，2001）。

有关饲料中钙的吸收率，至今尚有不少须深入研究的问题。反刍动物对单个饲料吸收率的资料有限。据Ward等（1972）测定，苜蓿草中钙的吸收率为31%～41%，由于苜蓿草是奶牛日粮中钙的主要来源，因此通常将苜蓿中钙的吸收率用于表示饲草中钙的吸收率。饲草中钙的吸收率常以39%估计。

谷物及精料中钙的可利用率对反刍动物尚缺测定数据。对非反刍动物，精料中钙的可利用率通常低于无机来源钙如碳酸钙的吸收率（Soares，1995）。植酸是影响非反刍动物钙吸收的因素，而对反刍动物则无影响。对精料中钙的吸收率暂定为60%。多数精料中含钙很少，值得注意的是棕榈油脂肪酸钙是个例外，其中含钙可达7%～9%。棕榈油脂可消化80%，而棕榈酸盐仅在小肠中分解，因此，包含在这种饲料中的钙80%易于吸收。关于脂肪对钙吸收的影响，Rahnema等（1994）的试验发现，日粮中添加脂肪并不影响钙的吸收。当日粮中添加脂肪时，必须在日粮中增加瘤胃中易吸收的镁源，因低血镁影响钙的代谢。

作为矿物质添加的补充钙源通常要比饲草和常用饲料中的钙易于利用。理论上影响矿物质钙源钙吸收的主要因素是其溶解度。氯化钙是溶解度高的一种钙源。经测定碳酸钙中钙的吸收率为40%或51%，最高可达85%（Goetsch et al.，1985）。

（2）钙的代谢。动物从消化道吸收的钙通过门静脉进入肝，随后由肝进入外围血液，分配至各器官组织，血液是钙运送至机体各个组织的运输介质。调节和控制体内钙代谢的重要物质为甲状旁腺激素（PTH）、降钙素和维生素 D 活性形式 $1,25$-$(OH)_2D_3$。血钙浓度是调节 PTH 的主要因素。血钙浓度增高时，PTH 分泌减少；反之则分泌增多，两者构成反馈系统。PTH 主要作用于骨骼、肾和肠细胞内的钙代谢，同时也调节肌肉、胸腺、乳腺及唾液腺细胞内的钙代谢。当血钙浓度降低，分泌的 PTH 促进骨骼间叶细胞向破骨细胞转化，并使骨细胞溶解，骨髓中的 Ca^{2+} 释出进入血液，使血钙恢复正常水平。

PTH 作用于肾，促进肾小管对钙的重吸收，减少钙在尿液中的排出。PTH 有助于提高维生素 D 的活性，促进小肠中钙结合蛋白的合成，以增强钙在小肠的吸收。调节血钙浓度的另一种激素为降钙素（CT），由甲状腺和甲状旁腺内的滤泡旁细胞分泌，作用与 PTH 相反。其分泌和释放与血钙浓度有关。CT 对血钙的调节主要通过对骨组织的影响，其作用机制为抑制骨组织中破骨细胞活性，并抑制间叶细胞转变为破骨细胞，减少钙从骨中的释放，但是不影响骨骼对钙的吸收，从而使血钙浓度下降。

在正常情况下，体液中 Ca^{2+} 水平受上述两种激素调节。

维生素 D 必须经过羟化才具有生理活性。具有生理活性的 $1,25$-$(OH)_2D_3$ 是在肾细胞线粒体中形成的。维生素 D 与甲状旁腺激素、降钙素有协同作用，促进钙的吸收与钙进入血液，维持和稳定细胞外液中钙的浓度。

此外，性激素中的雌激素对钙代谢也有一定影响，能提高机体内的钙、磷含量，直接影响泌乳反刍动物骨组织钙储备和消耗。糖皮质激素能破坏软骨和骨中的蛋白质基质，增强体内的排出；而盐皮质激素则促进骨组织中钙的沉积。饲料中未被利用的钙和主要来自肠道黏液中的内源性钙随粪排出，尿中排出的钙量很小。约有一半以上的血钙，主要是离子钙，经肾小球过滤，正常情况下，约 99% 滤出的钙被肾曲细管重吸收。

（3）钙需要量。NRC（2001）"奶牛营养需要"中提出了有关试验数。非泌乳牛用于维持需要可吸收钙为每千克体重 0.015 4g。泌乳牛维持需要则提高到每千克体重 0.031g（Martz et al.，1990）。这主要是考虑到泌乳母牛因增加干物质采食量而影响消化过程，从而使肠道中钙的分泌增多。

牛生长期间因骨骼的增长而需要更多的钙。英国农业及食品研究委员会（ARFC，1991）研究了生长牛对可吸收钙的需要量（g/kg，平均日增重），采用了以下分化生长方程式（allometric eguation）：

$$Ca\ (g/d) = 9.83 \times MW^{0.22} \times BW^{-0.22} \times WG \tag{1-1}$$

式中，MW 为预期成年活重（kg）；BW 为现体重（kg）；WG 为增重（kg）。

不同品种对可吸收钙的需要因品种而异，黑白花母牛产奶需可吸收钙为 1.22g/kg，娟姗牛为 1.45g/kg，其他品种为 1.37g/kg。生产初乳约需 2.1g/kg。

NRC（1989）建议的奶牛钙需要量见公式（1-2）～公式（1-4）：

成母牛需要量：

维持 Ca $(g/d) = (0.015\ 4LW)\ /0.38 \tag{1-2}$

式中，LW 为体重；0.38 为日粮钙吸收率。

产乳 Ca $(g/d) = (0.015\ 4LW + 1.22FCM)\ /0.38 \tag{1-3}$

式中，FCM 为含脂率 4% 标准乳（kg/d）。

成年产奶母牛的维持与妊娠最后两个月钙需要量如公式（1-4）计算：

Ca $(g/d) = (0.015\ 4LW + 0.007\ 8C)\ /0.38 \tag{1-4}$

式中，C 为胎儿增重，相当于 1.23LW（g/d）。

生长母牛钙（g/d）的需要量根据体重不同应用不同公式计算（表 1-4）。

表 1-4 生长母牛钙的需要量计算

体重（kg）	计算公式
90～250	8.0+0.036 7LW+0.008 48LWG
250～400	13.4+0.018 4LW+0.007 17LWG
>400	25.4+0.009 2LW+0.003 6LWG

根据国内平衡试验和饲养试验确定，奶牛维持需要钙 6g/100kg BW，每千克标准乳需要钙 4.5g；生长需钙 20g/kg 增重。

2. 磷 磷是仅次于钙在体内含量最多的常量元素。在众多必需矿物质元素中，磷若过量排放入环境中，可造成地表水污染及水源富营养化。动物对磷的营养需要，必须遵循既要保证动物的生长性能和健康又要最低限度地减少磷的排出量的原则。

牛体内磷约 80% 以羟基磷灰石的形式存在于骨骼及牙齿中，余下的磷存在于软组织中。体重 600kg 母牛体内含磷约 3 600g，50kg 体重绵羊体内含磷约 280g。在骨骼的形成与生长过程中，磷与钙具有同等的重要性。

动物体内的磷存在于每一个体细胞中，并具有广泛的生物学功能，以磷蛋白、核酸及磷脂的形式在体内参与一系列重要的代谢过程。

含磷的核酸由核苷与磷酸缩合而成，是 DNA 和 RNA 的结构成分，存在于所有活细胞中，作为信息传递的载体，是传递遗传信息的重要物质。

在机体的能量代谢中，磷参与构成的三磷酸腺苷（ATP）、磷酸肌酸作为供能、储能物质在能量产生、传递过程中起重要作用。ATP 的高能磷酸在水解时能释放出大量能量，完成机体各种需要能量的生物反应，包括各种营养物质的吸收、合成、机体内的离子平衡、体温维持以及正常的肌肉活动等。

磷是几个酶系统的组成成分，在许多辅酶的成分中均含磷，如乙酰辅酶 A 辅因子、氨基移换酶、氧化还原酶辅酶、羧化辅酶和脱羧化辅酶等。磷酸盐是体内缓冲系统的重要组成部分，参与体内的酸碱平衡。

磷同样是瘤胃微生物消化纤维素及合成微生物蛋白质所必需的（Breves and Schroder，1991）。Durand 等（1988）指出，瘤胃微生物降解饲料细胞壁需可利用磷（来自饲料及唾液中磷的再利用）至少 5g/kg 有机物质。若牛饲喂含磷 0.12％日粮，瘤胃液中磷的浓度将超过 200mg/L，足以满足瘤胃微生物对纤维消化的需要。

（1）磷的吸收与代谢。采食植物性饲料是反刍动物获取磷的重要来源。植物中的磷主要以肌醇六磷酸盐（植酸盐）、磷脂和核酸等有机化合物形式存在，谷物中的肌醇六磷酸盐占总磷的 50％～70％，而无机磷仅占 8％～12％。但茎叶中仅含很少植酸磷（Nelson et al.，1976）。

反刍动物瘤胃微生物能产生相当数量的植酸酶，植酸磷通过酶的水解，几乎可以使所有植酸磷转变为可吸收状态，但幼龄反刍动物由于瘤胃功能发育尚不完善，对植酸磷的利用率仅 35％左右。

磷的吸收部位主要在十二指肠和空肠，瘤胃、瓣胃及真胃仅吸收少量，对其吸收机制了解尚少（Breves et al.，1981）。磷吸收是一个主动转运过程，活性维生素 D 能促进磷的吸收，低血磷时刺激活性维生素 D 的产生。

影响磷吸收的因素很多，磷吸收的效率与动物年龄（或体重）、生理状态、干物质或磷的采食量、钙磷比例，日粮中钙、铁、锰、镁、铝、钾和脂肪量、小肠 pH 以及磷源等有关。

（2）磷需要量。根据析因法磷的需要量为维持、生长、妊娠和泌乳需要总和。粪中排出的磷量占总排出的量的 95％～98％。除未被吸收的饲料磷以外，尚有内源磷的损失，内源磷中除必然排出的部分外，尚包括为了维持体内磷的稳恒而增加排出的内源磷。通常磷的维持需要是在刚好满足动物磷需要时排出的内源磷量，以往维持需要是以体重的函数表示（NRC），显然这种测定有其缺点。英国 AFRC（1991）根据平均干物质采食量测定粪中必然排出的内源磷量，而不是根据活重，认为这种表达更为可靠。

Klosch 等（1997）对体重为 228kg 或 435kg 的生长公牛进行了总磷平衡的测定。试验动物喂高精料（占 80%）或低精料（占 50%）日粮，试验结果表明，每头动物每日磷的净沉积低于 1g，粪磷排出不受采食有机物质消化率或体重的影响。总的粪磷量（包括未被吸收的饲料磷和必然排出的内源磷）为每采食 1kg 干物质平均排出 1.0g。在这一试验中，日粮中磷的吸收率约为 80%。故生长动物维持需要的可吸收磷以每采食 1kg 干物质计算应提供可吸收磷 0.8g。同时，加上从尿中损失的内源磷每千克体重 0.002g（ARC，1980）作为总的维持需要量。

Spiekres 等（1993）对体重相似但产奶量（受泌乳阶段影响）以及采食量不同的两组泌乳母牛饲以低磷（0.21%）日粮，两组总磷摄取量分别为 37g/d 和 21.5g/d，磷的平衡接近或略低于其实际的需要。但两组粪磷排出差异较大，每天每头相应为 20.3g 和 13.3g，若按体重计算，则采食高磷的牛比采食低磷的牛，前者每千克体重粪磷排出高于后者 51%。若按干物质采食量的函数计算，则每天每采食 1kg 干物质的两组动物粪磷排出相应为 1.20g 和 1.22g。因此，当前对泌乳母牛或非泌乳妊娠母牛，磷的维持需要按每采食 1kg 日粮干物质给予 1.0g 计算，加上尿中的少量内源损失，每千克体重按 0.002g 计，作为维持需要所需的磷量。

生长需要包括骨组织中的沉积及软组织的增长。ARC（1980）和 Green（1983）对羔羊测定的资料，每千克软组织的增长需磷 1.2g。然而，生长动物体内磷的沉积主要与新的骨骼生长有关。骨骼中含钙 120g/kg，理论上骨骼生长中钙磷比应为

2.1:1。利用上述资料及生长牛的文献，AFRC（1991）对生长的可吸收的磷需要量（g/kg，平均日增重），采用以下分化生长方程式：

$$P\ (g/d) = [1.2 + (4.635 \times MW^{0.22})\ (BW^{-0.22})] \times WG$$
$$(1-5)$$

式中，MW 为预期成年活重（kg）；BW 为现体重（kg）；WG 为增重（kg）。

由于骨骼是动物机体早成熟的组织，公式（1-5）反映了生长动物随体重增加对可吸收磷需要量的减少。每千克平均日增重需磷量从活重 100kg 的 8.3g 到 500kg 的 6.2g。

（3）钙磷营养失调。在反刍动物矿物质营养中，钙磷营养尤为重要。特别是在某些特殊生理和环境条件下常因需要量增加，不能满足供应或比例不当等而引起代谢失调并发生一系列疾病。

日粮中钙磷供给长期不足或比例不当可引起佝偻病和骨软病等骨骼疾病。佝偻病病畜骨骼有机质钙化不良、骨软、关节肿胀、骨端增大、肋骨上常形成串珠，并易发生骨折，血钙明显下降，碱性磷酸酶水平提高 1~3 倍。老龄动物缺钙后引起骨软病或骨质疏松症，骨骼脆弱，易骨折。泌乳牛长期饲喂低钙日粮以及在严重缺磷或长期缺磷地区均可明显影响产奶量。

多数研究表明，日粮中磷的水平过低影响繁殖性能。NRC（2000）分析了 1923—1999 年的研究报告指出严重缺磷是动物不孕或繁殖性能差的重要原因。当日粮（干基）中磷的浓度低于 0.20% 并长期（1~4 年）饲喂时，由于采食量下降而引起能量、蛋白质及其他相应营养物质摄取量不足。缺磷造成体重低是降低繁殖性能的主要原因（Holmes，1981）。卵巢机能障碍而引起发情抑制或发情不规律。已有大量放牧反刍动物因日粮中磷和蛋白质同时缺乏而造成繁殖力下降的实例。据 Wu 和 Saffer（2000）报道，黑白花母牛，平均日产奶 30.8kg 和 30.5kg，超过两个泌乳期喂总磷量0.35%或0.45%的日粮，对产后第一次输精日，空怀日数以及配种次数均未受日粮中磷水平的影响。两种磷水平母牛泌乳的120d或230d的受胎率并无差异，表明过量磷并不能改善繁殖性能。

缺磷可造成食欲下降或出现食欲异常，但厌食与异食癖同样与其他营养素的不足有关，如缺磷与缺铜引起相似的异食癖。因此，异食癖和食欲不能作为诊断缺磷的特定指标，必须通过对血液中磷的浓度和血红蛋白的分析，若血液中含磷量低于正常水平时，才可认为与缺磷有关。

围生期母畜血浆中磷的浓度常低于正常值。在某些情况下，若母畜处于低血钙时，由于刺激甲状旁腺激素的分泌，增加了尿和唾液中磷的损失。临近分娩时皮质醇的分泌同样可以降低血浆中磷的浓度。口服或静脉注射磷制剂对纠正低磷酸盐血有效。

乳热症（产后瘫痪）是母牛产犊后较常见的一种钙缺乏症。其特征性生理生化变化为血钙浓度下降以及肌肉痉挛，严重时出现瘫痪，甚至昏迷。绵、山羊母羊在妊娠后期也有类似情况发生，但发病率低。虽然引起典型变化的原因尚不够清楚，但钙在兴奋冲动从神经传递到肌肉中的作用不容忽视。

乳热症是机体钙磷平衡失调的典型病例，在妊娠后期由于胎儿的生长发育对钙磷的需要量增加；分娩后初乳中的钙磷含量丰富，而甲状旁腺激素的分泌不足，影响了钙的吸收及从骨骼中的动员，钙磷的供需矛盾是产后瘫痪的病因之一。

血浆中雌激素的活性对分娩时钙的吸收有不利影响，通常在分娩前30d至分娩时雌激素可达到高峰。高浓度的雌激素引起消化道抑制，使食欲不良，减少了钙的摄取和吸收，因而更加剧了血钙浓度的下降。

预防乳热症的发生应注意母牛日粮钙磷的合理供给，特别是妊娠最后阶段干奶期增加磷的供给，减少日粮中钙的比例，产犊前 1～5d 大剂量注射维生素 D，可有效地降低乳热症的发病率。

反刍动物日粮中过量钙通常无毒性，但日粮中钙的浓度超过 1%时，有可能减少干物质采食量和使生产性能下降（Miller，1983）。但 Beede 等（1991）指出，即使日粮中钙高达 1.8%，对非泌乳母牛并无明显影响。当牛饲喂大量玉米青贮饲料时，超过需要量的钙可改善瘤胃环境，提高生产性能。

长期饲喂过量磷影响钙的代谢，造成过度的骨骼吸收和尿结石。磷的有害作用常发生于日粮的高磷低钙时，与非反刍动物相比，反刍动物虽然能耐受较宽的钙磷比例，但这仅仅是钙磷供给均在充足的条件下。大剂量的补充磷酸盐并无明显的毒性，但可出现中度的腹泻和腹部不适。饲喂高磷日粮（0.64%，干基）同饲喂含磷 0.22%日粮相比，降低了妊娠青年母牛镁的吸收（Schonewille et al. , 1994），妊娠后期母牛饲喂高磷时（每头每天 80g）能显著抑制活性维生素 D 的形成，从而提高了分娩时乳热症和低血钙的发病率（Barton et al. , 1978）。当日粮中钙充足时，牛可耐受含磷 1.0%的日粮（干基）（NRC，1980）。

3. 镁 镁是动物营养中的重要阳离子，在体内阳离子含量中占第四位。成年动物体内镁含量约占体重的 0.05%，65%～68%沉积于骨骼中，骨灰中含镁在 0.5%～0.7%，其中 70%～80%结合在骨骼的羟基磷灰石晶体内；20%～30%则与血浆中镁交换，保持镁的动态平衡。血浆中镁的浓度介于 1.8～2.4mg/dL（Underwood，1996），正常血液中镁 75%存在于红细胞内。体细胞内的 Mg^{2+} 大部分富集于线粒体中。

以体重 500kg 母牛为例，骨组织中的镁含量可达 170g，70g 存在于细胞内，而所有细胞外液中含镁为 2.5g，而血液中约含 0.5g（Mayland，1988）。

自 Erdmann（1927）发现镁能激活碱性磷酸酶以后，已发现镁是许多酶系统中的重要辅因子和激活剂，为镁激活的酶达到数百种。

在能量代谢和体内的氧化磷酸化过程中，镁参与 ATP 转化为 ADP 以释放能量以及葡萄糖无氧酵解磷酸化中几乎所有步骤。通过对核糖体的聚合作用，参与蛋白质合成。在反刍动物瘤胃中，微生物酶的激活也需镁的参与，以保证瘤胃微生物的正常活动。

作为细胞内的阳离子，镁与钙共同调节神经肌肉的兴奋性，协调维持神经肌肉的正常功能，当血清中镁离子浓度低于正常水平时，能使神经肌肉兴奋性增强，动物易激动，严重时可引起阵发性肌痉挛和抽搐。

(1) 镁的吸收与代谢。幼龄反刍动物单胃动物相似，镁的吸收部位主要在小肠。随着前胃发育，胃是吸收的主要部位。成年反刍动物小肠成为镁的分泌部位 (Greene et al.，1983)。瘤胃中对镁的吸收取决于瘤胃液中可溶性的镁浓度，通过瘤胃壁吸收存在主动和被动两种转运机制。

影响瘤胃液中镁吸收的因素较多：一是日粮中镁的量。饲喂低镁饲草以及日粮中未供给含镁添加剂时，瘤胃中仅能维持低浓度的可溶性镁。凉爽的早春季节，牧地施用钾肥时，降低了牧草对镁的吸收 (Mayland，1988)。禾本科牧草中镁的含量一般低于豆科牧草。采食高水分牧草而减少干物质采食量同样可以导致瘤胃液中镁的不足。二是瘤胃液的 pH 与镁的溶解度。随瘤胃液 pH 升高至 6.5 时，镁的溶解度急速下降。瘤胃液的 pH 升高则与牧草中钾的含量过多以及放牧刺激唾液大量分泌有关。在低钠日粮中补钠可以改善镁通过胃壁的转运，但同时又提高了镁从尿的排出，因而抵消了补钠对改善镁吸收的效果。高钾日粮补钠不能克服高钾负面影响 (Martens，1998)。此外，过度施用氮肥时，牧草中的非蛋白氮含量较高以及易发酵碳水化合物减少，使瘤胃微生物不能充分利用非蛋白氮合成菌体蛋白，过多的剩余氨及铵的离子提高了瘤胃 pH。由于瘤胃中镁溶解度的降低从而影响了镁的吸收。三是牧草中常含有 100～200mmol/kg 不饱和的棕榈酸、亚油酸及亚麻三烯酸，能与镁形成不溶性的镁盐；同时，植物中同样含有反乌头酸或枸橼酸，而反乌头酸的代谢产物能与镁形成抑制瘤胃降解的复合物（Schwartz et al.，1988）。

提高镁的吸收曾有许多试验报道，Ram 等（1988）指出，日粮中增加镁量可通过瘤胃壁的被动吸收以提供足够的镁满足动物需要。Greene 等（1986）认为，莫能菌素等离子载体能改进瘤胃中镁的主动转运系统，可使镁的吸收率提高约 10%，口服葡萄糖有利于瘤胃上皮细胞为加强镁的主动转运提供能源，也可能葡萄糖的易酵解使瘤胃 pH 下降了从而增加了镁在瘤胃液中的溶解，增加了瘤胃微生物为合成微生物蛋白对氨的利用，减缓了氨对镁转运的抑制作用（Mayland，1988）。

镁代谢也受激素的调节。甲状旁腺激分泌增强时血浆镁浓度升高，尿中镁的排出减少；反之，甲状旁腺激素分泌减少时，血浆中镁的浓度下降。动物应激时肾上腺素释放时对镁由血浆到组织的转运可起促进作用，但动物体内并无有效的激素或内环境稳恒机制对血浆镁进行调节。

（2）镁的需要量。奶牛包括成年牛及体重超过 100kg 的青年母牛内源镁从粪中损失为每千克体重 3mg，与 NRC（1996）公布的肉牛营养需要数据和 ARC（1980）的数据一致。绵羊为每千克体重 2.5mg。尿中镁的损失可忽略不计。生长母牛体组织中镁为每千克体重 0.45g（ARC，1980）。妊娠动物从妊娠 190d 起至分娩，黑白花牛胎儿胎盘对镁的需要约 0.181g/d（House and Bell，1993）。但 Grace（1983）对妊娠末期牛的测定，胎儿胎盘需镁为 0.33g/d。考虑到分娩有关低血镁症，以采用 0.33g/d 为妊娠牛的镁需要量为好。初乳中含镁 0.4g/kg，常乳中为 0.12～0.15g/kg。

不同天然饲料中镁的表观吸收率为 11%～37%，多数介于 20%～30%（ARC，1980）。ARC（1980）测定的天然饲料中镁

的吸收率平均值为 $29.4\% \pm 13.5\%$，显然对镁的吸收率做了过高估计。为此，ARC 将天然饲料中镁的吸收率定为 16%，为预防缺乏症提供一定的安全保护量。

（3）镁营养失调。常规饲料中含镁均较丰富，反刍动物一般不易发生镁的摄取不足。在生产实践中，发生镁缺乏可能有两种情况：一种情况是犊牛长期饲喂全乳日粮，常见 2 月龄左右犊牛；另一种是奶牛的低血镁症。低血镁症以肌肉抽搐和血浆镁浓度下降为特征，临床症状为神经过敏、震颤、面部肌肉抽搐、步态蹒跚与惊厥。血浆镁浓度的正常值为 $20\sim25mg/L$，而病畜可 $<5mg/L$。此外，常伴有低血钙。

低血镁症虽可发生于舍饲奶牛、小公牛，但大多数病例发生于放牧动物，特别是早春将舍饲动物转移至幼嫩牧草的牧地上放牧时。急性型可在转入牧地后 $1\sim2d$ 内发病。慢性型病牛血浆中镁的水平经过一段时间才降至低浓度。寒冷、潮湿及刮风等气候应激因素可促进此病的发生。

老龄母牛易发生低血镁症，可能与老龄母牛从骨骼中动员释放镁的能力下降有关。

引起反刍动物低血镁症的病因复杂，其发病机理尚未完全阐明，镁由消化道摄入和吸收不足仍认为是主要因素。一些研究者认为，低血镁症与日粮中的阴阳离子失衡有关。有证据表明，当牧地上大量施用氮钾肥时易发生本病。由于饲料中镁的吸收率低，体内镁的储备少，因此，易发生低血镁症的地区及时补充氧化镁等镁盐或给动物自由舐食含镁丰富的矿物盐块可有效预防此病的发生。

高镁日粮通常引起采食量下降，许多镁盐，特别是碳酸镁和氯化镁的适口性差，或引起渗透性腹泻。虽然早期 NRC 将日粮中镁的最大耐受量定为 0.4%，但何种水平能引起镁的中毒仍未得出结论。在高精料日粮中添加氧化镁使日粮中含镁达 0.61% 以纠正乳脂率下降的试验中，除偶尔发生腹泻外，未发现其他明显有害的后果（Erdman et al.，1980）。Gentry 等（1978）对 92～160 日龄牛的试验结果指出，日粮中镁的含量达 1.3% 时，可引起腹泻及采食量下降。阉牛饲喂含量镁 2.5% 或 4.7% 的日粮出现严重腹泻及昏睡；1.4% 含镁日粮降低日粮干物质消化率（Chester-Jones et al.，1989）。羯羊长期供给高镁日粮（每千克体重 0.04～0.08g）时也表现为采食量下降及腹泻（Peirce，1959）。

4. 钾、钠、氯 钾是动物体内含量占第三位的矿物质元素。成年动物机体鲜组织中含钾 0.18%～0.27%，以肾和肝中含量最高，皮肤和骨组织中含量较少。绵羊骨组织鲜样中仅含钾 1.4～1.6g/kg，幼龄公牛为 1.81～3.07g/kg。空腹体重 75kg 和 500kg 牛体内钾的含量相应为 2.37g/kg 和 2.01g/kg（ARC，1980）。

钠在动物鲜组织中的量为 0.13%～0.16%，空腹体重 75～500kg 牛体内含钠为 2.01～1.68g/kg，大部分分布于软组织及体液中，骨组织中仅占 0.4%，钠与钾均为细胞内液的重要阳离子。

氯则是细胞外液的主要阴离子。空腹体重 100～500kg 牛体氯的含量为 1.2～1.4g/kg（ARC，1980）。

钾、钠、氯 3 种元素的共同作用是作为电解质维持体细胞的渗透压；作为碱性离子参与组成细胞内液的缓冲体系，调节酸碱平衡。

钾是碳水化合物和蛋白质代谢中一些酶系的活化剂和辅酶。钾参与肌酸磷酸化与丙酮酸盐激酶的活化，通过影响细胞对葡萄糖的吸收而影响碳水化合物代谢。钾离子（K^+）参与神经冲动的传递和肌肉的收缩，适当提高 K^+ 浓度可使神经肌肉兴奋性增强。此外，K^+ 是心脏和肾保持正常机能所必需的阳离子。

钠是机体正常生理活动所必需的元素，除维持体内酸碱平衡与调节渗透压外，参与葡萄糖和氨基酸的主动转运。有机营养物与钠分别与特异性载体的两个结合部位结合，穿过肠黏膜使葡萄糖、氨基酸及钠一起进入细胞。葡萄糖、氨基酸与 Na^+ 的耦联主动转运能量来自 Na-K-ATP 酶钠泵主动转运 Na^+ 所形成的胞内和腔液中 Na^+ 浓度梯度。腔液中的钠缺乏时，这种形式的转运将停止。钠还参与神经冲动的传递。钠是唾液盐中的主要成分，对瘤胃发酵中形成的酸起缓冲作用，有利于瘤胃微生物活动。

氯是胃液中的主要阴离子，与氢离子结合形成盐酸，对蛋白质消化起重要作用。胰淀粉酶的活化需 Cl^- 的参与。氯也与体内氧和二氧化碳的转运有关。

（1）钾、钠、氯的吸收与代谢。天然饲料中钾的含量相对比较丰富。钾主要是在十二指肠通过简单的扩散形式吸收，部分吸收发生在空肠、回肠及大肠。钠的吸收在瘤胃、真胃、瓣胃和十二指肠是个主动转运过程，在小肠壁也可进行被动吸收。当处于相当高的浓度梯度时，钠的主动吸收也可发生在小肠末端及大肠部位（Renkema et al.，1962）。在消化道中氯通过被动扩散在小肠上端吸收。同时，也可与钠一起通过胃壁吸收，进入消化道约50%的钾和约80%的钠和氯，来自消化液的分泌，包括唾液、胃液、胆汁及胰液。因此，摄取的元素量对消化道电解质的影响较小。

饲料及饮水中的钾几乎可以全部吸收，因此过量吸收的钾以内源钾的形式通过肾随尿一起排出。母牛从尿中排出的钾量占钾排出总量的75%～86%，绵羊为85%～88%。尿中钾的浓度与摄入量有关，在尿液的总离子中，K^+ 的比例随年龄的增长而增加。少量内源钾与未被吸收的钾则从粪便中排出。内源钾从粪中的损失随动物干物质采食量的增加而提高（ARC，1980）。据Paquay 等（1969）对非泌乳和泌乳母牛的测定，当饲喂不同类型的日粮时，粪中排出的钾量平均为 2.2g/kg 日粮干物质。

由于饲料中的钠大部分能被吸收,钠的表观吸收率为 80%～90%,故粪中的钠很少,特别是缺钠动物。乳用犊牛随尿排出的钠量占总排出钠量的 93%～95%,泌乳牛为 60%～70%,绵羊为 86%～92%,尿液中 Na^+ 占总离子的比例,与钾相反,随年龄增长而下降。

过量的氯从尿及粪中排出,少量通过汗腺以氯化钠或氯化钾的形式从汗中排出。肾中氯的排出受 HCO_3^- 的影响,血浆中 HCO_3^- 浓度升高时,从尿液中排出的氯增加,以保持血浆中离子浓度的平衡。超过需要量的氯,泌乳母牛从粪中排出的量较多(Coppock,1986)。而当超过肾对氯的重吸收能力时,过量氯从尿中排出(Hilwing,1976)。

血浆和体组织中的钾、钠均维持在一个较稳定的水平上。肾上腺是调控体内钠的储存和从肾排出钾进入尿中的主要腺体。机体内的钾钠平衡主要通过肾上腺皮质部分泌的醛固酮调节。当血浆钠浓度下降时,脑垂体分泌促肾上腺皮质激素,刺激醛固酮分泌,增加钠的重吸收,并促使尿钾排出。同时,血浆中钠浓度下降时,刺激肾中肾素的释放。肾素促使血管紧张素原转变为血管紧张素Ⅱ,并刺激肾上腺分泌醛固酮,以加强钠的重吸收。

(2) 钾、钠、氯营养失调。泌乳牛采食低钾日粮(含钾 0.06%～0.15%),可显著减少采食量和饮水量;同时体重及产奶量下降、异食癖、被毛无光泽、皮肤柔韧性差、血浆中的含钾量下降,短期内即可使血液红细胞压积上升。持续缺钾时母牛全身肌肉无力、过敏、肠音变弱。由于高产母牛奶中分泌出的钾量较多,故其缺钾症状比低产母牛严重(Sielman et al.,1997)。当日粮含钾 0.5%～0.7%时仅表现为采食量减少及产奶量下降。通常反刍动物很少发生严重缺钾,仅在饲喂以低钾饲料为主的日粮而又同时不补钾时才有发生缺钾的可能。犊牛若长期饲喂人工乳,也可发生缺钾症状。

动物缺钠的共同症状为异食癖。奶牛缺钠后的 2～3 周即可出现缺乏症状，其严重程度取决于产奶量。Mallonee 等（1982）发现在饲喂未补饲食盐的日粮后 1～2 周即开始出现采食量减少及产奶量下降。除异食癖外，缺钠动物表现出对钠的异常渴望，为满足这种渴望，可观察到动物喝尿的现象。其他缺乏症状包括厌食、生长速度和饲料转化率降低、外观憔悴、目光呆滞、被毛粗乱（Underwood，1981），最严重时可见运动失调、战栗、衰弱、脱水以及心律不齐而导致死亡。

缺钠时，血浆中钠的浓度保持不变，但尿钠排出量显著减少，唾液中的钠、钾比例改变，可从正常的 145 降到 0.45，故唾液的钠钾比是反映动物钠营养的重要判断标志。

5. 硫　硫元素是动物机体中的主要矿物质元素之一，约占体重的 0.15%（Masters，1939），机体中的硫大部分以有机形式存在于胱氨酸、蛋氨酸、半胱氨酸等含硫氨基酸中。反刍动物所需的含硫蛋氨酸以及硫胺素、生物素除由日粮供给外，也可由瘤胃微生物合成。此外，硫是牛磺酸、硫酸软骨素、硫酸黏液素肝素、辅酶 A 以及纤维蛋白原等的组分。在红细胞，大部分硫存在于谷胱甘肽中。

动物被毛、角、爪中含硫丰富，羊的被毛中含硫 3%～5%。在毛纤维的角蛋白中，硫以二硫键的形式存在，羊毛中的硫 90%～99%存在于含硫氨基酸中。

硫的营养功能是通过体内含硫化合物实现，参与蛋白质合成和脂肪及碳水化合物代谢以及完成各种含硫生物活性物质在体内的生理生化功能。

硫的巯基（—SH）存在于半胱氨酸中，以双硫基（—S—S）存在于胱氨酸中。硫化基团的脱氢以及硫化基团的可逆转变起着氢的转运作用，也是某些酶（脱氢酶和脂化酶）的激活剂。

含硫蛋氨酸参与蛋白质、血红素合成并为合成乙酰胆碱、肾上腺等提供所需的甲基来源。半胱酸是辅酶 A 的先体，是谷胱甘肽重要组分，而辅酶 A 参与三羧酸循环，与脂肪及碳水化合物代谢密切有关。肝素具有抗凝血效应。硫作为一种阴离子参与体内酸碱平衡（Baker，1997）。

（1）硫的吸收与代谢。反刍动物具有利用外源无机硫转化为有机硫的能力，但瘤胃细菌具有选择性，通过同化和异化途径将硫酸盐转化为硫化物后供细菌利用。并非所有的瘤胃细菌都能利用各种硫源。Bryant 等（1973）发现，主要的瘤胃纤维分解菌 *Fibrobacter succinogenes* 能利用硫化物或胱氨酸，但不能利用硫酸盐。许多瘤胃细菌并不是都能有效利用元素硫。不同来源的有机硫及无机硫对瘤胃微生物的有效性的顺序排列如下：L-蛋氨酸、硫酸钙、硫酸铵、DL-蛋氨酸、硫酸钠、硫化钠、元素硫及蛋氨酸羟基类似物（Kahlon，1975）。

饲料和唾液中的含硫化合物被瘤胃微生物合成含硫氨基酸，未被利用的硫经胃壁吸收，被氧化为硫酸盐进入血浆和体液中。血液中的硫酸盐经唾液重新进入瘤胃，形成硫的体内循环。

进入微生物蛋白中的硫以胱氨酸和蛋氨酸的形式在小肠吸收。饲料中的硫则以硫酸盐或硫化物阴离子被吸收，硫酸盐的硫在小肠中能有效吸收（Bird and Moir，1971）。

硫代谢的主要产物均随尿排出。尿中的硫有 3 种形式：无机硫、酯化硫及中性硫。无机硫来源于饲料中吸收但未同化的硫酸盐，酯化硫则为酚和甲酚硫酸盐或吲哚酚和羟基硫酸盐，由小肠细菌分解过程中形成。由于机体大部分硫存在于氨基酸中，故尿硫的排出量几乎平行于尿氮排出量。

体内硫的代谢受体内内分泌激素的影响。甲状腺激素与含硫氨基酸代谢有关，外源蛋氨酸能刺激甲状腺机能，防止因甲状腺机能亢进而引起异化过程的增强，垂体前叶激素调节血液中谷胱甘肽水平而刺激被毛生长，而类固醇激素的作用则相反。

（2）硫营养失调。硫不足的表现为食欲差、消化率下降、体重减轻、虚弱、唾液过多、迟钝及消瘦。硫不足时，因微生物蛋白合成减少而表现为蛋白质营养不良。瘤胃中产生的乳酸不能被瘤胃微生物有效利用而使瘤胃、血液及尿中的乳酸浓度提高，用非蛋白氮替代蛋白质饲喂绵羊而不同的补硫会影响羊毛的生长。黄有德等（1993）发现，甘肃省阿克塞县的山羊、绵羊食毛症和脱毛症与缺硫有关。患病羊被毛组织中的含硫量低，被毛严重脱落，表皮细胞角化明显，毛囊上皮紧缩。补硫有明显的预防和治疗效果。

日粮中硫过量能干扰其他矿物质元素的吸收，特别是铜和硒。硫过量时与铜形成不溶的硫钼酸铜络合物，限制铜的吸收。日粮硫水平对尿中硒的排泄量和血硒浓度有显著影响。饲料中添加硫酸盐易导致反刍幼畜白肌病的增多。Coghlin（1944）的早期报道，急性硫中毒症状表现为视觉丧失，昏睡、肌肉抽搐和卧倒不起。急性中毒的绵羊呼吸中有很重的硫酸味。病畜死后剖检均可发现严重的肠炎、腹膜渗出物以及许多器官的瘀点出血，特别是肾（Bird，1972）。饮水中如含硫酸钠 $5\,000\,mg/kg$（含硫 0.11%）可降低采食量和饮水量，从而影响生长。肉牛饲喂补饲硫酸盐的日粮，当含硫量达 0.5% 时，出现急性神经症状，呈现脑脊髓灰质软化的显著病变（McAllister et al.，1997）。绵羊供给高硫日粮，也可出现类似症状。由此，硫占日粮干物质 0.4% 应认为是硫的最高耐受水平（NRC，1980）。但 Bouchard 等（1976）建议泌乳奶牛应用较低水平（0.26%）。

硫的过量尚有可能在瘤胃细菌的作用下转化成 H_2S，并迅速被瘤胃壁吸收，H_2S 的毒性很强，可与氰化物相比，易发生中毒。反刍动物补饲硫化物，应注意控制补饲量。

二、微量元素

1. 钴 钴是反刍动物的必需微量元素之一。钴直接参与机体的造血功能。已证明钴能促进肠道对铁的吸收以及体内铁库的动员，使其易于进入骨髓用于机体的造血。此外，钴能抑制许多呼吸酶的活性，引起细胞缺氧，代偿性的促使红细胞生成素的合成量增加。

2. 铜 铜作为体内多种酶的成分，如细胞色素氧化酶在氧化磷酸化过程中起重要作用。血浆铜蓝蛋白和铁的吸收与运输有关。铜为血红细胞正常形成所必需，主要是促进了铁在消化道内的正常吸收以及铁从细胞中释放。血浆铜蓝蛋白和铁从组织转移至血浆并从亚铁转为正铁状态所需的氧化作用有关。含铜酪氨酸参与黑色素的形成。过氧化物歧化酶起清除过氧化物自由基的作用，保护细胞不受其毒害，对吞噬细胞功能特别重要。铜缺乏可导致碱性 T 淋巴细胞缺陷，表现为对 T 细胞介导的感染的敏感性提高。铜调节免疫反应的机制可能涉及质膜水平相互作用。此外，铜还参与免疫球蛋白的构成。

3. 碘 碘的最主要功能是作为甲状腺素主要成分。因此，碘的功能与甲状腺激素在代谢中的调控作用密切相关。生理剂量的甲状腺激素促进生物氧化过程，并使氧化与磷酸化过程相对协调。甲状腺功能低下往往使生物氧化过程受到抑制，动物体组织耗氧量减少，但脑的耗氧量不受影响。甲状腺激素分泌水平过高时，有可能使生物氧化过程加强而磷酸化过程未相应增强而出现拆偶现象，ATP 合成减少。甲状腺激素能使骨骼肌纤维中线粒体量增多，体积增大，代谢活动增强，ATP 利用率提高。

4. 铁 铁是动物体内的一种重要微量元素。以铁为组成成分或需铁作为辅因子的细胞色素和酶类可参与体内复杂的氧化还原过程。细胞色素参与动物细胞内的氧化还原供能过程，通过铁的可逆氧化过程中的电子传递而起作用，释放出的能量用于合成高能磷酸键。铁还参与细胞色素氧化酶、过氧化氢酶、过氧化物酶等的合成，在组织呼吸中起重要作用。黄嘌呤氧化酶和NADH、细胞色素还原酶中也含有铁。

5. 锰 锰在动物体内的重要功能是作为酶的组成部分和激活剂，因而其生物学作用均与酶的作用有关。如丙酮酸羧化酶为需锰金属酶，参与体内的糖代谢。在磷酸吡哆醇的参与下锰与氨基酸螯合形成螯合物，参与氨基酸代谢。细胞线粒体中，已发现有很高浓度的锰，其中过氧化物歧化酶与其他抗氧化剂一起减轻过氧化物对细胞的毒害。线粒体中的氧化磷酸化、脂肪酸的合成等系列反应均须锰的参与。锰是硫酸软骨素形成中必需的一种元素。活性半乳糖转移酶和糖基转移酶参与软骨和骨基质黏多糖、糖蛋白的合成，与骨组织的正常生长发育有关。

6. 钼 钼广泛分布于动物体的所有体细胞和体液中，骨骼中含钼占体内总钼量的比重可达 $60\%\sim65\%$，其次为皮肤、被毛和肌肉。血浆与奶中钼的浓度随日粮中钼水平的提高而增加。Lesperance 等（1985）报道，用含钼 3mg/kg 日粮喂母牛，血浆中钼<0.1mg/mL，当用含钼 100mg/kg 日粮饲喂 11 个月后，血钼水平增加到 2.5mg/mL。奶中钼的含量对日粮的水平十分敏感，奶中钼量可变动于 $18\sim120\mu g/L$（Underwood，1977）。

已知黄嘌呤氧化酶和醛氧化酶参与细胞内电子的传递，钼还参与黄嘌呤氧化酶与细胞色素 C 的反应，并通过醛氧化酶催化细胞色素 C 的还原反应。黄嘌呤氧化酶还能催化肝中铁蛋白中铁的释放，使血浆中的 Fe^{2+} 迅速氧化成 Fe^{3+}，并与 β-球蛋白结合成运铁蛋白。

7. 硒 硒遍布于动物体内的所有组织和体液中。硒的最主要功能是作为谷胱甘肽过氧化物酶 GSHpx 的成分（Rotruck et al.，1973）。酶的相对分子质量为84 000，由 4 个相对分子质量为21 000的蛋白组成，每个蛋白含一个硒原子。细胞内许多维持正常代谢和产生能量的生化反应均伴随着形成具有潜在毒性的最终可产生游离基的有机过氧化物等物质。缺硒可使母牛的乳房炎、胎衣不下的发病率增加，母羊则发生胚胎早期死亡。

8. 锌 锌广泛分布于动物机体的各种组织中。由于锌在体内广泛的生理生化功能而被称为"生命元素"。已知锌参与动物体内 300 多种金属酶和功能蛋白组成，如 Cu-Zn 超氧化物歧化酶、碳酸酐酶、醇脱氢酶、羧肽酶、碱性磷酸酶、DNA 聚合酶和 RNA 聚合酶等。许多酶需要有锌的存在才能被激活并达到最大酶活，如 L-甘露糖酶、甘氨酰甘氨酸二肽酶、肌肽酶等。同时，锌可维持某些酶有机分子配位基的结构型并在酶反应时起辅酶作用。锌对生物膜的功能和结构、维持动物免疫系统完整性起重要作用。影响前列腺的合成，从而影响黄体的功能。锌通过其多样化的生理功能，对动物生长发育、繁殖以及免疫等起着重要作用。

9. 铬 铬通过对胰岛素作用的调节而对动物内分泌代谢起重要作用。Leonard 等（1997）研究了胰岛素与葡萄糖对围生期奶牛激素的影响，指出产后低胰岛素浓度限制了胰岛素生长因子（IGF-1）对重组生长激素（GH）的反应。泌乳早期 IGF-1 与GH 的耦合作用被打破，血浆胰岛素浓度下降，干物质摄取减少，但因产奶量高而使体组织营养物质储备高度动员。缺铬可导致胰岛素抗性上升，补铬使胰岛素抗性下降，通过增强 IGF-1 对GH 的反应而提高产奶量，促进营养分配的调控。铬对繁殖能力的影响主要通过增加组织对胰岛素的敏感性介导，间接影响促卵泡生长素（FSH）和促黄体生成素（LH）的分泌与释放。

10. 镍 缺镍通常表现为生长不良，有可能与肝病变有关（Nielsen et al.，1975），缺镍时常见肝亚细胞结构异常。

11. 硅 在结缔组织中，硅是氨基葡聚糖蛋白复合物的成分。硅是组成生骨细胞亚细胞结构中的一个主要离子，可能是作为一种生物交联剂（biological cross-linking agent）用于保持结缔组织的弹性以及骨骼的完整性。

第七节　维生素与奶牛营养

根据维生素的溶解性质可分为脂溶性维生素和水溶性维生素两大类。

一、脂溶性维生素

包括维生素 A、维生素 D、维生素 E 和维生素 K。

在动物体内，脂溶性维生素与脂肪一起吸收，并可在体内储存。反刍动物除维生素 A 和维生素 E 必须由饲料供给外，通过紫外线照射，在皮肤中可合成所需的部分维生素 D，并由瘤胃和肠道微生物合成维生素 K。

1. 维生素 A 维生素 A 是一组包括具有维生素 A 相似生物活性的物质，其中最重要的为视黄醇和脱氢视黄醇两种。后者的生物活性仅为前者的 40%。维生素 A 醇、维生素 A 醛与维生素棕榈酸酯 3 种形式可以相互转换，而维生素 A 酸则不能转换成其他维生素 A 形式，仅具有部分维生素 A 的功能。

维生素 A 进入小肠后为胰分泌的水解酶水解成棕榈酸和维生素 A 醇。维生素 A 醇在肠黏膜细胞中再次被存在于肠细胞微粒体中的酯化酶酯化结合成乳糜微粒经淋巴进入肝。动物摄取的 β-胡萝卜素在进入小肠黏膜细胞后，被存在于小肠黏膜细胞液中的二加氧酶催化分解成两分子的视黄醇。这一催化反应需要氧与 Fe^{2+} 的参与；同时也需要维生素 E、胆盐及卵磷脂。维生素 E 能保护 β-胡萝卜素易氧化敏感双键，胆盐则提高了 β-胡萝卜素的溶解度，促进其进入小肠细胞，而卵磷脂则能刺激肠黏膜对胡萝卜素的吸收。牛小肠黏膜细胞对 β-胡萝卜素的吸收是一个不受酶或受体调控，不须能量的被动扩散过程。

反刍动物中牛能将未被分解的 β-胡萝卜素转运到肝和脂肪组织储存，运载 β-胡萝卜素的脂蛋白牛主要是高密度脂蛋白。

维生素 A 的功能常与缺乏症的表现密切相关，传统的研究有如下几方面：

视觉：动物的感光过程依赖于视网膜中存在的特殊蛋白质——视紫红质，视紫红质由维生素 A 的乙醛衍生物视黄醛和视蛋白结合而成。当光线刺激视网膜中的视紫红质时，将其分解成视蛋白和全顺视黄醛，全顺视黄醛又转变为其异构体全反视黄醛。这种转化使刺激传导至视神经末端感光而产生视觉。在黑暗中，全反视黄醛又经异构化转变成全顺视黄醛，并与视蛋白结合成再生视紫红质。缺少维生素 A 时，视紫红质的形成减少，使动物在弱光下的视力减弱，产生眼盲症以至失明。

上皮生长与分化：维生素 A 是维持上皮组织健全所必需，缺乏时能造成上皮生长与分化的损害，增加鳞状角化细胞比例，减少粒状细胞和黏液分泌细胞。对不同上皮组织产生的影响，肠黏膜上皮细胞表现为黏液细胞减少，而表皮则表现为过度角质化。估计每一种上皮细胞膜上均各自有其受体与 RBP 或 Holo-RBP 反应，以便在细胞表面汲取从血浆供应的维生素 A。

维生素 A 缺乏时上皮影响最明显的是视网膜。同时，对眼角膜上皮的角质化的影响也很大，严重时角膜基质在表皮下溶解。结合膜中的杯状细胞消失，引起结合膜上皮角质化、泪腺萎缩与角质化等，造成视觉模糊直至失明。呼吸道上皮的角质化会导致较为严重的呼吸道感染，易引起感冒、肺炎及其他呼吸道疾病。

生殖：维生素 A 缺乏时雄性动物性器官上皮的角质化，精小管的变性而影响精母细胞的形成，睾丸变小，精子和精原细胞消失。雌性动物阴道上皮持续在一种角化状态，对胎盘上皮的影响也影响到胎儿的发育。母牛受胎率下降，产后易发生胎衣停滞，所产犊牛畸形或生活力低下。母羊易流产，新生羔羊体质衰弱。

骨骼发育：维生素 A 缺乏的实验动物，能引起骨质过度增生，并因而发生压迫神经而引起异常；如脊椎骨的增厚使脊椎神经孔变狭从而压迫脊椎神经，导致步态不稳、运动失调及痉挛等。

维生素 A 能提高动物对疾病的抵抗力。维生素 A 缺乏可导致传染病流行的增加。已知维生素 A 对于骨髓中骨髓样和淋巴样细胞的分化起重要作用。在胸腺和骨髓中淋巴细胞分化成 T

细胞和 B 细胞，促进体内 T 细胞和 B 细胞更为协调，加强细胞的吞噬作用。维生素 A 缺乏还可引起胸腺萎缩、胸腺淋巴细胞减少，使淋巴细胞对各种有丝分裂的反应减弱，分泌型 IgA 的产生也受到影响。

　　大量摄取维生素 A 可引起动物中毒。由于维生素 A 在瘤胃中的降解，与单胃动物相比，除幼龄期外反刍动物对过量维生素 A 具有较强的耐受性。单胃动物饲料中维生素 A 超过建议供给量的 10～15 倍时，即可引起中毒反应；而肉牛给予建议供给量的 50～100 倍时，经 6 个月而不出现中毒症状。在生产实践中，维生素 A 中毒不易发生，对非泌乳和泌乳牛，日粮维生素 A 的安全上限为每千克体重66 000IU（NRC，1987）。

　　过量摄入维生素 A 的犊牛表现生长缓慢、跛行、行走不稳与瘫痪。第三指节骨形成外生骨疣。长期大量摄入维生素 A 可造成角生长缓慢、脑脊液压下降。对骨及软骨的影响，主要表现为骨的长度变短、骨层变宽和骨皮质变厚，主要与成骨细胞的活性下降有关。当视黄醇缺少足够的 RBP 结合时，游离的视黄醇、视黄酸等均能使软骨发生溶解作用。当超过肝储存能力时，过多的维生素 A 被血浆和脂运载，与非专一性脂蛋白输送至细胞膜中，引起细胞膜的溶解而破坏整个细胞。

　　2. 维生素 D　维生素 D 的一般生物学功能是提高血浆中的钙、磷水平，以适应骨骼的正常矿物化的要求。在肠道中，钙的吸收须经过特殊的载体才能主动吸收。钙从肠黏膜进入细胞腔，须钙结合蛋白（CaBP）和钙的腺苷三磷酸酶（Ca-ATP）和碱性磷酸酶（AKP）等的活性；同时，活性维生素 D 有可能与肠黏膜细胞的胞浆受体相结合，形成复合物运至核仁内，1,25-$(OH)_2$-D_3 的相对分子质量调整后，一种特别的基因以某种方式诱发 mRNA 的转录并依次将肠道中运载钙的一种蛋白质编成密码，从而合成运载钙的蛋白质。许多试验表明，1,25-$(OH)_2$-D_3 对肠道的作用，只有被维生素 D 结合的受体才能参与 1,25-

$(OH)_2$-D_3促进钙的转运。维生素 D 对磷的代谢也有重要作用，机体依赖钙而进行的磷的运转机制也受维生素 D 的作用。

反刍动物肠道吸收钙的能力与其需要量有关，并被绵羊和奶牛的试验证明（McDowell，1989），当钙代谢处于增强期（如妊娠、泌乳等），钙的吸收明显增加。通常在妊娠期胎盘内 1,25-$(OH)_2$-D_3 的浓度升高，CaBP 合成加强；泌乳期乳腺内 1,25-$(OH)_2$-D_3 和 CaBP 结合蛋白的浓度增高促进了钙向乳腺的转运，以形成含钙量高的酪蛋白。

在饲喂低钙日粮而又必须维持生理上正常的血浆钙水平，动物就必须动员骨骼的钙才能得以维持。

缺乏症：维生素 D 的缺乏主要反映在钙、磷沉积障碍引起的骨骼疾病。通常维生素 D 缺乏仅见于幼畜的佝偻病。病初幼畜发育迟缓，食欲不良及异食，不喜站立或走动。进而管骨和扁平骨逐渐变形，骨端粗厚及关节肿胀，拱背和系部僵直，肋骨念珠状突起和胸廓变形。犊牛尚可见以腕关节爬行。成年动物发生骨营养不良（骨软症、纤维性骨营养不良），使已经成骨的骨骼被重吸收。骨软症易发生于老龄母牛，但不局限于维生素 D 缺乏，尚受多种因素影响。由缺乏维生素 D 引起的骨软症在家畜中并不常见。佝偻病和骨软症并非是维生素 D 缺乏而引起的特异性疾病，日粮中钙磷不足或比例不平衡也可使这两种病发生。

过量维生素 D 毒性：对动物补饲过量维生素 D 可使动物出现中毒症状，临床上表现为厌食、呕吐、神情漠然，先多尿而后无尿及肾衰竭，并发生心血管系统的异常。用实验动物的研究表明，当大剂量供给维生素 D 时，25-$(OH)_2$-D_3 的量增加，维生素 D 的毒性可能首先是这种维生素 D 代谢产物在肝中大量合成，大量 25-$(OH)_2$-D_3 与 1,25-$(OH)_2$-D_3 在肠和肾中的受体反应，引起肠道中钙的大量吸收与骨钙的大量动员，血清钙浓度显著升高，高血钙使许多软组织，如肾、心脏、关节、肺和大动脉等组织普遍沉着钙盐；成骨细胞萎缩、骨组织受损。当肾小管塞满结石时，引起继发性水肿，动物常因尿毒症而死亡。日粮中钙、磷供给量高时，可加剧中毒症状。

3. 维生素 E　目前，比较广泛认可的维生素 E 的重要生物学功能是其作为抗氧化剂的理论。维生素 E 定位在细胞内，其色酮环定位在细胞膜的极性表面。含有多不饱和脂肪酸磷脂的细胞膜在氧化反应中释放出氧化自由基。细胞内自由基的产生，可以通过酶和非酶的作用。如中性粒细胞在吞噬病原体的过程中可以产生自由基；在酶产生前列腺素、前列环素以及白三烯等类廿烷时，在细胞内产生自由基；在线粒体内电子转移被用作能量时，也产生自由基。因此，自由基的产生是生物系统的正常过程。正常条件下，自由基包括羟基（OH—），过氧化氢（H_2O_2），氮氧自由基（NO—），脂过氧自由基（LOO—），脂氧自由基（LO—）和脂肪自由基（L—）等是机体内发挥细胞间信号和生长调节或抑制细菌和病毒的游离基团，是细胞实现其机能所必需。然而，一旦机体处于应激状态或发生疾病，过量产生的自由基与生物膜中的不饱和脂类产生反应，诱发脂质的过氧化，从而对生物系统产生严重损害（Padh，1991）。当细胞膜上磷脂中的不饱和脂肪酸与自由基发生脂过氧化反应时，细胞膜的性质就会发生变化，功能受损，并有可能导致红细胞溶解，线粒体、溶酶体裂解。

在给动物补饲大剂量的维生素 E 后，体内抗体水平提高，吞噬细胞的吞噬作用加强，一些与免疫应答有关的细胞因子水平上升。维生素 E 通过清除免疫细胞代谢产生的过氧化物，保护细胞膜免受氧化损伤，维持细胞与细胞器的完整及正常功能，使其接受免疫后能产生正常免疫应答。

在动物处于应激状态时，肾上腺皮质激素释放量增加，而肾上腺皮质激素为免疫抑制剂，能使成熟及分化的淋巴器官中环腺苷酸的含量提高，从而降低淋巴细胞的免疫功能。维生素 E 具有抗应激的作用，通过降低肾上腺皮质激素浓度而调节免疫。

维生素 E 的作用还与电子传递链有关，在电子传递系统中作为电子受体而发生作用；参与调节 DNA 的生物合成；保护神经系统、骨骼肌及视网膜的正常生理功能等。

维生素 E 对改善畜产品的品质有重要作用。产奶牛日粮中添加 500mg/（头·d）维生素 E，可提高牛奶维生素 E 含量及抗氧化性（Dunkley，1967）。

维生素 E 缺乏症：成年反刍动物主要表现为繁殖障碍，生产性能下降及抗病力差。幼龄反刍动物对维生素 E 缺乏较为敏感，以营养性肌肉变性为其特征，称之为白肌病。犊牛在 4 月龄前后发病，早期症状并不明显。通常有两种病型：心型呈急性过程，因心肌变性坏死，犊牛在活动时多突发心力衰竭而死亡；肌型多呈慢性过程，处于亚临床骨骼肌障碍时，血清中谷草转氨酶、谷丙转氨酶和乳酸脱氢酶浓度增高，腿部肌肉衰弱，严重时因骨骼肌变性坏死而致后躯麻痹卧地不起。

4. 维生素 K 维生素 K 是维持动物凝血所必需，凝血酶原（因子 Ⅱ）和血浆凝血因子 Ⅶ、Ⅸ、Ⅹ 的合成都依赖于维生素 K。上述 4 种凝血蛋白在肝中合成无活性前体，通过维生素 K 作用转化成具有生物活性的蛋白。体外系统在皮肤及组织损伤时以及体内系统的表面接触分别刺激组织及血浆释放出促凝血酶原激酶，通过 Ca^{2+} 及各种因子使血液中的凝血酶原变成凝血酶，凝血酶能促进可溶性纤维蛋白向不溶性纤维蛋白转化，达到凝血目的。

研究维生素 K 的凝血机制发现，在凝血因子中含有 γ-羧基谷氨的残基。非活性的维生素 K 前体蛋白转变成生物活性形式，须将其中的谷氨酸残基羧化，羧化使凝血因子参与特异性蛋白（Ca^{2+}-磷脂）的互作反应，发挥凝血因子的生物学作用。

此外，已发现 γ-羧基谷氨酸残基存在于骨骼、肺、肾、脾、皮肤等器官组织中，从属于维生素 K 的羧化酶系统除了与凝血作用有关外，尚与骨的形成有关。在皮肤中存在一种依赖于维生素 K 的羧化酶参与皮肤形成过程中钙的代谢。

二、水溶性维生素

水溶性维生素包括许多不同种类的化合物，包括 B 族维生素、维生素 C 和胆碱，很多水溶性维生素或作为辅酶，或作为辅酶的构成物参与机体内的重要代谢。反刍动物瘤胃微生物能合成大部分水溶性维生素（硫胺素、核黄素、烟酸、叶酸、泛酸、生物素和维生素 B_{12}），并能在体组织中合成维生素 C。在常用饲料中，大多数水溶性维生素含量均较高，正常健康的反刍动物极少会发生水溶性维生素缺乏症。至今成年反刍动物对大部分水溶性维生素的瘤胃合成、生物利用率以及需要量的研究很少。在高产、应激等特殊情况下，有可能瘤胃微生物不能合成足够的 B 族维生素，对瘤胃机能尚未发育好的犊牛采食人工合成饲料时易发生 B 族维生素缺乏症。

1. 硫胺素　硫胺素有酶以外的作用，TPP 浓集于神经元细胞内，与神经系统的能量代谢、神经递质、神经冲动以及神经细胞膜中脂肪酸和胆固醇合成有关。硫胺素缺乏常会引起中枢和外周神经的病理变化，中枢神经系统紊乱。

饲料中存在或瘤胃异常发酵过程中产生硫胺素酶，如采食含有硫胺素酶的蕨类植物和一些生鱼，饲喂硫酸盐含量很高的日粮或能引起瘤胃 pH 迅速下降的因素，如大量饲喂精料，均可能发生硫胺素缺乏症。

最常见的硫胺素缺乏症为脑灰质软化（PEM），大脑两半球出现坏死性病理变化。症状包括厌食、共济失调、角弓反张、肌肉震颤（特别是头部）等神经症状以及严重腹泻。该病多发生于犊牛、羔羊、青年绵羊及 2～7 月龄山羊，如不及时治疗，死亡率高。病畜发生 PEM 时，血液中乳酸和丙酮酸显著增加，转酮酶活性下降，并常据此做出诊断。

2. 核黄素 核黄素的氧化还原功能最为明显。FAD 和 FMP 与酶蛋白一起形成黄素蛋白，参与氧化还原反应，氧化基质，产生能量（ATP）。

缺乏核黄素的实验动物肝线粒体中氧化脂肪酸的酰基 CoA 脱氢酶的活性显著下降，脂肪酸氧化受阻，包括辛二酸等大量二羧有机酸从尿中排出。脱氢酶活性的降低，也使肝和血浆中的亚油酸等不饱和脂肪酸浓度明显下降。核黄素的缺乏，使 FAD 依赖酶谷胱甘肽还原酶活性降低，减少还原型谷胱甘肽的形成，使细胞膜脂质过氧化。

幼龄草食动物有可能发生，表现症状为口腔黏膜充血、口角发炎、流涎、流泪以及厌食、腹泻及生长不良等非特异症状。

3. 烟酸 烟酸对皮肤、黏膜代谢和神经功能的重要作用。缺乏烟酸时，由于影响黏膜代谢，临床上可产生腹泻及皮肤角质化。采食缺乏烟酸的犊牛，在 48h 内会发生腹泻（Hopper et al.，1955）。口服［6mg/（头·d）］或注射［10mg/（头·d）］烟酸后的翌日，病情即可好转。

4. 生物素 生物素是参与机体代谢羧化反应的许多酶的辅因子，其中包括乙酰 CoA 羧化酶、丙酰 CoA 羧化酶、丙酮酸羧化酶及 β-甲基巴豆酰 CoA 羧化酶等。在碳水化合物、脂肪及蛋白质代谢中均需生物素酶参与。

在碳水化合物代谢中，生物素酶完成羧化和脱羧反应。这些反应包括丙酮酸向乙酰草酸的可逆转化、苹果酸转化成为丙酮酸、琥珀酸和丙酸的相互转化、草酰琥珀酸转化成 α-酮戊二酸以及脱羧作用的其他反应。

在脂肪代谢中，乙酰 CoA 羧化酶催化乙酰 CoA 的羧化，其前体为丙二酰 CoA，这一化合物的作用能使脂肪酸链延长，随后由细胞多酶复合体和脂肪酸合成酶将丙二酰 CoA 合成棕榈酸。生物素也是合成长链不饱和脂肪酸的必需因素，并与胆固醇的代谢有关。

在蛋白质代谢中，蛋白质合成、氨基酸脱氨及氨基甲酰转移中生物素均具有重要作用，并为多种氨基酸转移脱羧所必需。

5. 泛酸　泛酸的重要功能是以乙酰辅酶 A（CoA）的形式参与机体内的代谢过程。泛酸也可刺激抗体合成，提高动物对病原体的抗病力。泛酸缺乏时，抗体浓度下降。

实验性泛酸缺乏症犊牛出现的临床症状是厌食、生长缓慢、皮毛粗糙、皮炎及腹泻。最典型症状是眼和口鼻四周有鳞状皮炎。

6. 叶酸　叶酸以辅酶形式为一碳单位的载体（包括—CHO、—CH＝NH、—CH$_3$≥CH、>CH$_2$ 等），故对于甲基的转移以及甲酸基及甲醛的利用均十分重要；甲酰 FH$_4$ 引导嘌呤核的 C—2 及 C—8 进行腺嘌呤核苷酸的合成；也参与胸腺嘧啶 C—5 位甲基的合成及肌苷-5-磷酸的合成；作用于氨基酸的互变，如组氨酸的分解代谢而成谷氨酸、丝氨酸转变为甘氨酸、同型半胱氨酸转变为蛋氨酸等，可见叶酸在蛋白质合成中的作用非常重要。

叶酸可能是免疫系统正常功能所必需。曾发现缺乏叶酸的大鼠免疫功能受到严重影响，可能是嘌呤和嘧啶合成受阻而影响 DNA 的合成，从而影响免疫细胞的分裂。

叶酸对反刍动物生产性能的影响，Girard 等（1995，1998）从妊娠 45d 到分娩后 6 周内，每周给奶牛注射 160mg 叶酸有助于提高初产母牛和经产母牛泌乳中后期的奶产量和乳蛋白含量，但经产母牛乳蛋白含量仅在泌乳前 6 周有所提高。随后的研究发现，以每千克体重 0.2mg 或 4mg 的叶酸饲喂经产牛时，泌乳前 200d 的产量呈线性上升，但对头胎牛无效。分析认为，产奶量的上升可能与叶酸的直接作用或与节省蛋氨酸的间接效应有关。

7. 维生素 B$_{12}$　维生素 B$_{12}$ 是异构酶、脱水酶和蛋氨酸合成有关酶类的辅酶。维生素 B$_{12}$ 是甲基丙二酰辅酶 A 异构酶的构成部分，催化甲基丙二酰辅酶 A 转化成琥珀酰辅酶 A，后者进一步转化成琥珀酸进入三羧酸循环。

维生素 B_{12} 参与代谢过程中的甲基转移，含维生素 B_{12} 的酶能将甲基叶酸分子上的甲基移去，使四氢叶酸得到再生，从而形成 5,10-亚甲四氢叶酸，它是合成胸腺嘧啶脱氧核苷酸的必需因子。维生素 B_{12} 缺乏时，叶酸以甲基叶酸的形式而在代谢中无法参加反应。因此，叶酸的缺乏与维生素 B_{12} 的缺乏不易区别。

维生素 B_{12} 是机体造血机能处于正常状态的必需因子，能促进红细胞的发育和成熟，促进 DNA 及蛋白质的生物合成效率高于叶酸数万倍。由于维生素 B_{12} 能促进诸如蛋氨酸和谷氨酸等氨基酸生物合成，也能促进核酸的生物合成，故对幼龄动物的生长具有重要作用。

8. 维生素 C　维生素 C 与其他水溶性 B 族维生素不同处在于它不具有辅酶的功能，而仅有对其他酶系统的保护、调节、促进催化以及促进生物过程的作用。

维生素 C 是体内许多羟化反应所必需，也参与肝微粒体对胆固醇的羟化，通过胆酸排出胆固醇，可促进金属离子（特别是铁离子）的吸收。由于维生素 C 易于被氧化还原，故在细胞的电子传递过程中起重要作用，几乎所有的终端氧化酶（如抗坏血酸氧化酶、酚酶及过氧化物酶）均可直接催化 L-抗坏血酸的氧化。维生素 C 的还原特性可使维生素 E 和叶酸的稳定性加强，保护活性叶酸免从尿中排出，并使细胞膜界面上活性维生素 E 增多。

由于维生素 C 的抗氧化作用，已有许多研究关注维生素 C 对动物免疫功能的影响。如 Roth 等（1985）给阉牛皮下注射每千克体重 20mg 维生素 C，与对照相比，可改善中性粒细胞的功能。维生素 C 对机体免疫机能的影响有可能通过以下几个途径：影响免疫细胞的吞噬作用；降低循环的糖皮质激素，改善应激状态，而糖皮质激素是免疫抑制剂；刺激干扰素的产生，阻止病毒 mRNA 的翻译，免受病毒攻击。但有关反刍动物补充维生素 C

对机体免疫功能的影响尚缺少深入研究。

9. 胆碱 胆碱是卵磷脂和神经鞘磷脂等磷脂的构成成分，卵磷脂是动物细胞膜结构的组分；作为神经鞘磷脂的前体，是另一类细胞膜即神经细胞膜的结构物质及信号传递物质。胆碱具有抗脂肪肝效应，通过长链脂肪酸的磷酸化，以卵磷脂形式被输送，或者提高脂肪酸在肝内的氧化利用，预防脂肪在肝中堆积。

胆碱是加速合成及释放乙酰胆碱这种重要的神经传递介质，从而影响动物机体肌肉末梢血管扩张等的调控功能。胆碱是乙酰胆碱的前体，在胆碱乙酰酶的作用下与乙酰 CoA 反应下合成，可被胆碱酯酶水解，胆碱酯酶是神经活动中一种重要的酶。

胆碱是机体可变动的甲基的一部分，在甲基移换反应中起着供体的作用。甲基可来自胆碱，也可来自它的氧化产物甜菜碱。

大多数动物胆碱缺乏后的典型症状为脂肪肝。与其他动物出现的症状相似，犊牛胆碱缺乏症状为肌肉无力、肝脂肪浸润以及肾出血。由于脂肪肝和酮病有关，推测胆碱可用于预防和治疗酮病，但尚无直接证据证实这一推测（Erdman，1992）。

第八节 水对奶牛的作用

水是奶牛进行正常生理活动的必需物质之一，如果在奶牛养殖的过程中因为忽略水的作用而使奶牛用水不足，会使产奶量急剧下降甚至影响奶牛身体健康。在奶牛用水的选择方面，要注意水源的质量并科学喂水，避免附近有污染源的水源并根据水质情况进行必要的处理，保证饮水源的质量标准。保证足量供水和灵活饮水是科学用水的基本要求，奶牛在饮食健康的前提下精心喂养，对于奶牛健康和增加产奶量具有重要的意义。

一、水源质量的要求

1. 避免水源污染 对奶牛饮水源的选择应该符合《无公害

食品　畜禽饮用水水质》（NY 5027—2008）中规定的水源质量标准，水源周围 100m 范围内不存在污染源（工业污染源、农业污染源和生活污染源等），尽量避免在化工厂、农药厂和屠宰场等附近寻找水源。如果选择地面水作为饮水源时应该根据水质的实际情况进行必要的净化、沉淀和消毒；如果选择井水作为饮水源时需要再加盖井盖，避免鸟粪及其他可能引起水质污染的物质进入。

2. 水质达到要求　对奶牛饮水水质的要求是每升水中大肠杆菌的数量检测结果不得超过 10 个，酸碱度为 7.0～8.5，水的硬度为 12°～18°。另外，水质并不是固定不变的，应该每间隔一段时间对水质进行检测，如果发现水硬度超出范围可加热后晾凉再喂。

3. 饮水器达到卫生要求　获得达标的水源后还需符合卫生要求的奶牛饮水器，尤其是在夏秋两季，相对的高温环境更容易滋生细菌等微生物，导致水质下降。因此，需要制订对奶牛饮水器每天冲刷和定期消毒的卫生计划，确保奶牛的饮水健康。

二、科学喂水

1. 保证足量供水　奶牛的饮水需求量受到包括气温、季节、饲料和年龄、体重等多种因素的影响。有文献报道显示：奶牛在 12℃ 的环境下，每采食 1kg 的干饲料，其饮水量需要约为 3.7kg，而在 25℃ 相同的条件下，其饮水需求增至 5.4kg 左右。另外，处于产奶期的奶牛，其饮水需求量会大于不产奶的奶牛（但超过量并不大），例如对于日产奶量为 30kg 的奶牛来说，日常供水量需要 100kg 左右才能满足需求。同样，犊牛期的奶牛与青年期奶牛的饮水需求也不同，需要根据实际情况给予奶牛合适的饮水量。鉴于此，有条件的奶牛养殖场可以在牛舍中安装自动饮水设备，只需要保证饮水设备内水源的充足和水质的优良即可，奶牛可根据需要随时饮水。另外，在足量供水过程中还应注意：在夏季为奶牛加注凉水（有条件的养殖场也可以定期给予奶牛凉绿豆汤），有利于在高温环境下缓解奶牛的热应激和提高产奶期奶牛的产奶量。值得一提的是：春冬季节的奶牛，其饮水需求量并不低于夏秋季节，主要原因在于夏秋季节的饲料中含有更多的青绿多汁饲料，奶牛会得到更多的来自饲料的间接供水，而春冬季节的青绿多汁饲料明显缺乏，需要靠增加饮水量来补足奶牛自身的饮水需求。

2. 做到科学供水 在冬季环境下为奶牛加注温水（不可用温度超过30℃的过热水）能够明显增加奶牛的产奶量。相关文献研究表明：奶牛在冬季时给予10℃的水，日产奶量为25.1kg；给予18℃的温水，日产奶量可增至25.8kg；而给予25℃偏热的水，日产奶量又降至25.3kg。有试验证明，冬季将部分精料用开水冲调成稀粥给奶牛饮用，可明显提高产奶量。产后的奶牛应及时喂饮温热的红糖麸皮水，以补充奶牛体内流失的水分，维护奶牛的健康，防止奶牛产后便秘。另外，产后的奶牛应及时喂饮充足的水，以利于奶牛产后胎粪排出。

冬季水结冰后，给奶牛加注的饮水里可能含有冰碴，处于产奶期的奶牛饮用这种冰碴水后可能会导致消化不良，严重的甚至会引起消化道类疾病，严重影响奶牛的日产奶量。因此，冬季为奶牛饮水时切忌加入冰碴水。另外，对于分娩期奶牛可以适当给予其羊水，可帮助奶牛的胎衣顺利排出，在泌乳奶牛的头部可根据温度条件放置调温水袋（夏天放置凉水袋，冬天放置热水袋），使牛感到舒适，这对于增加奶牛的产奶量具有积极的意义。

第二章

奶牛的营养需要

第一节 能量的需要

能量可定义为做功的能力。动物的所有活动，如呼吸、心跳、血液循环、肌肉活动、神经活动、生长、生产产品和使役等都需要能量。动物所需的能量主要来自饲料三大养分中的化学能。在体内，化学能可以转化为热能（脂肪、葡萄糖或氨基酸氧化）或机械能（肌肉活动），也可以蓄积在体内。能量是饲料的重要组成部分，饲料能量浓度起着决定动物采食量的重要作用，动物的营养需要或营养供给均可以能量为基础表示。饲料中的能量不能完全被动物利用。其中，可被动物利用的能量称为有效能。饲料中的有效能含量即反映了饲料能量的营养价值，简称为能值。研究动物对饲料能量的利用、动物对有效能的需要量及影响饲料能量转化效率的因素是动物营养学的重要研究内容。

一、能量的来源

饲料能量主要来源于碳水化合物、脂肪和蛋白质。在三大养分的化学键中储存着动物所需要的化学能。动物采食饲料后，三大养分经消化吸收进入体内，在糖酵解、三羧酸循环或氧化磷酸化过程可释放出能量，最终以 ATP 的形式满足机体需要。在动物体内，能量转换和物质代谢密不可分。动物只有通过降解三大养分才能获得能量，并且只有利用这些能量才能实现物质合成。

动物能量的最主要来源是碳水化合物。因为碳水化合物在常用植物性饲料中含量最高、来源丰富。脂肪的有效能值约为碳水化合物的 2.25 倍，但在饲料中含量较少，不是主要的能量来源；蛋白质用作能源的利用效率比较低，并且蛋白质在动物体内不能完全氧化，氨基酸脱氨产生的氨过多，对动物机体有害，因而，蛋白质不宜做能源物质使用。鱼类对碳水化合物的利用率较低，其有效供能物质尚属蛋白质，其次是脂肪。此外，当动物处于绝食、饥饿、产奶、产蛋等状态时，饲料来源的能量难以满足需要时，也可依次动用体内储存的糖原、脂肪和蛋白质来供能，以应一时之需。但是，这种由体组织先合成后降解的供能方式，其效率低于直接用饲料供能的效率。

动物机体为维持生命活动（如心脏跳动、呼吸、血液循环、代谢活动、维持体温等）和生产活动（增重、繁殖、产奶等），均需要消耗一定的能量。所有这些能量，都是从家畜所采食的饲料中来的。

二、能量的单位

饲料能量含量只能通过在特定条件下，将能量从一种形式转化成另一种形式来测定。在营养学上，饲料能量基于养分在氧化过程中释放的热量来测定，并以热量单位来表示。传统的热量单位为卡（cal），为使用方便，实践中常用单位为千卡（kcal）和兆卡（Mcal）。三者关系为：1kcal＝1 000 cal；1Mcal＝1 000 kcal。

国际营养科学协会及国际生理科学协会确认以焦耳作为统一使用的能量单位。动物营养中常采用千焦耳（kJ）和兆焦耳（MJ）。卡和焦耳在美国均可使用。

我国传统单位为卡，现在国家规定用焦耳。卡与焦耳可以相互换算，换算关系如下：1cal＝4.184J；1kcal＝4.184kJ；1Mcal＝4.184MJ。

三、奶牛对能量的需要

1. 奶牛对能量的需要可概括为维持与生产两部分 生产部分又可分为生长、繁殖和泌乳等。在实际饲养奶牛过程中，能量的不足和过剩都会对奶牛产生不良的影响。犊牛或育成牛若缺乏能量，则表现为生长速率降低、初情期延长。此外，由于体组织中蛋白质、脂肪及矿物质的沉积和减少而使躯体消瘦、体重减轻外，泌乳量会显著降低，而且对健康和繁殖性能也会产生不良影响。

2. 能量过剩同样会对奶牛产生不良影响 这主要发生于中、低产奶牛。过多的能量会以脂肪的形式沉积于体内（包括乳腺），往往表现体躯过肥。其不良后果为：首先影响母牛的正常繁殖，会出现性周期紊乱、难孕、胎儿发育不良、难产等。其次会影响奶牛的正常泌乳，这是因为脂肪在乳腺内的大量沉积，妨碍了乳腺组织的正常发育，从而使泌乳功能受损而导致泌乳减少。

3. 奶牛所采食的饲料在体内经过一系列的消化、吸收及代谢过程，最后得到的生产净能只占食入总能的 20% 左右。这是因为，所食入的总能中约有 30% 在粪便中损失，尿液中和瘤胃中损失能量各占总能的 5%，而以体增热及维持奶牛本身正常生命活动所需的能量各占食入总能的 20%。因此，只有设法减少消化代谢过程中各种形式的能量损失，才能提高生产净能占总能的比例，提高奶牛对饲料的利用率和生产效益。所以，应加强对奶牛的饲养管理，对饲料进行科学的加工调制，采用正确合理的日粮配合技术等。这样，可大大减少奶牛的能量损耗，提高奶牛的生产效率。

4. 我国的奶牛饲养标准中，采用奶牛能量单位（NND）来表示能量需要。1 个奶牛能量单位相当于 1.0kg 含脂 4% 的标准乳的能量，或 3 138kJ 的产奶净能为 1 个奶牛能量单位（NND），或表示为：

产奶净能 NND＝3 138kJ

按析因法，可将不同生长阶段、生理阶段及生产水平时的净能需要量划分为维持净能和生产净能两部分，这两部分之和便为该牛的总的净能需要量。目前，我国已颁布了奶牛的饲养标准，实际生产当中，可根据此标准来进行奶牛日粮的配制。例如，以体重 600kg、日产 25kg、3.0％乳脂率鲜奶的第三胎泌乳牛为例来说明其能量需要。经查该牛每天维持需要为13.73NND。每产 1.0kg 含脂 3.0％的鲜奶需 0.87NND，则其产奶需要为：0.87×25＝21.75NND，因此，该牛每天总的净能需要为：21.75＋13.73＝35.48NND，假若每千克风干精料补充料、干青贮玉米及风干青干草中分别含 3.0、1.5、1.4NND，且在日粮干物质中上述 3 种饲料各占 1/3，则 3 种饲料日供给量应均为 35.48÷〔（3.0＋1.5＋1.4）÷3〕÷3＝6.0kg。若鲜青贮玉米中风干物含量为 30％，则每天需鲜青贮玉米为：6.01÷30％＝20.03kg；若青干草中风干物质含量为80％，则需青干草为：6.01÷80％＝7.51kg，意即为每天采食6.01kg 的精料补充料、20.03kg 的鲜青贮玉米和 7.51kg 的青干草时即可满足该牛的能量需要量。

第二节　蛋白质的需要

蛋白质是荷兰科学家格里特在 1838 年发现的。他观察到有生命的东西离开了蛋白质就不能生存。蛋白质是生物体内一种极重要的高分子有机物，主要由氨基酸组成，因氨基酸的组合排列不同而组成各种类型的蛋白质。生命是物质运动的高级形式，这种运动方式是通过蛋白质来实现的，所以蛋白质有极其重要的生物学意义。动物的生长、发育、运动、遗传、繁殖等一切生命活动都离不开蛋白质。生命运动需要蛋白质，也离不开蛋白质。

一、蛋白质的定义及功能

1. 蛋白质的定义　　组成蛋白质的基本单位是氨基酸，氨基酸通过脱水缩合形成肽链。蛋白质是由一条或多条多肽链组成的生物大分子，每一条多肽链有 20 至数百个氨基酸残基；各种氨基酸残基按一定的顺序排列。

2. 蛋白质的功能　　蛋白质是动物体的主要"建筑材料"。动物靠它形成肌肉、血液、骨骼、神经、毛发等；成年动物需要它更新组织，修补损伤、老化的机体。没有蛋白质的供给，动物就不可能成长，所以蛋白质是动物生命得以延续的主要物质基础。它在动物体内的功能有以下方面：

（1）结构功能与催化调节功能。蛋白质是构成体内各组织的主要成分，蛋白质在动物体内的主要功能是构成组织和修补组织。动物的大脑、神经、肌肉、内脏、血液、皮肤乃至指甲、头发等都是以蛋白质为主要成分构成的。动物发育成长后，随着机体内新陈代谢的不断进行，部分蛋白质分解，组织衰老更新以及损伤后的组织修补等都需要不断补充蛋白质。所以，每天都要补充一定量的蛋白质，以满足正常需要。动物体内的化学变化几乎都是在酶的催化下不断进行的。激素对代谢的调节作用也具有重要意义，而酶和激素都直接或间接来自于蛋白质。

（2）防御功能与运动功能。机体抵抗力的强弱，取决于抵抗疾病的抗体的多少，抗体的生成与蛋白质有密切关系。近年来，被誉为抑制病毒的法宝和抗癌生力军的干扰素，也是一种复合蛋白质（糖和蛋白质结合而成）。肌肉收缩依赖于肌球蛋白和肌动蛋白，有肌肉收缩才有躯体运动、呼吸、消化及血液循环等生理活动。

（3）供给热能与运输和存储功能。动物每天需要的能量主要来自于糖类及脂肪。当蛋白质的量超过人体的需要，或者饮食中的糖类、脂肪供给不足时，蛋白质也可作为热量的来源。另外，在体内新陈代谢过程中，被更新的组织蛋白也可氧化产生热能，供给人体的需要。不论是营养素的吸收、运输和储存以及其他物质的运输和储存，都有特殊蛋白质作为载体。如氧和二氧化碳在血液中的运输、脂类的运输、铁的运输和储存都与蛋白质有密切的关系。

二、蛋白质的作用

蛋白质是动物一切生命和生产活动所不可缺少的物质，它在动物体内的特有生物学功能不能为其他任何物质取代或转化。蛋白质供给不足时，动物消化机能减退、生长缓慢、体重下降、繁殖机能紊乱、抗病力减弱、组织器官结构和功能异常，严重影响动物的健康和生产。蛋白质饲料资源对于发展畜牧业具有举足轻重的作用，是畜牧业重要的物质基础。蛋白质的不足和过剩，均会对机体产生不良影响。通常情况下，当蛋白质过剩时，由于机体对氮代谢的平衡具有一定的调节能力，所以对机体不会产生持久性的不良影响。过剩的饲料蛋白质含氮部分以尿素或尿酸形式排出体外；无氮部分作为能源被利用。然而，机体的这种调节能力是有限的。当超出机体的承受范围之后，就会出现有害影响。如代谢紊乱、肝结构和功能损伤、饲料蛋白质利用率降低，严重时会导致机体中毒。

一般而言，奶牛生活和生产所需蛋白质来自日粮过瘤胃蛋白质和瘤胃微生物蛋白质。

奶牛所食日粮蛋白质中，一部分在瘤胃中被微生物降解，并合成微生物蛋白质被奶牛消化、利用。另外一部分日粮蛋白质并不被瘤胃微生物分解而直接进入真胃成为过瘤胃蛋白质。低品质的蛋白质在瘤胃中降解合成微生物蛋白质，改善了奶牛蛋白质营养状况；而高品质的蛋白质在瘤胃中降解，可造成氮素及能量的损失。因而，在奶牛生产实践中，通常采用保护或代谢调控手段，尽可能地减少高品质蛋白质饲料在瘤胃内的降解率，以此来提高饲料转化率，降低成本，增加经济效益。

与能量需要一样，奶牛的蛋白质需要也可分为生产需要与维持需要。其二者之和便是总的蛋白质需要。根据我国专业标准《奶牛饲养标准》（ZBB 43007—86）维持的粗蛋白质为 $4.6W^{0.75}$ g（W 为体重）平均每产 1kg 标准乳粗蛋白质需要量为 85g，假如以体重 600kg、日产 40kg 标准乳的奶牛为例，其粗蛋白质需要量则为：$4.6 \times 600^{0.75} + 40 \times 85 = 3\ 957.66g$。

三、蛋白质对奶牛繁殖性能的影响

1. 蛋白质不足　主要指产前低蛋白会提高胎衣不下率（据美国资料报道：干奶期饲喂含 8% 粗蛋白质的日粮，胎衣不下可高达 50%，而把日粮粗蛋白质提高到 15%，则胎衣不下率降为 20%），头胎牛围生前期理想日粮每千克干物质中 CP 应达 14%～15%，成奶牛 12%～14%；产后低蛋白，可使卵泡发育迟缓，发情异常，受胎率极低。产后日粮粗蛋白质应达 16%～17%。

2. 蛋白质过剩　主要指产后饲喂蛋白质含量如果超过泌乳需要量，造成氮不平衡，就易对繁殖性能造成不利影响，降低受胎率。一是因在过高蛋白水平下，奶牛为了代谢排出过量的氮，必须消耗过多的能量，更易造成能量负平衡，进而造成排卵迟缓和受胎率下降；二是饲喂高蛋白日粮会降低子宫内 pH，增加血液中尿素浓度和改变子宫内液体的组成，过高血液尿素浓度对精子、卵子及胚胎产生毒害作用，减少前列腺素的合成及降低孕酮浓度。另外，高浓度的氮会降低免疫系统的功能，最终使受胎率下降，产后泌乳高峰期日粮干物质中粗蛋白质一般不应长期超过 17%。

第三节　矿物质的需要

根据矿物质占动物体比例的大小，分为常量元素和微量元素。常量元素是指元素占动物体比例在 0.01％以上；反之，则为微量元素。现已确认有 20 多种矿物质元素是奶牛所必需的。在常量元素中有钙、磷、钠、氯、镁、钾、硫等，微量元素中有铜、铁、锌、钴、碘、硒等。矿物质的主要功能是：用作体组织的生长和修补物质，用作动物体的调节剂，用于乳品生产中（母牛奶的干物质中含有 5.8％矿物质）。以下就一些重要的矿物质元素加以分别说明：

一、对钙的需要

钙是奶牛需要量最大的矿物质元素，特别是对于产奶牛来说。钙主要存在于骨骼和牙齿中，组织及体液中仅占 2％左右。钙的功能包括肌肉的兴奋、心脏的调节、神经传导、血液凝固、奶的生产等。钙的吸收主要在十二指肠等。钙的排出有 3 条出路，即粪、尿和汗，其中以粪中的排出量最多。若饲料中钙的供应不足，而机体又很需要时，则会动用骨骼中的钙，如泌乳早期、产奶高峰期等。若钙严重不足时会导致产奶量急剧下降，但奶中含钙量却维持一个高水平。生长期的动物若缺钙时，常发生佝偻病、软骨病等。

钙的需要量受奶牛个体情况、生产状况等的影响。据测定，奶牛每天每 100kg 体重维持需要的钙为 8g，每产 1.0kg 奶需要有效钙量为 1.23g。泌乳早期每天约需 30g，泌乳后期约需 10g。

二、对磷的需要

磷除参与组成有机体的骨骼外，其在许多生化、生理方面有重要的作用是体内物质代谢必不可少的物质。磷主要在十二指肠上皮吸收，其吸收率受磷的来源、肠中环境、年龄以及其他因素的影响。它的排出主要依靠肾。若磷不足，可影响生长速度和饲料转化率、食欲减退、乏情、产奶减少等。由于钙、磷同时参与骨骼组成，所以，当磷不足时同样会使机体发生软骨症、佝偻病等。补充钙、磷时应注意其比例，一般情况下钙、磷比例应在（2～1）：1。

奶牛对磷的需要量因体重、年龄、产奶量等有很大变化。据报道，奶牛每天 100kg 体重维持所需的磷为 5.0g，泌乳后期 8.0g，怀孕后期 13g，日产奶 30kg 的奶牛每天需磷 100g 左右。

饲料中的磷含量因其来源不同，其含量也有差异。磷过量时可引起骨骼发育异常，更甚者还会导致尿结石等症。

三、对钾的需要

钾是机体中第三位含量高的矿物质元素，为生命所必需。钾离子主要存在于细胞内液中，与钠、氯及重碳酸盐离子共同维持细胞内的渗透压和保持细胞容积。钾还参与维持酸碱平衡。它还是维持神经和肌肉兴奋性不可缺少的因素。机体缺钾时，表现为生长受阻、肌肉软弱、异食癖、过敏症等。

据测定，日粮中饲草比例大时，容易满足奶牛对钾的需要量。除玉米外，各种饲料每千克干物质中的含钾量均在 5g 以上，青饲料每千克干物质超过 15g。所以，常用饲料均能满足动物对钾的需要。

四、对钠和氯的需要

钠和氯共同维持体液的酸碱平衡和渗透压。钠和氯主要分布于细胞外液，是维持外液渗透压和酸碱平衡的主要离子，并参与水的代谢。钠和其他离子一起参与维持正常肌肉神经的兴奋性，对心肌活动起调节作用。钠可抑制反刍动物瘤胃中产生过多的酸，为瘤胃微生物活动创造适宜的环境。氯是胃液中主要的阴离子，它与氢离子结合形成盐酸，使胃蛋白酶激活，并使胃液呈酸性，具有杀菌作用。氯和钠的排出主要通过尿而排出体外，通过粪、汁排出的较少。当动物缺乏时，无明显的症状，仅表现动物生长性能受阻，饲料转化率降低；成年动物生产性能下降等。

反刍动物需要补充钠，因为植物中一般含钠较少。据研究，在日粮中，常以占体重 0.05％的食盐配给为宜。大约每 100kg 体重需钠 8mg，在炎热的季节或生长期及泌乳期，机体对食盐的需要量有所增加。一般奶牛日粮中食盐占奶牛日粮干物质的 0.5％。

五、对镁的需要

动物体内的镁约有 70％以盐的形式存在于骨骼和牙齿中。镁与某些酶的活性有关，是机体内许多酶的活化剂，在糖和蛋白质代谢中起重要作用。一定浓度的镁能保证神经、肌肉、器官的正常机能，镁的浓度低时，神经、肌肉兴奋性提高，浓度高时则抑制。反刍动物缺镁的早期阶段表现为外周血管扩张、脉搏次数增加。随后，血液中的镁含量降低，当降到一定程度时，机体则会出现神经过敏、颤抖、肌肉痉挛等。镁的缺乏往往是地区性的。据美国 NRC（1980）中镁的最大耐受量为日粮的 0.4％，通常日粮中的镁远在中毒水平之下。

六、对硫的需要

动物体中的硫分布于全身的每个细胞中。此外，它还存在于维生素和硫胺素中，有少量呈无机状态。硫化物在代谢中有重要的生化作用。日粮缺硫会引起食欲减退、增重减轻、毛的生长速度变慢、产奶量下降等。硫的缺乏与否与饲料类型有关，因此，反刍动物的瘤胃微生物能利用无机硫与非蛋白氮合成含硫氨基酸，若在日粮中配给非蛋白质氮（如尿素）时则必须补充硫。补充量以每千克干物质饲料不超过 1.5g 为宜。

七、对碘的需要

碘在机体内含量甚微，多集中于甲状腺中，但功能非常重要。它与代谢密切相关，参与许多物质的代谢过程，对动物健康、生产等均有重要影响。缺碘时，动物代谢降低、甲状腺肿大、发育受阻等。为预防碘的缺乏，可在饲料中加入 1% 含 0.015% 的碘化物或将少许无机碘混入水中饮喂可起到理想的效果。碘的补给量以每千克干物质饲料中不超过 0.6mg 为宜。

八、对硒的需要

硒分布于全身所有组织，尤以肝、肾、肌肉中分布最多。硒是谷胱甘肽过氧化物酶的主要成分，它依赖硒而致活。硒和维生素 E 具有相似的抗氧化作用，能分解组织脂类氧化所产生的过氧化物，保护细胞膜不受脂类代谢副产物的破坏。若硒不足，可引发白肌病、肝坏死、生长迟缓、繁殖力下降等。缺硒的主要原因是由于土壤中硒的缺乏而引起的。缺硒地区，其补给量以每 1.0kg 干物质饲料不超过 0.3mg 为宜。

九、对铁的需要

动物体内的铁有 70% 左右存在于血液和肌肉中，还有一部分铁与蛋白质结合形成铁蛋白，储存于肝、脾及骨髓中。铁的主要功能是作为氧的载体以保证体组织内氧的正常输送，并参与细胞内生物氧化过程。缺铁时常表现为贫血症，特别是幼龄家畜。据报道，在每千克饲料干物质中，反刍家畜对铁的需要量为 50mg/kg。

十、对锌的需要

锌是畜体内多种酶的成分，它还是胰岛素的组成成分，参与碳水化合物的代谢。锌缺乏时，动物生长受阻，被毛易脱落。奶牛体内约含锌 20mg/kg，对于高产母牛每千克饲料干物质中含锌量必须达到 40mg/kg 时才不致发生锌缺乏症。

十一、对铜的需要

铜是构成血红蛋白的成分之一，它是体内许多酶的激活剂。

红细胞的生成、骨的构成、被毛色素的沉着等都需要铜的存在。若缺乏铜，则会出现贫血、运动失调、骨代谢异常等病理现象。一般奶牛对铜的需要量为 8～10mg/kg。

十二、对钴的需要

钴是反刍动物所必需的微量元素之一。它的主要功能是作为维生素 B_{12} 的成分。反刍动物瘤胃微生物能够利用钴合成维生素 B_{12}，为其吸收利用。所以，当缺乏钴时，则会出现维生素 B_{12} 的缺乏，表现为营养不良、生长停滞、消瘦、贫血等。奶牛每天钴的补给量为 0.1mg/kg 为宜。钴的最大耐受量为 10mg/kg。

以上只是简要阐述了一些重要微量元素对奶牛的作用。许多矿物质元素虽与奶牛的健康有密切的关系，但是一般日粮中不易缺乏，所以不再一一阐述。

第四节　维生素的需要

维生素是反刍动物维持机体正常生理功能必不可少的一大类有机物质。维生素并不能为机体提供热能，也不属于机体的构成物质，但具有多种生物学功能，参与机体内的许多代谢过程。动物需要足量维生素才能有效利用饲料中的养分。任何一种维生素的缺乏均会引起代谢紊乱，并导致某些特定的临床缺乏症状。由于维生素供给不足而发生的亚临床症状，也会影响机体的健康及生产性能。目前，已有 15 种维生素被公认为动物生命活动所必需，虽然其化学性质和生理功能各不相同，但根据它们的溶解性质可分为脂溶性维生素和水溶性维生素两大类。

一、对脂溶性维生素的需要

脂溶性维生素，包括维生素 A、维生素 D、维生素 E 和维生素 K。一般奶牛需要从日粮中获得维生素 A 和维生素 E。维生素 D 必须使奶牛在日光下得到紫外线照射、在皮下的 7-脱氢胆固醇才能合成维生素 D，全舍饲全封闭式牛舍所饲养的牛，则必须从日粮中获得。近年来国内研究工作表明，高产奶牛在我国一般条件下饲养，因干草质量较差，也要在日粮中添加维生素 D。瘤胃微生物能合成足够量的维生素 K。优质干草和优质青贮含有维生素 A 前体物，即 β-胡萝卜素，也有足够的维生素 E。一般晒制的优质干草含有维生素 D。牛可在体内储存足够的脂溶性维生素，可供数月的需要。但饲喂较多量青贮饲料而又缺少阳光照射的高产奶牛，它们的日粮中需要另添加维生素 D、维生素 A 和维生素 E，用来保持奶牛的健康和生产性能，以防发生疾病。

1. 维生素 A　维生素 A 能保持各种器官系统的黏膜上皮组织的健康及其正常生理机能，还能保持牛的正常视力和繁殖机能。植物中的维生素 A 主要以维生素 A 原（胡萝卜素）的形式而存在。维生素 A 缺乏的动物，临床上主要表现为上皮组织萎缩即皮炎，影响公母畜的生殖能力。在母畜可表现为胎盘变性、母畜流产、死产、胎儿衰弱及产后胎衣不下。还可引起牛特别是犊牛患夜盲症，有的患干眼病。

需求量：泌乳期和干奶期奶牛推荐饲喂维生素 A 分别为 $100\,000\sim125\,000\,IU/$（头·d）和 $50\,000\sim75\,000\,IU/$（头·d）（1mg 胡萝卜素相当于 400IU 维生素 A）。在应激情况下（如呼吸道疾病等），泌乳奶牛的维生素 A 供给量应不低于 $150\,000\,IU/$（头·d），生产中也有人用到 $200\,000\,IU/$（头·d）。另外，饲喂高谷物日粮会增加瘤胃中维生素 A 的损失，且应保证其维持较高水平。据报道，泌乳奶牛的维生素 A 中毒计量在 $1\,000\,000\,IU/$（头·d）。人们担心过量使用维生素 A 会干扰维生素 D、维生素 E 和维生素 K 等脂溶性维生素的吸收作用，但在 $200\,000\,IU/$（头·d）以下是安全的。在 2001 年版 NRC 饲养标准中犊牛维生素 A 需要量为每千克体重 80IU，干奶牛的维生素 A 需要量是每千克体重 110IU。在下述特殊条件下，需要补充维生素 A：①饲喂作物秸秆等副产品或胡萝卜素含量低的饲草；②初乳或全乳喂量不足的犊牛；③15～30 日龄即断奶的犊牛日粮；④以玉米青贮为基础饲料而精料含胡萝卜素又低的牛日粮。

在低温、高温或运输、驱赶等应激条件下，要增加维生素 A 的供给量。一般可按需要量增加 0.5～1 倍，即可保证牛在应激条件下的体质健康和发挥牛的生产潜力。

2. 维生素 D　维生素 D 的功能主要是提高血浆中钙、磷的水平，调整钙、磷的吸收、代谢和骨骼、牙齿的生长发育和健康。维生素 D 缺乏会导致牛骨骼钙化不全，引起犊牛佝偻病和成年母牛的软骨病。患佝偻病的牛，肋骨端呈念珠状肿胀和骨中灰分含量下降；成年牛易骨折。佝偻病开始时的表现是掌骨和趾骨增厚肿大。随着病程的发展，前肢向前或向旁弯曲。膝关节滑液蓄积。病情进一步发展，步态拘谨、兴奋、搐搦、呼吸加快和困难、衰弱、食欲不振、生长迟缓。长期缺乏维生素 D，牛对钙、磷和氮沉积量降低，代谢率增加。一般认为犊牛、生长牛和成年公牛维生素 D 的需要量为每百千克体重 660IU，晒太阳不足的犊牛或泌乳牛其日粮中要补充维生素 D。在一般情况下，牛采食晒制的优质干草和受到阳光照射的条件下，可不补充维生素 D。青绿饲料、舍内晾干的干草、人工干草和青贮饲料也含有维生素 D。但近年来国外的一些报道和国内一些人的试验表明，泌乳牛和公牛的日粮中补充 400IU/（头·d）的维生素 D，使牛体内的钙为正平衡，提高了牛的健康水平、产奶量和繁殖性能。1988 年，美国国家研究委员会确定泌乳牛为每千克体重 30IU（约为日粮中每千克干物质 1 000～1 200IU）。犊牛为 600IU，生长牛为 300IU。

2001 年版 NRC 饲养标准与 1989 年版相比，成年牛的维生素 D 需要量是一致的，即每千克体重 30IU。若体重 650kg 母牛，每天必需供给维生素 D 1.95 万 IU。在 NRC 饲养标准说明里，认为这个量对维持血浆中正常的维生素 D,浓度 25～50mg/mL 是必要的。有专家认为，从增加产奶量和提高繁殖性能来看，按 2001 年版 NRC 饲养标准的维生素 D 需要量提高到 1.8～2.0 倍也是可行的。

3. 维生素 E　维生素 E 是最重要的生育成分，又被称为生育元素，在各类动物的繁殖中都有重要的作用。维生素 E 缺乏主要导致奶牛肝坏死、不孕或不育症。维生素 E 作为生物抗氧化剂和游离基团清除剂的作用已经确认。维生素 E 可提高细胞和体液的免疫反应。在多数情况下，成年牛从天然饲料中可获得足够的维生素 E。长期储存的饲料，维生素 E 含量降低。犊牛发生维生素 E 缺乏的表现与牧场条件下犊牛白肌病的症状基本一致。一般以肌肉营养不良性病变为特征。最初症状包括腿部肌肉萎缩，引起犊牛后肢步态不稳、系部松弛和趾部外向，舌肌组织营养不良，损害犊牛的吮乳能力。缺乏症如进一步发展，牛的头下垂，不久就不能站立。1mg DL-α-生育酚醋酸盐相当 1IU 维生素 E。犊牛的维生素 E 需要量为每千克日粮干物质 25～40IU；干奶期和泌乳期奶牛的维生素 E 推荐饲喂添加量分别为 1 000IU/（头·d）和 500IU/（头·d）。在 2001 年版 NRC 饲养标准里，为了维护健康和免疫功能以及防止乳房炎和繁殖障碍，提高了维生素 E 的需要量。如果摄取正常的饲养采食量和考虑饲料中的维生素 E 含量，干奶牛每千克体重 1.6IU，即每天约 1 000IU；泌乳牛每千克体重 0.8IU，即每天约 500IU。

4. 维生素 K　牛在合成大量的体蛋白质或牛奶蛋白时需要维生素 K，包括参与血液凝固的血浆蛋白和其他组织及器官内未知功能的蛋白质供应。各种新鲜的或干燥的绿色多叶植物，维生素 K_1（叶绿醌）含量丰富。正常情况下瘤胃内能合成大量的维生素 K_2（甲萘醌）。维生素 K_1、维生素 K_2 都能有效地实现维生素 K 的凝血机制作用。故在一般饲养标准中，未规定在日粮中补充维生素 K。母牛采食发霉的双香素含量高的草木樨干草时，会出现维生素 K 不足的症状，包括凝血时间延长和全身出血。一般为草木樨中毒，可用维生素 K 治疗。

二、对水溶性维生素的需要

多年来公认牛瘤胃中微生物可合成大量 B 族维生素，足够牛只的需要。此外，一般饲料中 B 族维生素含量也相当丰富。但近年来发现，在某些条件下需要补充烟酸（又称尼克酸）；成年泌乳牛在泌乳早期由于采食烟酸不足的饲料、产后食欲减退、瘤胃合成不足和产奶量高等因素，完全可引起烟酸不足。可以认为，所有年龄的牛对 B 族维生素都有生理上的需要（包括硫胺素、核黄素、吡哆醇、生物素、烟酸和胆碱等），犊牛的 B 族维生素缺乏症已被证实。但犊牛在瘤胃机能未健全以前，喂全乳时其 B 族维生素可从牛奶中满足，而对早期断奶的犊牛，其断奶后的犊牛料中一定要补充全部维生素。若犊牛料中含有非蛋白氮，则更要重视补充各种维生素。泌乳初期的高产奶牛对烟酸的反应高于泌乳中期，给予烟酸补充物表明，可使瘤胃微生物蛋白质合成量增加和丙酸水平提高。这说明了烟酸可影响瘤胃发酵。烟酸的补充时间应从产前 2 周开始，延续到产后 8～12 周。每天每头 6～12g，特别是对过肥母牛和头胎母牛其效果更显著。夏季对高产奶牛每天喂烟酸 6g 可增加产奶量，尤其是对过肥的牛效果更好。

第五节 水的需要

水是各种牛的必需营养物质。水对于维持体液和正常的离子平衡，营养的消化、吸收和代谢，代谢产物的运送排出和体热的散失，营养物质的输送等都有重要作用。

奶牛需要的水来源于自由饮水、饲料中含有的水和有机营养物质代谢产生的代谢水这三部分。牛体内的水经唾液、尿、粪和奶、出汗、体表蒸发、呼吸排出体外。

奶牛体内水的排出量受牛活动环境的温度、湿度、呼吸频率、饮水量、日粮组成和其他因素的影响。奶牛的饮水量受干物质进食量、气候条件、日粮组成、水的质量和牛的生理状况的影响。奶牛的饮水量与干物质进食量呈正相关。在相同的环境和生理状况下，大体型奶牛的干物质进食量大于小体型奶牛，故随着体重的增加饮水量也增加。哺乳犊牛进食每千克干物质需水量高于饲喂干饲料的成年牛；在 $17\sim27℃$ 气候环境下，成年牛的估计饮水量为每进食千克干物质 $3.5\sim5.5L$，而犊牛 $4\sim6.5L$。

硬水（含有小于 33mg/kg 的钙和镁）或软水（含有小于 1mg/kg 的钙和镁）对于奶牛的生产性能没有影响。但是，硬水中某些元素浓度过高是有害的。氢离子浓度 $1\sim1\,000\,nmol/L$（pH 6～9）的水对牛是安全的。饮水的温度、季节和昼夜变化也影响牛的饮水量和生产性能，寒冷天气，若给牛饮温水则可增加饮水量。在高温下，当气温达 30℃ 以上，将水温从 31.1℃ 降至 18.3℃，肉牛每天每头的饮水量可减少 $3.6\sim4.5L$，呼吸率减少 $10\%\sim12\%$，而增重增加 36%。成年母牛饮水量还受到饲料种类、产奶量的影响。一头大型奶牛第六天产奶 $10\sim15L$，饲喂干饲料及多汁饲料时，每天约可饮水 45L。研究证明，在一般情况下，干奶母牛每天须饮水 35L，日产奶 15kg 左右的母牛每天饮水 50L，日产奶 40kg 左右的高产母牛每天须饮水约 100L。炎热季节母牛所需饮水量都超过春秋季节及冬季。如无自动饮水器，在夏季母牛每天须饮用 2～3 次较凉的水。成年母牛每喂饲 1kg 的干物质须饮水 4L。每产 1kg 牛奶则须饮水 $3\sim3.5L$。舍内安装自动饮水器比在舍外每天饮 2 次水可多消耗水量 18%，多产奶 3.5%、多产乳脂 10.7%。用自动饮水器，每天可饮水 10 次，2/3 是在白天饮水，1/3 是在夜间（17：00 至翌日

5：00)。因此，大多数牛场为了满足母牛饮水需要量，都在舍内设置自动饮水器。

第六节 粗纤维的需要

饲料粗纤维对于任何家畜都不可缺少。其主要作用是填充肠胃，给以饱感；刺激肠黏膜，促进肠胃蠕动和粪便的排泄；对于奶牛而言，粗纤维在瘤胃及盲肠中经发酵形成的挥发性脂肪酸，是其重要的能量来源。奶牛如果只吃精料，可造成严重的消化不良，发生瘤胃鼓胀，甚至死亡。当奶牛日粮中粗纤维降低到13%时，瘤胃中乳酸菌发酵，产生的大量乳酸使 pH 下降至 5 时，有益微生物活动受到限制；又由于吸收乳酸过多，会导致酸中毒，表现为前胃迟缓、食欲丧失、腹泻、表情呆滞，严重的会死亡。所以，奶牛在日粮中需要一定量的粗纤维来维持正常的瘤胃机能，防止代谢病的发生。当粗纤维水平达 15%，酸性洗涤纤维（ADF）在 19%时能够维持正常的生产水平和乳脂率。粗料的长度影响奶牛的瘤胃机能，在日粮中至少有 20%的粗料长度大于 3.5cm。

一、粗纤维对奶牛的营养作用

过去，人们一直认为粗纤维是一种低质饲料，这是因为粗纤维中含有难以被微生物和酶降解的木质素，所以粗纤维饲料很少被动物直接消化吸收。饲料中粗纤维含量增加会降低日粮能量浓度，从而降低饲料的营养价值。但是，后来大量研究表明：粗饲料尤其是饲料中的纤维物质对控制采食量和保证奶牛瘤胃的正常发酵功能等具有重要的作用。粗饲料中由于木质素和硅含量较高，造成消化利用率低下。动物本身对日粮纤维几乎不能降解，只是依赖于栖居其消化道内的微生物来实现降解。日粮中最少数量的 NDF 对于维持瘤胃正常的发酵功能具有重要意义，但过高

的 NDF 则会对干物质采食量 DMI 产生负面影响。Mertens
(1994) 指出，在日粮满足奶牛足够的 NE 情况下，NDF 含量对
DMI 没有限制作用。在奶牛产奶量接近 40kg/d、日粮 NDF 超
过 32％时，DMI 受到抑制。而当产奶量为 20kg/d、日粮中 NDF
小于 44％时，就不会抑制 DMI。人们对纤维素的测定虽有上百
年的历史，但对其定义至今仍看法不一。

1. 提供能量　瘤胃微生物消化利用纤维的基础是可以产生
纤维素酶类，借助微生物产生的 β-糖苷酶，消化宿主动物不能
消化的纤维性物质，将其降解为 VFA（乙酸、丙酸、丁酸），显
著增加饲料中总能（GE）的可利用程度。日粮纤维在瘤胃内发
酵产生的 VFA 是反刍动物主要能源物质。日粮纤维在瘤胃中发
酵所产生的挥发性脂肪酸是反刍动物主要的能源物质。挥发性脂
肪酸能为反刍动物提供能量需要的 75％，可见日粮纤维发酵对
反刍动物能量代谢的重要意义。

2. 控制采食量　反刍动物采食量的调节以物理调节为主、
化学调节为辅，饲料磨碎和颗粒化可增加采食量。粗纤维由于体
积大、吸水性强，有强烈的填充作用，使动物产生饱感；纤维素
降解产物 VFA 也有一定的化学刺激作用，产生化学调节，其中
乙酸和丙酸对采食量影响较大，丁酸较弱。反刍动物过食现象不
明显，对苦味、酸味、咸味和甜味很敏感，利用这一特点配制日
粮时，可合理利用某些饲料。

3. 维护正常的生产性能　如果日粮纤维水平过高，会导致
动物热增耗增加和饲料转化率下降。如果控制在适宜的水平，则
有利于提高奶牛的产奶量和维持较高的乳脂率。反刍动物体内主
要的生糖物质是丙酸，主要生糖器官是肝和肾，VFA 中如果丙
酸比例增加，则有利于肥育；如果乙酸比例增加，则有利于提高
乳脂率。一般情况下，3 种 VFA 的比例为乙酸 70％、丙酸
20％、丁酸 10％，但受日粮组成、饲料加工方法和饲料添加剂
等因素的影响。饲喂青贮、苜蓿或干草时，乙酸比例较高，有利

于提高乳脂率；饲喂较多精料时，丙酸比例较高，则有利于肥育。研究表明，泌乳母牛日粮中，CF 应占日粮干物质的 15%～20%，其中以 17%为最适合，最低也不能低于 13%。日粮内合适的结构性碳水化合物（SC）和非结构性碳水化合物（NSC）比例对控制瘤胃内 VFA 的生产和吸收有重要作用。

4. 改善胴体品质 日粮内纤维水平超过一定值后，日粮粗纤维每提高 1%，能量消化率下降 13%，ME 利用率下降 0.9%，饲料转化率下降 3%，生长下降 2%（Fernandez and Jorgensen，1986），但这些不利影响往往伴随有胴体含脂率下降、瘦肉率上升的正面效果。改善胴体品质以单胃动物明显。

5. 促进胃肠道的消化吸收 胃肠道正常蠕动和反刍是影响养分吸收的重要因素。CF 可刺激胃肠道，促进胃肠蠕动和粪便的排泄。此外，还对维持正常的微生态系统平衡，促进瘤胃的发育和动物的健康有重要的作用。维持瘤胃正常功能和动物健康纤维及淀粉是瘤胃内挥发性脂肪酸的主要底物，纤维水平过低，淀粉迅速发酵，大量产酸，降低瘤胃 pH，抑制纤维分解菌的活性，严重导致酸中毒。

6. 维持瘤胃的正常功能 淀粉和中性洗涤纤维（NDF）是瘤胃内产生挥发性脂肪酸的主要底物。淀粉在瘤胃内发酵比NDF 快。若日粮中纤维水平过低，淀粉迅速发酵，大量产酸，降低瘤胃液 pH，抑制纤维分解菌活性，严重时可导致酸中毒。日粮纤维能结合 H^+，本身就是一种缓冲剂，粗饲料的缓冲能力比籽实高 3 倍左右。此外，日粮纤维可通过刺激咀嚼和反刍，促进动物唾液分泌增加，从而间接提高瘤胃缓冲液能力。研究表明，适宜的日粮纤维水平对消除大量进食精料所引起的采食量下降、纤维消化降低、酸中毒、瘤胃黏膜溃疡很重要。日粮纤维低于或高于适宜范围，不利于能量利用。NRC 推荐泌乳牛饲料至少应含 20%的酸性洗涤纤维（ADF）或 25%的 NDF，并且饲料中 NDF 总量中的 75%必须由粗饲料提供。

二、粗纤维对三大营养物质的影响

1. 对蛋白质的影响 由于粗纤维的摄取，动物对其饲料中蛋白质的消化也有影响。原因如下：日粮纤维在消化道内形成黏性屏障，阻止消化酶与底物的接触，从而降低蛋白质消化率；日粮纤维增加外源氮和内源氮的数量；粗纤维的发酵和微生物氮的合成，增加粪氮的排出量。

2. 对粗脂肪的影响 Smiths（1996）的试验表明，食糜黏度增高，胆汁酸浓度下降，从而使乳化脂肪的能力下降导致脂肪的消化率降低；日粮纤维的增加会引起脂肪消化率降低，可能是由于内源脂肪的含量增加和微生物脂肪含量增高所致。日粮纤维水平增高同样也会引起内源脂肪的损失增加。

3. 对碳水化合物的影响 Edwards 等（1998）报道，日粮纤维会阻碍消化道内葡萄糖对流和扩散；Chesson（1995）的试验证明，日粮纤维对消化液的稀释作用，酶对底物的作用受到限制，从而降低了淀粉的消化率；还有可能是通过对激素的作用而间接调控碳水化合物的代谢。

第七节　脂肪的需要

泌乳奶牛，尤其是处在泌乳早期的奶牛，如果不能获得足够的能量来满足产奶需要，会导致奶牛在此期间发生能量负平衡。这就限制了它们生产更多牛奶，降低繁殖性能，特别是卵子的发育和妊娠方面，并限制奶牛恢复体况的能力。由于干物质采食量（DMI）受奶牛泌乳早期采食量以及饲料的质量、来源和营养水平等因素的影响，现在面临的问题就是如何在不减少干物质采食量的基础上增加能量密度。脂肪提供的能量是蛋白质或碳水化合物的 2.25 倍，因此，在日粮中补充脂肪看来是提高能量摄入的最合理的方法。但不同的脂肪来源在其组成成分和对奶牛的功效方面有很大的差异。

目前，市场上用于奶牛的脂肪能量产品有甘油三酯、脂肪酸钙和游离饱和脂肪酸。

一、甘油三酯

植物来源的脂肪主要是甘油三酯的形式，是 3 个脂肪酸连接 1 个甘油分子形成甘油三酯。这些脂肪酸具有不同的长度，而且其饱和度也有差异。这有点像蛋白质是由多种不同的氨基酸组成一样。不饱和脂肪具有较低的熔点，并且在室温下呈液态。常见的例子是大豆油、棉籽油、玉米油和其他植物油。饱和脂肪在室温下不会熔化，熔化多少也取决于脂肪来源中具有多少不饱和脂肪酸，如猪油或牛油。高度饱和的甘油三酯在瘤胃中不会被完全溶解。因此，细菌无法将其降解成奶牛能够吸收和利用的游离脂肪酸，饱和甘油三酯的消化率仅为饱和游离脂肪酸的 50%。

市场上大多数商业化的甘油三酯是通过氢化作用将不饱和脂肪酸转化为饱和脂肪酸。关键的问题是：①奶牛不喜欢添加有液状体或脂肪熔化后油腻的日粮。②在奶牛的最大胃——瘤胃中的细菌必须将饲料中的大部分不饱和脂肪酸转化为饱和脂肪酸。③甘油三酯需要被转化为饱和游离脂肪酸才能被充分消化。否则，不饱和脂肪酸对瘤胃细菌就会具有毒性。奶牛也需要大量的饱和脂肪酸来生产乳脂。通常情况下，从瘤胃出来进入小肠中的脂肪有 85%～90% 是游离脂肪酸。乳脂约含 2/3 的饱和脂肪酸。

因此，给奶牛饲喂的脂肪产品要能够有助于提供小肠和乳脂中所需的脂肪形式，同时避免给奶牛造成任何负面效应。

二、脂肪酸钙

市场上最常见的奶牛脂肪添加剂是脂肪酸钙，它通常含有更多的不饱和脂肪酸，但是直到最近 5～10 年，科学的发展才让大家了解到，脂肪酸钙中的这些不饱和脂肪酸会导致意想不到的后果，那就是会降低干物质采食量，并且导致乳脂率和乳蛋白水平的降低。当这些不饱和脂肪酸进入奶牛的瘤胃之后，瘤胃中的细菌会成功地将85％的不饱和脂肪酸转换为饱和脂肪酸。没有被转换为饱和脂肪酸的那部分不饱和脂肪酸会在小肠中被吸收，引起缩胆囊素的释放，这种激素影响瘤胃的反刍功能，减少每次的采食量，最终导致干物质采食量降低。奶牛日粮中每增加1％的脂肪酸钙，就会使干物质采食量下降2.5％。

除了这种负面效应，瘤胃中的细菌会在将饲料中不饱和脂肪酸转换成饱和脂肪酸的过程中，产生一种能够降低乳脂的不饱和脂肪酸。所以，不饱和脂肪酸不仅会降低干物质采食量，同时还会降低乳脂含量。虽然正常或较高的乳脂率并不会给奶农带来额外的收益，但是较低的乳脂率表明瘤胃的发酵功能不是处于最佳状态。

三、游离饱和脂肪酸（能乳发）

能乳发是美国牛奶产品专业营养公司（MSC）在1990年左右研发出来的，是最新一代的真正的过瘤胃脂肪。能乳发所提供的游离饱和脂肪酸形式正是奶牛需要的，能在小肠中吸收并用于生产牛奶、乳脂或保证体况的最佳形式。这些脂肪酸大部分是饱和的，并且不是甘油三酯的形式，因为甘油三酯形式的脂肪酸会降低脂肪的消化率。能乳发具有多种益处同时不会像脂肪酸钙一样产生副作用。

第三章

奶牛的常用饲料

奶牛常用饲料可以分为粗饲料和精饲料两部分。粗饲料包括干草、秸秆、青贮饲料和青绿饲料等，不仅可以供给奶牛能量、蛋白等营养物质，而且能刺激奶牛瘤胃反刍，促进胃肠蠕动；同时，饲喂粗饲料还可以降低饲料成本，充分利用饲料资源。精饲料大致包括能量饲料、蛋白质饲料、矿物质饲料、维生素及饲料添加剂等。其中，能量饲料有谷实类和块根、块茎类。谷实类植物的籽实含大量的碳水化合物，是奶牛日粮的主要成分，在日粮中常用量占 40%～70%，包括玉米、高粱、大麦和小麦等。蛋白质饲料有植物性蛋白质饲料和非蛋白氮饲料。植物性蛋白质主要包括油料饼粕类、豆科籽实类和淀粉、工业副产品等。矿物质饲料、维生素及饲料添加剂在精料中所占比例很低，但却是奶牛维持健康和正常生理功能所必需。

第一节　干　　草

干草是指青草或栽培青绿饲料在结实前的生长植株地上部分经一定干燥方法制成的粗饲料。制备良好的干草仍保持青绿色，故也称为青干草。干草可以看成是青饲料的加工产品，是为了保存青饲料的营养价值而制成的储藏产品，因此，它与作物秸秆是完全不同性质的粗饲料。干草是奶牛最基本、最主要的饲料。优质干草叶多，适口性好，蛋白质含量较高，胡萝卜素、维生素 D、维生素 E 及矿物质丰富。

一、干草的划分

关于干草种类，截至目前没有统一的分类方法。根据不同的分类方法，干草可划分为许多种类，现简要介绍如下：

1. 按照饲草品种植物学分类　常见的可将干草分为禾本科、豆科、菊科、莎草科、十字花科等，在每个科里面，可根据饲草品种的名称命名干草名，如苜蓿干草为豆科干草，黑麦草干草为禾本科干草等。

（1）豆科干草。包括苜蓿干草、三叶草、草木樨、大豆干草等。这类干草富含蛋白质、钙和胡萝卜素等，营养价值较高，饲喂草食家畜可以补充饲料中的蛋白质。

（2）禾本科干草。包括羊草、冰草、黑麦草、无芒雀麦、鸡脚草及苏丹草等。这类干草来源广、数量大、适口性好。天然草地绝大多数是禾本科牧草，是牧区、半农半牧区的主要饲草。

（3）谷类干草。为栽培的饲用谷物在抽穗-乳熟或蜡熟期刈割调制成的青干草。包括青玉米秸、青大麦秸、燕麦秸、谷子秸等。这一类干草虽然含粗纤维较多，但却是农区草食家畜的主要饲草。

（4）其他青干草。以根茎瓜类的茎叶、蔬菜及野草、野菜等调制的青干草。

2. 按照栽培方式　根据鲜草栽培方式和来源，可以将干草分为单一品种干草、混播草地干草和野生干草。如苜蓿干草为单一品种干草，白三叶＋黑麦草干草为混播草地干草，而草原上刈割的野青草晒制的干草为野生干草。

3. 按照干燥方法　根据调制干草的干燥方法，可将干草分为晒制干草和烘干干草两类，这种分类方法可提示消费者所购干草的质量。一般而言，烘干干草质量优于晒制干草，是进一步加工草粉、草颗粒、草块的原料。

二、干草营养特性

1. 优质干草营养丰富　干草的营养和饲用价值因牧草品种、收割时期、调制方法等因素的影响，差异很大，优质干草营养完善，一般粗蛋白质含量为 10%～20%，粗纤维含量为 22%～23%，无氮浸出物含量为 40%～54%，干物质含量 85%～90%。

优质干草，其原料植物中的矿物质元素保存良好，一般含钙都比较丰富，含磷略差。矿物质和维生素含量较丰富，豆科青干草含有丰富的钙、磷、胡萝卜素、维生素 K、维生素 E、B 族维生素等多种矿物质和维生素。

干草是动物维生素 D 的主要来源，一般晒制青干草维生素 D 含量为 100～1 000IU/kg。

2. 干草具有较高的饲用价值　优质干草呈青绿色，柔软，气味芳香，适口性好。青干草中的有机物消化率可达 46%～70%，纤维素消化率为 70%～80%，蛋白质具有较高的生物学效价。

3. 干草是形成乳脂肪的重要原料。

4. 干草是加工其他草产品的原料。

晒制或烘干而成的青干草，可以进一步制成草饼、草粉、草颗粒。

三、干草调制原理

青饲料水分含量高，细菌和霉菌容易生长繁殖使青饲料发生霉烂腐败。所以，在自然或人工条件下，使青饲料迅速脱水干燥，至水分含量为 14%～17% 时，所有细菌、霉菌均不能在其中生长繁殖，从而达到长期保存的目的。

通过自然或人工干燥方法使刈割后的新鲜饲草迅速处于生理干燥状态，细胞呼吸和酶的作用逐渐减弱直至停止，饲草的养分分解很少。饲草的这种干燥状态防止了其他有害微生物对其所含养分的分解而产生霉败变质，达到长期保存饲草的目的。

干草调制过程一般分两个阶段。

第一阶段：从饲草收割到水分降至40％左右。这个阶段的特点是：细胞尚未死亡，呼吸作用继续进行，此时养分的变化是分解作用大于同化作用。为了减少此阶段的养分损失，必须尽快使水分降至40％以下，促使细胞及早萎缩死亡，这个阶段养分的损失量一般为5％～10％。

第二阶段：饲草水分从40％降至17％以下。这个阶段的特点是饲草细胞的生理作用停止，多数细胞已经死亡，呼吸作用停止，但仍有一些酶参与一些微弱的生化活动，养分受细胞内酶的作用而被分解。此时，微生物已处于生理干燥状态，繁殖活动也已趋于停止。

四、青干草品质鉴定与储藏

1. 品质鉴定 干草的品质应根据干草的植物组成、生长期、颜色、气味、含水量等方面来进行鉴定。

（1）植物组成。优质干草豆科草占的比例大，不可食草不超过5％；中等干草禾本科和其他可食草比例较大，不可食草不超过10％；劣等干草除豆科、禾本科以外的其他可食草较多，不可食草不超过15％。

（2）生长期。如有花蕾，表示收割适时，品质优良；如有大量花序，尚未结籽，表示收获在开花期，品质中等；如发现大量种子，表示收获过晚，营养价值不高。

（3）颜色和气味。优等干草，鲜绿色，气味芬香；中等干草，淡绿色或灰绿色；次等干草，微黄或淡褐色；劣等干草，暗褐色、草上有白灰，具有霉味。

（4）含水量。含水量在15％以下为干燥，用手轻轻揉搓，发出碎裂声，并易折断；含水量在15％～17％为中等干燥，用手扭折时，草茎破裂，稍压有弹性而不断；含水量在17％～

20％为较湿，用手扭断时，草茎不易折断，并溢出水来，不能保存。

2. 综合评定 优等干草豆科草占的比例较大，颜色青绿色有光泽，气味芳香，样品中有花蕾出现（孕穗），含水量在17％以下；良好干草植物学组成评定为中等，颜色淡绿，无霉味，在样品中有大量花序而未结籽，含水量在17％左右；次等干草或等外级干草，植物学组成为劣等草，颜色微黄或灰褐色，样品中有大量种子，含水量高于17％。如果有害植物超过1％以上，泥沙杂质过多，干草颜色为暗褐色，已发霉变质，则不能饲用。

3. 储存 干草储存不当会使品质下降，甚至损失霉烂。要储存的干草必须完全晒干，如果水分含量高达20％或30％，草堆容易在氧化过程中升温超过40℃，甚至高达70℃，还会引起火灾。堆放的地方要向阳干燥，防雨、防潮。上面要加顶封盖，上盖蒿秆、草帘或塑料薄膜。草堆底部垫以石头或树枝，便于通风干燥。否则，上面雨淋，下面潮湿，最易发生霉烂。最好修建干草棚，采取四周砖柱上面盖瓦做顶或用石棉瓦，高5～7m。修建这样的棚虽开始要一些投资，但可完全保证干草质量，无霉烂损失，且易堆码。储存良好的干草，除胡萝卜素的保存时间不能太长外，其他如有机物、蛋白质、粗脂肪等的消化率，都可较长时间变化不大。

五、适合制作干草的饲草

理论上说，几乎所有人工栽培牧草、野生牧草均可用于制作干草。可是在实际生产中，一般选择茎秆较细，叶面适中的饲草品种来制作干草，即通常所说的豆科和禾本科两大类饲草。

1. 禾本科牧草

（1）羊草。又名碱草，我国主要分布于东北、西北、华北以及内蒙古等地，俄罗斯、朝鲜、蒙古等国也有分布。羊草为松嫩、科尔沁、锡林郭勒和呼伦贝尔等草场上的优势种和建群种，20世纪50年代后开始人工栽培，并迅速在许多地方建成了大面积的羊草人工草地。羊草不仅适于放牧各种牲畜，而且是最适于调制干草的禾本科牧草品种之一。干草粗蛋白质含量为7%～13%，粗脂肪2.3%～2.5%，叶片多而宽长，适口性好。

（2）芒麦。又名垂穗大麦草、西伯利亚碱草，芒麦是禾本科多年生牧草，为北半球北温带分布较广的野生牧草，我国主要分布在东北、西北以及内蒙古一带，俄罗斯东南部、西伯利亚、远东以及哈萨克斯坦、蒙古和日本也有分布。20世纪60年代初用于建立人工草地。芒麦抗寒力强，耐湿润但抗旱力较差，对土壤适应性较广泛，不仅肥沃的土壤能生长良好，在弱酸至弱碱性土壤和低湿盐碱地上也能生长。芒麦叶量丰富，幼嫩时适于放牧，在抽穗至始花期收割，调制干草，品质较好，粗蛋白质含量11%～13%，粗脂肪2%～4%。

（3）披碱草。又名野麦草、直穗大麦草，是广泛分布于温带和寒带草原地区的优良牧草，我国主要分布在"三北"（东北、华北、西北）地区。披碱草以其抗寒、抗旱、抗风沙、抗盐碱而受到欢迎。调制干草的适宜收割期在抽穗至开花前，粗蛋白质含量为7%～12%，粗脂肪2%～3%。若收割过晚则草质粗硬，营养成分含量下降。

（4）苇状羊茅。又名苇状狐茅，为禾本科狐茅属多年生草本植物，起源于欧、亚两洲，主要分布在温带与寒带的欧洲、西伯利亚西部及非洲北部。近年来，在陕、甘、晋、豫、鄂、湘、滇、苏、浙、皖、鲁等省均表现了良好的适应性和较高的产量。苇状羊茅丛生，须根，有短地下茎，茎直立、坚硬。耐旱、耐湿、耐热，既能在较寒冷的条件下生长，也能在亚热带丘陵岗地安全越夏，但耐寒性较差，在肥沃、潮湿的土壤上种植，产量高，再生性强，耐刈割。可在暖温带、亚热带丘陵岗地和轻盐碱地上广泛种植，也可与白三叶组成混播草地。苇状羊茅调制干草在抽穗期刈割，干草粗蛋白质含量 13%～15%，粗脂肪 3%～4%，收割过晚，则草质粗糙，适口性差。

（5）黑麦草。原产于西南欧、北非及西南亚，现为我国亚热带高海拔降水量较多地区广泛栽培的优良牧草，至今已经培育成不同特点的 60 余个品种。黑麦草为上繁草、密丛型，分蘖力强，可达数十个至百余个。黑麦草喜温暖、凉爽、湿润的气候、怕炎热、不耐干旱和寒冷。黑麦草是我国长江流域及南方各省春、秋、冬常绿的重要牧草。草质柔软，叶量较多，所有草食家畜、家禽、鱼都很喜食。初穗盛期刈割调制干草，干草的粗蛋白质含量为 9%～13%，粗脂肪为 2%～3%。由于叶片多而柔软，是牲畜的优质干草。幼嫩时收割粗蛋白质含量可达 20%，可用于喂猪，特别是母猪。

2. 豆科牧草

（1）紫花苜蓿。是目前世界上分布最广的豆科牧草，它起源于小亚细亚、外高加索以及伊朗和土库曼斯坦等国家的高地。我国早在 2 000 年前就开始种植，主要分布在"三北"地区。苜蓿被称为"牧草之王"，不仅是由于它的草质优良，营养丰富，而且是由于其具有广泛的适应性。苜蓿茎叶柔软，适合调制干草，适宜的收割期为初花期，粗蛋白质含量为 18%～20%，粗脂肪为 3.1%～3.6%，收割过晚则营养成分下降，草质粗硬。

（2）沙打旺。又名直立黄芪，为豆科黄芪属多年生草本植物。我国豫、冀、鲁等省牧草和绿肥栽培已有数百年历史，20 世纪 60 年代以来，东北、华北和内蒙古等地大规模飞播种植，发展很快。沙打旺不仅作为饲料、燃料和肥料用，而且也是防风固沙、保持水土的良好植物。沙打旺在初花期收割，调制干草最适宜，粗蛋白质含量为 12%～17%，粗脂肪 2%～3%。沙打旺茎秆较粗硬，整株饲喂利用率较低，粉碎后混拌其他饲料，可提高利用率，改善养分平衡。

（3）红豆草。又名驴食豆、驴喜豆，为豆科红豆草属多年生牧草，饲用价值与苜蓿相近，有"牧草皇后"之称。1 000多年前已在亚美尼亚栽培，后引入法国、俄罗斯、英国。现分布于欧洲、非洲和亚洲西部、南部。现我国甘、宁、陕、青、川、藏等省（自治区）大面积种植，成为我国干旱地区很有发展前途的重要豆科牧草。开花期的红豆草适于调制干草，因为此时茎叶水分含量较低，容易晾晒，但也要注意防止叶片脱落。开花期的红豆草干草粗蛋白质含量15％～16％，粗脂肪2％～5％，干物质消化率在70％左右。

（4）小冠花。为豆科小冠花属草本植物，原产于南欧及东地中海一带。我国于1967年引入，已在北京、陕西、山西以及江苏南京等地种植，生长良好。新鲜的小冠花含有一种低毒物质——3-硝基丙酸糖苷，对猪、羊安全，但喂幼兔有中毒症状，不能单独饲喂。调制干草宜在花蕾至始花期收割，干草饲喂各种家畜都很安全，盛花期的粗蛋白质含量为19％～22％，粗脂肪1.8％～2.9％，粗纤维含量较低，仅21％～32％。

（5）红三叶。又名红车轴草，为豆科三叶草属多年生牧草，原产小亚细亚与东南欧，广泛分布于温带及亚热带地区。近年来在我国长江流域以南各省均有种植。红三叶草质柔软，适口性好，各种家畜均喜食，调制干草一般为现蕾盛期至初花期，现蕾期的粗蛋白质含量为20.4％～26.9％，而盛花期仅为16％～19％，粗脂肪含量4％～5％。红三叶的叶量大，茎中空且所占比例小，易于调制干草。

（6）格拉姆柱花草。是近年来澳大利亚推出的一个热带豆科柱花草新品系。1980年，广西黔江示范牧场首次引进，目前已在海南、广西南部地区种植，可与其他禾本科牧草建立混播草地。格拉姆柱花草是豆科柱花草属直立多分枝的多年生草本植物，是暖季生长的热带牧草，适于生长在冬季无霜而夏季高温的华南南部。格拉姆柱花草茎细、毛少、叶量丰富，适口性好。调制干草的干燥率为 23%~25%，干物质中粗蛋白质含量为 15%~17%，粗纤维为 33%~40%。干物质消化率为 48.4%，蛋白质消化率为 52.6%。

第二节 秸秆饲料

秸秆饲料主要是指以甜高粱、玉米、芦苇、棉花等秸秆粉碎加工而成的纤维饲料，是反刍动物的主要饲料。农作物秸秆主要由纤维素、半纤维素和木质素三大部分组成，秸秆中的有机成分以纤维素、半纤维素为主，其次为木质素、蛋白质、氨基酸、树脂、单宁等。在饲料分类学上归为粗饲料。纤维素、半纤维素和木质素紧密结合、相互缠绕构成粗纤维，是植物细胞壁的主要成分。这些天然有机高分子化合物，结构很牢固，只能吸水润胀，不能为单胃动物的消化液和酶所分解，仅靠其盲肠微生物少量酵解，消化率很低。只适用于反刍家畜的饲养。

一、秸秆饲料营养成分

1. 秸秆的成分和消化率

(1) 粗纤维含量很高，秸秆多处于植物成熟后阶段，这时植物细胞木质化的程度很高，一般在 31%~45%。秸秆的主要成分是纤维（表 3-1、表 3-2），主要集中于细胞壁，细胞壁含量占 70%以上，由纤维素、半纤维素、木质素组成；酸性洗涤纤维由纤维素和木质素组成。纤维素、半纤维素可在牛羊的瘤胃中被纤维分解菌酵解，生成挥发性脂肪酸，如乙酸、丙酸、丁酸等，被牛羊吸收作为能源利用。瘤胃中细菌不能分解木质素。秸秆中纤维素、半纤维素和木质素紧密地结合在一起，使秸秆的消化率受到影响。秸秆成熟得越老，木质化程度越高，秸秆的消化性越差。这类物质的有机物消化率低，一般牛、羊很少超过 50%，饲料消化能在 7.775~10.450MJ/kg。

表 3-1 不同作物秸秆的主要化学成分

秸秆名称	干物质（%）	灰分（%DM）	粗蛋白质（%DM）	纤维成分（%DM）			
				粗纤维	纤维素	半纤维素	木质素
高粱秸	93.5	6	3.4	41.8	42.2	31.6	7.6
玉米秸	96.1	7	9.3	29.3	32.9	32.5	4.6
稻草	95	19.4	3.2	35.1	39.6	34.3	6.3
小麦秸	91	6.4	2.6	43.6	43.2	22.4	9.5
大麦秸	89.4	6.4	2.9	41.6	40.7	23.8	8

表 3-2 各种秸秆的营养成分（全干基础）

秸秆名称	每千克干物质消化能（MJ）		每千克干物质可消化蛋白质的量（g）	其他成分比例（%）				
	牛	猪		粗纤维	木质素	灰分	钙	磷
玉米秸	10.617	2.161	23	34	—	6.9	0.6	0.1
稻草	8.318	5.058		35.1	—	17	0.21	0.08
小麦秸	8.987	—	5	43.6	12.8	7.2	0.16	0.08
大麦秸	8.109	2.332	5	41.6	9.3	6.9	0.35	0.1
燕麦秸	9.698		4	49	14.6	7.6	0.27	0.1

（2）蛋白质含量很低，一般为3%～6%，只能满足维持需要的65%左右。成熟阶段的植物，其营养已转移到其籽实中，茎秆中有效营养成分很低，所以，蛋白质含量也很低。一般豆科为8.9%～9.6%，禾本科在4.2%～6.3%，豆科比禾本科稍好，但总的来看，可消化蛋白质都很低。一般秸秆的消化率都很低，如干物质消化率稻草为40%～50%，小麦秸为45%～50%，玉米秸为47%～51%。

（3）粗灰分含量很高，但其中大量是盐类等无机物质，对动物有营养意义的矿物质元素很少。矿物质和维生素含量都很低，特别是钙、磷含量很低，含磷量为0.02%～0.16%，而牛日粮配合所需的含磷量都在 0.2% 以上，远低于动物的需要量（表 3-3）。

表 3-3 农作物秸秆中的矿物质元素和维生素含量

项目	成	分										
	钙 (%)	磷 (%)	钠 (%)	氯 (%)	镁 (%)	钾 (%)	铁 (mg/ kg)	铜 (mg/ kg)	锌 (mg/ kg)	锰 (mg/ kg)	碘 (mg/ kg)	硒 (mg/ kg)
稻 草	0.08	0.06	0.02	—	0.40	—	300	4.1	47	476	—	—
小麦秸	0.18	0.05	0.14	0.32	0.12	1.42	200	3.1	54	36		
大麦秸	0.15	0.02	0.11	0.67	0.34	0.31	300	3.9	60	27		
玉米芯	0.38	0.31	0.03		0.31	1.54	210	6.6		5.6		0.08
苜蓿草	1.25	0.31	0.04	0.34	0.28	3.41	227	9.0	27	34		
需要量	0.40	0.23	0.08		0.10	0.65	50		30	40	0.5	0.1

各种秸秆间的成分与消化率是有所差别的，如玉米秸与小麦秸相比，前者较好，后者较差。高粱秆与玉米秸成分接近，但高粱秆的粗蛋白质含量、磷含量及干物质消化率都较高。燕麦秸和大麦秸的饲养价值介于玉米秸与小麦秸之间，而稻草与小麦秸的饲用价值不相上下。稻草消化率受硅酸盐含量影响大，大豆秸、收籽后的苜蓿秸木质素含量高，因而饲用价值低。

2. 秸秆各部位的营养价值 秸秆中各部位的成分与消化率是不同的，其至差别很大。表 3-4 是从 24 个品种的稻草分析得到的不同形态部位的化学成分和有机物体外消化率，节间茎秆部分的粗蛋白质含量较低，纤维素和灰分含量最高，而消化率最低。其他秸秆的不同部位成分组成与稻草有所差别，一般叶片的灰分和纤维含量较低，消化率则远高于节间茎秆部分。玉米秸各部位的干物质消化率茎为 53.8%，叶为 56.7%，芯为 55.8%，苞叶为 66.5%，全株为 56.6%。另有报道认为，玉米干物质消化率茎叶为 59%，苞叶为 68%，芯为 37%；小麦叶为 70%，节为 53%，麦壳为 42%，茎为 40%。

表 3-4　稻草不同部位的化学成分和有机物体外消化率（IVOMD）

成　　分	节间茎秆		叶鞘		叶片	
	平均	范围	平均	范围	平均	范围
粗蛋白质（%DM）	2.7	1.7~6.4	3.5	2.0~6.9	4.6	3.2~8.6
总灰分（%DM）	15	11~20	20	14~25	18	12~25
剩余灰分（%DM）	8	6~13	14	6~20	14	8~20
NDF（%DM）	81	77~85	82	77~86	76	71~81
ADF（%DM）	60	55~64	57	54~62	51	47~56
纤维素（%DM）	47	38~51	39	33~49	31	27~35
半纤维素（%DM）	5	13~28	25	4~6	25	4~8
木质素（%DM）	42	34~54	4	39~55	6	31~59

二、秸秆的饲料化利用

我国是一个农业大国，小麦、玉米、水稻等作物的种植面积非常大，每年都会产生大量的农作物秸秆。然而，在我国广大的农村地区，农作物秸秆资源的利用率非常的低，大量秸秆被直接焚烧。这不仅造成了资源的浪费，而且还污染了环境。所以，农作物秸秆资源综合利用一直是近年的热点议题。秸秆的综合利用方式很多，秸秆资源饲料化利用是最好的利用方式之一。

农作物秸秆饲料化利用概括来说有 3 种处理方法，即物理处理方法、化学处理方法以及生物处理方法。

1. 物理处理方法　秸秆切碎是最简单、最普遍的物理处理方法，其他还有浸泡、磨碎、蒸煮、高压蒸汽处理、热喷、膨化和辐射等，而秸秆揉搓加工和秸秆饲料压块技术是近年来发展起来的物理处理的新方法。

（1）秸秆揉搓处理法。揉搓技术是通过对秸秆精细加工，使之成柔软的丝状物，质地松软，能提高牲畜的适口性、采食率和消化率。根据反刍动物对粗蛋白质、能量、粗纤维、矿物质和维生素等营养物质的需要，把揉碎的农作物秸秆等粗饲料与精料及各种添加剂充分混合配制反刍动物全混合日粮（TMR）的技术在 20 世纪 60 年代开始推广应用，上海和广州等地已开始应用。TMR 技术的应用，能有效防止动物对日粮中加入的一些劣质及单喂适口性差的饲料的选择，改变了农作物秸秆单喂时适口性差和消化率低的状况；有利于奶牛发挥产奶性能，并能提高其繁殖率；还可节省劳力，有助于控制生产。

（2）压块法。压块是秸秆物理处理的第二种方法，粗饲料压块机可将秸秆和饲草压制成高密度饼块，其压缩比可达 1∶5 甚至 1∶15。这样可大大减少运输与储存空间，若与烘干设备配套使用，可压制新鲜牧草，保持其营养成分不变，并能防止霉变。高密度饲饼用于日常饲喂、抗灾保畜及商品饲料生产均能取得很大的经济效益。

2. 化学处理方法　化学处理包括酸处理、碱处理、氧化剂处理和氨化等方法，酸碱处理研究较早，因其用量较大，须用大量水冲洗，容易造成环境污染，生产中并不广泛应用。

（1）氨化处理。利用氨水对农作物秸秆进行处理，20 世纪 30 年代开始在欧洲推广应用。其原理是：含氮量较低（≤1%）的低质粗饲料与氨相遇时，其有机物与氨发生氨解反应，其中的木质素与多糖间的酯键结合遭到破坏，形成铵盐，铵盐是牛羊等反刍动物瘤胃内微生物的氮源。另外，氨溶于水后形成的氢氧化铵对粗饲料有碱化作用。秸秆经氨化后变得柔软，易于消化吸收，饲料含氮量可增加 1 倍，采食量和养分消化率提高超过 20%。氨的用量为 2.5%～3.5%，含水率以 40% 左右为宜。可用液氨、尿素、碳酸氢铵和氨水等氨源生产秸秆氨化饲料。

（2）氧化剂处理。利用二氧化硫、臭氧及碱性过氧化氢等氧化剂处理农作物秸秆。其原理是：氧化剂能破坏木质素分子间的共价键，溶解部分半纤维素和木质素，使纤维素基质中产生较大空隙，增加纤维素酶和细胞壁成分的接触面积，从而明显提高饲料的消化率。用二氧化硫处理麦秸后，细胞内溶物提高 20%，半纤维素降低 21%，总氮含量不受影响，但适口性降低，B 族维生素遭到破坏，加重了动物酸的负担，使能量代谢受到影响。用臭氧处理农作物秸秆可使木质素和半纤维素分别降低 50% 和 5%，有机物表观消化率是碱化处理的 1.17 倍，有效提高了秸秆的营养价值，但也有副作用，长期应用可导致动物中毒。因臭氧用量较大，成本较高，故效益不佳。

3. 生物处理方法 生物处理法就是利用某些特定微生物及分泌物处理农作物秸秆，如青贮和微贮等。能产生纤维素酶的微生物均能降解纤维素。降解木质素的微生物主要有放线菌、软腐真菌、褐腐真菌和白腐真菌等。

青贮是比较常用的生物处理方法。利用微生物的发酵作用，在适宜的温度和湿度且密封等条件下，通过厌氧发酵产生酸性环境，抑制和杀灭各种微生物的繁衍，从而达到长期保存青绿多汁饲料及其营养的目的。青贮是一种简单、可靠且经济的方法，已在世界各国畜牧生产中普遍推广应用。青贮饲料气味酸香、柔软多汁、颜色黄绿、营养不易丢失、适口性好且容易被动物消化吸收，是动物冬春不可缺少的优良青绿多汁饲料。

三、主要农作物秸秆

1. 甜高粱 甜高粱秸秆糖度在 17%～23%，平均指标：粗蛋白质 5%～8%，粗脂肪 1.1%，粗纤维 31%，粗灰分 1.9%，可溶性总糖 32%，高粱籽粒是一种优良饲料，其茎叶又是优良的饲草。高粱籽粒做饲料的平均可消化率，蛋白质为 62%，脂肪为 85%，粗纤维为 36%，无氮浸出物为 81%，可消化养分总量 70.46%，总淀粉价为 69.82%。

2. 玉米秸秆 玉米秸秆含有 30% 以上的碳水化合物，2%～

4%的蛋白质和0.5%~1%的脂肪，既可青贮，也可直接饲喂。就食草动物而言，2kg的玉米秸秆增重净能相当于1kg的玉米籽粒，特别是经青贮、黄贮、氨化及糖化等处理后，可提高利用率，效益将更可观。据研究分析，玉米秸秆中所含的消化能为2 235.8kJ/kg，且营养丰富，总能量与牧草相当。对玉米秸秆进行精细加工处理，制作成高营养牲畜饲料，不仅有利于发展畜牧业，而且通过秸秆过腹还田，更具有良好的生态效益和经济效益。

第三节 青绿饲料

青绿饲料指天然水分含量60%及其以上的青绿多汁植物性饲料。粗蛋白质较丰富，对奶牛的生长、繁殖和泌乳有良好的作用。并含有丰富的维生素，具有轻泻、保健作用。

一、青绿饲料的特点

在我国青绿饲料资源丰富，成本较低，容易采集，加工简单。青绿饲料不仅含蛋白质多，而且还富含维生素和矿物质元素，营养价值高、适口性好，可促进奶牛的食欲，增加采食量，加快生长，提高生产能力，并且有助于消化，防止便秘，对哺乳母畜还有提高泌乳量的功能。青绿饲料是奶牛饲养中不可缺少的饲料之一。

二、青绿饲料的分类

青绿饲料种类很多，大致分为：

1. 天然牧草 如禾本科、豆科、菊科、莎草科四大类，牧地牧草的利用多是在牧草生长旺盛时期，青割或晒制青干草。

2. 栽培牧草 如做绿肥的苕子、紫云英和青玉米、苏丹草、象草、燕麦、大麦等粗纤维含量较低，而可溶性碳水化合物含量高，适口性较好。

3. 蔬菜类 如白菜、油菜、菠菜、甜菜叶、甘薯藤、胡萝卜等，这些菜一般含水量较多，在 $80\%\sim90\%$，每千克含有消化能 300cal 左右。

4. 水生饲料 包括水浮莲、水葫芦、水花生和红萍。但水生饲料最易带来寄生虫病，如肝片吸虫等，故应注意调制。

5. 树叶与树枝 如槐树、桑树、柳树、杨树等，枝叶饲料营养成分不低于干草，且富含可消化蛋白质。

三、适时刈割

青绿饲料干物质含量低，因此饲量不要超过日粮干物质的 20%。为了保证青绿饲料的营养价值，适时收割非常重要，一般禾本科牧草在孕穗期刈割，豆科牧草在初花期刈割。松针粉含粗纤维较一般阔叶高，且有特殊的气味，不宜多喂。有的树叶含有单宁，有涩味适口性不佳，必须加工调制后再喂。水生饲料在饲喂时，要洗净并晾干表面的水分后再喂。将水生饲料打浆后拌料喂给奶牛效果也很好。叶菜类饲料中含有硝酸盐，在堆储或蒸煮过程中被还原为亚硝酸盐，易引起牛中毒，甚至死亡。故饲喂量不宜过多。幼嫩的高粱苗、亚麻叶等含有氰苷，在瘤胃中可生成氢氰酸，引起中毒。喂前晾晒或青贮可预防中毒。幼嫩的牧草或苜蓿应少喂，以防瘤胃膨气病的发生。

铡短和切碎是青绿饲料最简单的加工方法，不仅便于牛咀嚼、吞咽，还能减少饲料的浪费。一般青饲料可以铡成 $3\sim5cm$ 长的短草，块根块茎类饲料以加工成小块或薄片为好，以免发生食道梗塞，还可缩短牛的采食时间。

青绿饲料的营养价值随着植物的生长而变化。一般来说，植物生长早期营养价值较高、但产量较低。生长后期，虽干物质产量增加，但由于纤维素含量增加，木质化程度提高，营养价值下降。青绿饲料不同品种、不同利用方法、不同利用对象，其最佳利用时间也不一样，禾本科一般在孕穗期，豆科则在初花至盛花期，直接鲜喂适当提前，青贮利用和晒制干草可适当推迟。如果用来饲喂猪、兔可适当提前，饲喂牛、羊可适当推迟。

四、饲喂注意问题

要使青绿饲料得到理想的饲喂效果，须注意以下几个方面的问题：

1. 饲喂的青绿饲料种类要多样　每种青绿饲料所含的营养成分不同，但含水分过多，含干物质少。若单独饲喂易导致营养偏失。因此，应将几种牧草合理搭配饲喂奶牛。

2. 注意青干搭配　青绿饲草粗纤维、木质素含量少，不利于奶牛反刍，用于喂奶牛时应适当补饲优质青干草，一般夏秋季补干草占日粮的 30%，冬季补干草占日粮的 70%。其他还可补充和掺入适量谷物饲料（玉米、高粱等）和蛋白质饲料（豆饼、花生饼等）。

3. 日粮中可以青绿饲料为主，辅以适量精料。

4. 注意加工方法　用于喂奶牛可切得较长，以 8～10cm 为宜。

5. 喂量要适当　一般适宜喂量为：奶牛每天 30～50kg。

6. 力求新鲜　青绿饲料如果直接饲喂家畜家禽，一定要保证新鲜干净。

因为青绿饲料含水量高，不易久存，易腐烂，如不进行青贮和晒制干草，应及时饲用，否则会影响适口性，严重的可引起中毒。

7. 注意防中毒

（1）防青绿饲料氢氰酸中毒。高粱、玉米、苏丹草、御谷草等牧草中含有氰苷配糖体，经奶牛采食到口腔，在唾液和适当温度条件下，通过植物体内脂解酶的作用即可产生氢氰酸，在瘤胃中经瘤胃微生物的作用，氢氰酸进入血液引起中毒。因此，以上牧草的幼苗不能喂牛羊。

（2）防有机农药中毒。刚喷过农药的牧草、蔬菜、青玉米及田间杂草，不能立即喂畜禽，要经过一定时间（1个月左右）或下过大雨后，使药物残留量消失才能饲喂。

五、几种青绿饲料

1. 天然牧草

（1）稗子。

①基本简介。稗子（图3-1）是一年生草本植物。也称稗、稗草，叶子像稻，叶鞘无毛。实如黍米，可食，或做饲料。杂生稻田中，有害稻子生长。花果期7～10月。稗子在较干旱的土地上，茎也可分散贴地生长。

生长环境，稗草广泛分布于全国各地。常以优势草种生于湿润农田、低洼荒地、路旁、沟边及浅水渠塘和沼泽中。

图 3-1 稗 子

②形态特征。一年生草本，秆丛生，基部倾斜、膝曲或直立，光滑无毛。株高50～130cm。叶片条形，叶片无毛；叶鞘光滑无叶舌。圆锥花序主轴具角棱，粗糙，花序稍开展，直立或弯曲；总状花序常有分枝，斜上或贴生；小穗有2个卵圆形的花，长约3mm，具硬疣毛，密集在穗轴的一侧；一外稃有5～7脉，草质，先端延伸成1粗壮芒，内稃与外稃等长。先端具5～

30mm 的芒；二外稃先端具小尖头，粗糙，边缘卷孢内样。颖果米黄色卵形。叶鞘松弛，下部者长于节间，上部者短于节间。小穗密集于穗轴的一侧，具极短柄或近无柄；一颖三角形，基部包卷小穗，长为小穗的 1/3～1/2，被短硬毛或硬刺疣毛，二颖先端具小尖头，脉上具刺状硬毛，脉间被短硬毛；种子繁殖。种子卵状，椭圆形，黄褐色。

③生态特点。生于湿地或水中，是沟渠和水田及其四周较常见的杂草。平均气温 12℃ 以上即能萌发。最适发芽温度为 25～35℃，10℃ 以下、45℃ 以上不能发芽，土壤湿润，无水层时，发芽率最高。土深 8cm 以上的稗籽不发芽，可进行二次休眠。在旱作土层中出苗深度为 0～9cm，0～3cm 出苗率较高。东北、华北稗草于 4 月下旬开始出苗，生长到 8 月中旬，一般在 7 月上旬开始抽穗开花，生育期 76～130d。在上海地区 5 月上、中旬出现一个发生高峰，9 月还可出现一个发生高峰。

④应用价值。稗适应性强，生长茂盛，品质良好，饲草及种子产量均高，营养价值也较高，粗蛋白质含量为 6.282%～9.419%，粗脂肪含量为 1.921%～2.45%。鲜草，牛、羊、马均最喜吃；用稗草养草鱼，生长速度快，肉味非常鲜美；干草，牛最喜食。谷粒可做家畜和家禽的精饲料，也可酿酒及食用，在湖南有稗子酒为最好酒之说。根及幼苗可药用，能止血，主治创伤出血。茎叶纤维可做造纸原料。

(2) 芦苇。

①基本简介。芦苇（图 3-2），别名苇、芦、芦芽，是多年水生或湿生的高大禾草，世界各地均有生长，在我国更是广泛分布，芦苇生长于池沼、河岸、河溪边多水地区，常形成苇塘。其中，以东北的辽河三角洲、松嫩平原、三江平原，内蒙古的呼伦贝尔和锡林郭勒草原，新疆的博斯腾湖、伊犁河谷及塔城额敏河谷，华北平原的白洋淀等苇区，是大面积芦苇集中的分布地区。芦叶、芦花、芦茎、芦根、芦笋均可入药。

图 3-2 芦 苇

②形态特征。多年生，根状茎十分发达。秆直立，高 1～3
（8）m，直径 1～4cm，具 20 多节，基部和上部的节间较短，最
长节间位于下部第 4～6 节，长 20～25（40）cm，节下被蜡粉。
叶鞘下部者短于而上部者，长于其节间；叶舌边缘密生一圈长约
1mm 的短纤毛，两侧缘毛长 3～5mm，易脱落；叶片披针状线
形，长 30cm，宽 2cm，无毛，顶端长渐尖成丝形。圆锥花序大
型，长 20～40cm，宽约 10cm，分枝多数，长 5～20cm，着生稠
密下垂的小穗；小穗柄长 2～4mm，无毛；小穗长约 12mm，含
4 花；颖具 3 脉，第一颖长 4mm；第二颖长约 7mm；第一不孕
外稃雄性，长约 12mm，第二外稃长 11mm，具 3 脉，顶端长渐
尖，基盘延长，两侧密生等长于外稃的丝状柔毛，与无毛的小穗
轴相连接处具明显关节，成熟后易自关节上脱落；内稃长约
3mm，两脊粗糙；雄蕊 3，花药长 1.5～2mm，黄色；颖果长约
1.5mm。染色体 $2n=36$ 为高多倍体和非整倍体的植物。

③生态特点。芦苇生于江河湖泽、池塘沟渠沿岸和低湿地。
为全球广泛分布的多型种。除森林生境不生长外，各种有水源的
空旷地带，常以其迅速扩展的繁殖能力，形成连片的芦苇群落。

叶舌有毛，叶片长线形或长披针形，排列成两行。叶长 15～
45cm，宽 1～3.5cm。

夏秋开花，圆锥花序，顶生，疏散，多成白色，圆锥花序分

枝稠密，向斜伸展，花序长 10～40cm，稍下垂，小穗含 4～7 朵花，雌雄同株，花序长 15～25cm，小穗长 1.4cm，为白绿色或褐色，花序最下方的小穗为雄，其余均雌雄同花，花期为 8～12 月。

芦苇的果实为颖果，披针形，顶端有宿存花柱。具长、粗壮的匍匐根状茎，以根茎繁殖为主，芦苇是经常见到的水边植物或干枯的水塘里，芦苇常会与寒芒搞混，区别是芦苇的茎是中空的，而寒芒不是。另外，寒芒到处可见，芦苇是傍水而生。

④应用价值。芦苇是一种适应性广、抗逆性强、生物量高的优良牧草，芦叶、芦花、芦茎、芦根、芦笋均可入药。饲用价值高，嫩茎、叶为各种家畜所喜食。目前，大多数都作为放牧地利用，也有用作割草地或放牧与割草兼用，往往作为早春放牧地。芦苇草地有季节性积水或过湿，加之是高草地，适宜马、牛大畜放牧。芦苇地上部分植株高大，又有较强的再生力，以芦苇为主的草地，生物量也是牧草类较高的，在自然条件下，产鲜草 3.9～13.9t/hm^2。每年可刈割 2～3 次。除放牧利用外，可晒制干草和青贮。青贮后，草青色绿，香味浓，羊喜食，牛马也喜食。

（3）冰草。

①基本简介。冰草（图 3-3）是多年生草本，高 15～75cm。生于山坡、丘陵及沙地，我国东北、华北以及甘肃、青海、新疆、内蒙古等地均有分布。

②形态特征。冰草系多年生草本植物。须状根，密生，外具沙套；疏丛型。叶长 5～10cm，宽 2～5mm，边缘内卷。穗状花序直立，长 2.5～5.5cm，宽 8～15mm，小穗水平排列呈篦齿状，含 4～7 花，长 10～13mm，颖舟形，常具 2 脊或 1 脊，被短刺毛；外稃长 6～7mm，舟形，被短刺毛，顶端具长 2～4mm的芒，内稃与外稃等长。

③应用价值。营养价值较高，冰草草质柔软，是优良牧草之

图 3-3 冰 草

一，但是干草的营养价值较差，在幼嫩时牛、马、羊骆驼都喜食。在干旱草原区把它作为催肥牧草，但开花后适口性和营养成分均有降低。冰草对反刍家禽的消化成分也较高。

冰草在干旱草原区是一种优良天然牧草，种子产量很高，易于收集，发芽力很强。因此，不少地区已引种栽培，并成为重要的栽培牧草，既可放牧又可割草；既可单种又可与豆科牧草混种，每亩*可产干草 100kg，高者每亩可产 133.3kg。

由于品质好，营养丰富，适口性好，各种家畜均喜食；又因返青早，能较早地为放牧家畜提供青饲料。其还具备抗旱、耐寒、耐牧以及产子较多等特点，所以已经由野生转变为在放牧地补播和建立旱地人工草地。

（4）牛筋草。

①基本简介。牛筋草（图 3-4），禾本科䅟属。俗名蟋蟀草、牛顿草、牛信棕。开花期为全年。繁殖器官是种子。牛筋草的特征是其韧如牛筋的茎及其根系发达，且为深根系因此拔除不易。小穗椭圆，颖果卵形，深褐色。一年生禾草，秆丛生，叶鞘两侧扁平。叶线形，平滑无毛，叶舌短。

②形态特征。一年生草本。根系极发达。秆丛生，基部倾斜，高 10～90cm。叶鞘两侧压扁而具脊，松弛，无毛或疏生疣

---

* 亩为非法定计量单位。1 亩≈667m²。

图 3-4 牛筋草

毛；叶舌长约 1mm；叶片平展，线形，长 10～15cm，宽 3～5mm，无毛或上面被疣基柔毛。穗状花序 2～7 个，指状着生于秆顶，很少单生，长 3～10cm，宽 3～5mm；小穗长 4～7mm，宽 2～3mm，含 3～6 小花；颖披针形，具脊，脊粗糙；第一颖长 1.5～2mm；第二颖长 2～3mm；第一外稃长 3～4mm，卵形，膜质，具脊，脊上有狭翼，内稃短于外稃，具 2 脊，脊上具狭翼。囊果卵形，长约 1.5mm，基部下凹，具明显的波状皱纹。鳞被 2，折叠，具 5 脉。染色体 $2n=18$（Авдулов，1931 et al.；Moffett and Hurcomoe，1949）。花果期 6～10 月。

③应用价值。牛筋草是我国分布较广泛的优良草种之一。牛筋草的草茎内蛋白质含量较多，牛、马、羊等牲畜适口性好，因此可作为牛、马、羊等牲畜的饲草。此外，还有一定的实用价值。

a. 治高热，抽筋神昏。鲜牛筋草 4 两[*]，水 3 碗，炖 1 碗，食盐少许，12h 内服尽（《闽东本草》）。

b. 治脱力黄，劳力伤。牛筋草连根洗去泥，乌骨雌鸡腹内蒸热，去草食鸡（《纲目拾遗》）。

c. 治湿热黄疸。鲜牛筋草 2 两，山芝麻 1 两，水煎服（《江

---

[*] 两为非法定计量单位。1 两＝50g。

西草药手册》)。

d. 治下痢。牛筋草1～2两，煎汤调乌糖服，日2次（《闽东本草》)。

e. 治小儿热结，小腹胀满，小便不利。鲜牛筋草根2两，酌加水煎成1碗，分3次，饭前服（《福建民间草药》)。

f. 治伤暑发热。鲜牛筋草2两，水煎服（《福建中草药》)。

g. 治淋浊。鲜牛筋草2两。水煎服（《福建中草药》)。

h. 治腰部挫闪疼痛。牛筋草、丝瓜络各1两，炖酒服（《闽东本草》)。

i. 治疝气。鲜牛筋草根4两，荔枝干14个，酌加黄酒和水各半，炖1h，饭前服，日2次（《福建民间草药》)。

j. 治乳痈初起，红肿热痛。牛筋草头1两，蒲公英头1两，煮鸡蛋1个服。并将草渣轻揉患处（《闽南民间草药》)。

（5）野黍。

①基本简介。野黍（图3-5）为一年生草本。叶条状披针形，总状花序数枚，排列于主轴一侧。喜光、喜水、耐酸碱。生于耕地、田边、撂荒地及居民点、林缘。分布于我国各省、自治区，可放牧，也可刈割调制干草。

②形态特征。一年生草本。秆直立，基部分枝，稍

图3-5 野黍

倾斜，高30～100cm。叶鞘无毛或被毛或鞘缘一侧被毛，松弛包茎，具髭毛；叶舌具长约1mm纤毛；叶片扁平，长5～25cm，宽5～15mm，表面具微毛，背面光滑，边缘粗糙。圆锥花序狭长，长7～15cm，由4～8枚总状花序组成；总状花序长1.5～4cm，密生柔毛，常排列于主轴一侧；小穗卵状椭圆形，长

4.5～5（6）mm；基盘长约 0.6mm；小穗柄极短，密生长柔毛；一颖微小，短于或长于基盘；二颖与一外稃皆为膜质，等长于小穗，均被细毛，前者具 5～7 脉，后者具 5 脉；二外稃革质，稍短于小穗，先端钝，具细点状皱纹；鳞被 2，折叠，长约 0.8mm，具 7 脉；雄蕊 3；花柱分离。颖果卵圆形，长约 3mm。花果期 7～10 月。

③应用价值。野黍可放牧，也可刈割调制干草。成熟前，茎秆细软，适口性好，叶量丰富，适口性好，牛、马、羊等家畜均喜食，为优质牧草。

（6）野燕麦。

①基本简介。野燕麦（图 3-6）为一年生草本植物。是危害麦类等作物的杂草。又称铃铛麦。我国各省均有分布。该属有 34 种。株高 30～150cm。须根；茎丛生；叶鞘松弛，叶舌大而透明；圆锥花序；颖果纺锤形。生命力强，喜潮湿，多发生在耕地、沟渠边和路旁，是小麦的伴生杂草。由于争夺肥、水、光照，造成覆盖荫蔽，常引起小麦早期倒伏或生长不良。但因为牛、羊、马等牲畜喜食，可以作为饲草，现在也有可供人工栽培的燕麦品种。

图 3-6　野燕麦

②形态特征。须根较坚韧。秆直立，光滑，高 60～120cm，具 2～4 节。叶鞘松弛；叶舌透明膜质，长 1～5mm；叶片扁平，

宽 4～12mm。圆锥花序开展，金字塔状，分枝具角棱，粗糙。小穗长 18～25mm，含 2～3 个小花，其柄弯曲下垂，顶端膨胀；小穗轴节间，密生淡棕色或白色硬毛；颖卵状或长圆状披针形，草质，常具 9 脉，边缘白色膜质，先端长渐尖；外稃质地坚硬，具 5 脉，内稃与外稃近等长；芒从稃体中部稍下处伸出，长 2～4cm，膝曲并扭转。颖果被淡棕色柔毛，腹面具纵沟，不易与稃片分离，长 6～8mm。

③生态特点。一年生中生禾草，生长于荒芜田野或为田间杂草，根系发达，分蘖力强。花果期 4～9 月。

④应用价值。野燕麦有几个变种，主要分布在寒温带地区，性喜凉爽。一年生草本，根系发达。穗与其他麦类不同，向四周开散，分成许多小穗。籽粒缺麦胶。所以，适宜在地广人稀的地区种植。因为牛、羊、马等牲畜喜食，所以可以用于牲畜饲料，秸秆也作为牲畜青饲料，主要用来为奶牛、马等需要精饲料的牲畜提供营养，人们也能以燕麦的籽粒作为食品，蛋白质含量较高，但单产很低。

2. 人工牧草

（1）紫花苜蓿。

①基本简介。紫花苜蓿（图 3-7），原名紫苜蓿，又名苜蓿。蔷薇目、豆科、苜蓿属多年生草本。

图 3-7　紫花苜蓿

②形态特征。多年生草本，高 30～100cm。根粗壮，深入土

层，根颈发达。茎直立、丛生以至平卧，四棱形，无毛或微被柔毛，枝叶茂盛。羽状三出复叶；托叶大，卵状披针形，先端锐尖，基部全缘或具 1～2 齿裂，脉纹清晰；叶柄比小叶短；小叶长卵形、倒长卵形至线状卵形，等大，或顶生小叶稍大，长 (5)10～25 (40) mm，宽 3～10mm，纸质，先端钝圆，具由中脉伸出的长齿尖，基部狭窄，楔形，边缘 1/3 以上具锯齿，上面无毛，深绿色，下面被贴伏柔毛，侧脉 8～10 对，与中脉成锐角，在近叶边处略有分叉；顶生小叶柄比侧生小叶柄略长。花序总状或头状，长 1～2.5cm，具花 5～30 朵；总花梗挺直，比叶长；苞片线状锥形，比花梗长或等长；花长 6～12mm；花梗短，长约 2mm；萼钟形，长 3～5mm，萼齿线状锥形，比萼筒长，被贴伏柔毛；花冠各色：淡黄、深蓝至暗紫色，花瓣均具长瓣柄，旗瓣长圆形，先端微凹，明显较翼瓣和龙骨瓣长，翼瓣较龙骨瓣稍长；子房线形，具柔毛，花柱短阔，上端细尖，柱头点状，胚珠多数。荚果螺旋状紧卷 2～4 (6) 圈，中央无孔或近无孔，径 5～9mm，被柔毛或渐脱落，脉纹细，不清晰，熟时棕色；有种子 10～20 粒。种子卵形，长 1～2.5mm，平滑，黄色或棕色。花期 5～7 月，果期 6～8 月。

③应用价值。紫花苜蓿是各种牲畜最喜食的牧草。叶的粗蛋白质含量比茎高 1～1.5 倍，粗纤维含量比茎少 50%，越是幼嫩，叶的比重较大，营养价值越高。因此，紫花苜蓿的营养价值与收获时期关系很大，幼嫩苜蓿含水量较高，随生长阶段的延长，蛋白质含量逐渐减少，粗纤维含量显著增加。初花期刈割的苜蓿消化率高，适口性好。播种后 2～5 年内生产力高，青刈或调制干草可以获得更高的经济效益，5 年后可作为放牧地使用，但应有计划地做到分区轮割或轮牧。

（2）苏丹草。

①基本简介。苏丹草（图 3-8），莎草目禾本科高粱属一年生草本植物。喜温暖湿润，耐旱力强，不耐寒、涝。种子发芽最

低温度 8～12℃，最适温度 20～30℃。

图 3-8　苏丹草

②形态特征。一年生草本；须根粗壮。秆较细，高 1～2.5m，直径 3～6mm，单生或自基部发出数至多秆而丛生。叶鞘基部者长于节间，上部者短于节间，无毛，或基部及鞘口具柔毛；叶舌硬膜质，棕褐色，顶端具毛；叶片线形或线状披针形，长 15～30cm，宽 1～3cm，向先端渐狭而尖锐，中部以下逐渐收狭，上面晴绿色或嵌有紫褐色的斑块，背面淡绿色，中脉粗，在背面隆起，两面无毛。圆锥花序狭长卵形至塔形，较疏松，长 15～30cm，宽 6～12cm，主轴具棱，棱间具浅沟槽，分枝斜生，开展，细弱而弯曲，具小刺毛而微粗糙，下部的分枝长 7～12cm，上部者较短，每一分枝具 2～5 节，具微毛。无柄小穗长椭圆形，或长椭圆状披针形，长 6～7.5mm，宽 2～3mm；第一颖纸质，边缘内折，具 11～13 脉，脉可达基部，脉间通常具横脉，第二颖背部圆凸，具 5～7 脉，可达中部或中部以下，脉间也具横脉；第一外稃椭圆状披针形，透明膜质，长 5～6.5mm，无毛或边缘具纤毛；第二外稃卵形或卵状椭圆形，长 3.5～4.5mm，顶端具 0.5～1mm 的裂缝，自裂缝间伸出长 10～16mm 的芒，雄蕊 3 枚，花药长圆形，长约 4mm；花柱 2 枚，柱头帚状。颖果椭圆形至倒卵状椭圆形，长 3.5～4.5mm。有柄

小穗宿存，雄性或有时为中性，长 5.5～8mm，绿黄色至紫褐色；稃体透明膜质，无芒。花果期 7～9 月。

③应用价值。苏丹草抗旱能力强，能很好地适应气候温暖干旱地区的自然条件。分蘖期长，分蘖数量多，生长迅速，再生能力好，一年可刈割 2～3 次。产量高而稳定，草质好、营养丰富，其蛋白质含量居一年生禾本科牧草之首。用于调制干草、青贮、青饲或放牧，马、牛、羊都喜采食，也是养鱼的好饲料。

苏丹草作为夏季利用的青饲料最有价值。中夏生产鲜草最多，可作为此时奶牛的青饲料，苏丹草的茎叶比玉米、高粱柔软，晒制干草也比较容易。每年刈割 2～3 次，留茬 7～8cm，可生产鲜草 8 000～10 000kg，喂肉用牛的效果和喂苜蓿、高粱干草无多大的差别，羊、鱼、猪也喜欢。

（3）草木樨。

①基本简介。草木樨（图 3-9）俗称野苜蓿，为蔷薇目、豆科、草木樨属、草本直立型一年生和二年生植物。有白花和黄花两品种，我国南方主要栽培黄花草木樨。草木樨的耐旱能力很强，当土壤含水率为 9％时即可发芽，耐寒、耐瘠性也强，也有一定的耐盐能力，对土壤要求不严格。

图 3-9　草木樨

②形态特征。草木樨为二年生或一年生草本。主根深达 2m 以下。茎直立，多分枝，高 50～120cm，最高可达 2m 以上；羽状三出复叶，小叶椭圆形或倒披针形，长 1～1.5cm，宽 3～6mm，先端钝，基部楔形，叶缘有疏齿，托叶条形；总状花序腋生或顶生，长而纤细，花小，长 3～4mm，花萼钟状，具 5 齿，花冠蝶形，黄色，旗瓣长于翼瓣。荚果卵形或近球形，长约 3.5mm，成熟时近黑色，具网纹，含种子 1 粒。

③应用价值。由于草木樨抗逆性强，生长健壮，常可用作城市郊区空闲较干燥土地的绿化和土壤改良。鲜草含水分80％左右，氮 0.48％～0.66％，磷酸 0.13％～0.17％，氧化钾 0.44％～0.77％。生长第一年的风干草，含水分 7.37％，粗蛋白质 17.51％，粗脂肪 3.17％，粗纤维 30.5％，无氮浸出物 34.55％，灰分 7.05％，饲用时可制成干草粉或青贮、打浆。但牲畜开始时不喜进食，须逐渐适应。储藏或调制时如有霉烂，植株内含香豆素就转变为双香豆素或出血素，牲畜食后会中毒，但香豆素含量因种而异，如二年生白花草木樨香豆素的含量就高于细齿草木樨。白花草木樨第一年在重霜后收割也有利于降低香豆素含量。直接在草木樨地放牧，牲畜摄食过多易发生膨胀病。草木樨根深，覆盖度大，防风防土效果极好。草木樨还是改良草地、建立山地草场的良好资源。在低产地区与粮食作物轮种，可以大幅度提高全周期产量和经济收入；在复种指数高的地区可与中耕粮食、棉花、油料等作物间套种植，生产饲草或绿肥。又因花蜜多，还是很好的蜜源植物。秸秆可做燃料。由于草木樨具有多种用途和抗逆性强、产量高的特点，被誉为"宝贝草"。

（4）三叶草。

①基本简介。三叶草（图 3-10）又名白车轴草，别名白三叶、荷兰翘摇，属蔷薇目豆科、车轴草属短期多年生草本，生长期达 5 年。种类遍及全世界，有 300 多种，我国栽培较多的为红三叶、白三叶和杂三叶。三叶草为优良牧草，含丰富的蛋白质和

矿物质，抗寒耐热，在酸性和碱性土壤上均能适应，是本属植物中在我国很有推广前途的种。可作为绿肥、堤岸防护草种、草坪装饰，以及蜜源和药材等用。偶然出现的特殊变异体有 4 片叶子寓意为"幸运草"。

图 3-10　三叶草

②形态特征。为多年生草本植物。植物低矮，高 30～40cm。直根性，根部有与根瘤菌共生的特性，根部分蘖能力及再生能力均强。分枝多，匍匐枝匍地生长，节间着地即生根，并萌生新芽。复叶，具三小叶，小叶倒卵状或倒心形，基部楔形，先端钝或微凹，边缘具细锯齿，叶面中心具"V"形的白晕；托叶椭圆形，抱茎。于夏秋开花，头形总状花序，球形，总花梗长，花白色，偶有淡红色。边开花，边结籽，种子成熟期不一，种子细小。

③应用价值。三叶草为优良牧草，含丰富的蛋白质和矿物质，抗寒耐热，在酸性和碱性土壤中三叶草均能适应，是本属植物中在我国很有推广前途的种。可作为绿肥、堤岸防护草种、草坪装饰，以及蜜源和药材等用。国外学者常把本种从地理上、形态上的差异分成一些亚种、变种，以及农业上育成的栽培品种。

三叶草分布广，适应性强。既是家畜优良饲料，又是农作物的良好前茬，还是果园地表覆盖的优良低矮作物，同时也是水土保持、蜜源、药用、绿肥和草坪地被植物和优良的养地作物。三叶草自 20 世纪 70 年代引入昆明地区试种成功以来，已大面积推广应用，产生了很好的经济、社会和生态效益。适宜人工大面积种植。

果园种植三叶草的作用：

a. 改良土壤，增加土壤有机质，有利于培肥地力。三叶草生长量大，生物产量高，一般亩产3 000kg左右，夏季自然枯死或刈割后翻入土壤中，对于提高新建果园的土壤肥力和增加老果园土壤有机质起到显著作用。

b. 土壤覆盖，降低夏季土壤温度。果树根系在地温达到35℃时，其吸收能力明显下降，当三叶草生长良好时，夏季可以降低地面温度6～8℃，有利于果树根系的正常生长。

c. 抗旱保墒，稳定果园空气湿度。利于夏季果树生长，有效促进果实正常膨大，减少裂果和落果，实现果树的优质高产。

d. 防止冲刷，保持良好的土壤结构。由于三叶草良好的覆盖作用，可以有效避免雨水对土壤的冲刷和沉积作用，保持土壤结构良好，有利于土壤微生物的活动和果树根系的新陈代谢；有利于各种肥料的分解和有害物质的降解。

（5）沙打旺。

①基本简介。沙打旺（图3-11），豆科黄芪属多年生草本。又名直立黄芪、麻豆秧等，是可用于改良荒山和固沙的优良牧草，也可用作绿肥。野生种主要分布在苏联西伯利亚和美洲北

图3-11　沙打旺

部，以及我国东北、西北、华北和西南地区。20 世纪中期我国开始栽培。

②形态特征。主根长而弯曲，侧根发达，细根较少。入土深度一般可达 1~2m，深者可达 6m。茎圆形，中空，一年生植株主茎明显，有数个到十几个分枝，间有二级分枝出现；二年生以上植株主茎不明显，一级分枝由基部分出，丛生，每丛数个到数十个二级或三级分枝。子叶出土，长椭圆形或卵圆形，第一、二片真叶为单叶，第三、四片真叶为单叶或复叶，从第五片起为奇数羽状复叶，小叶数 3~25 枚。总状花序，花序长圆柱形或穗形，长 2~15cm，每序有小花数十朵。花蓝色、紫色或蓝紫色，萼筒状 5 裂；花翼瓣和龙骨瓣短于旗瓣。

③应用价值。

饲料价值：沙打旺做饲料的营养价值较高，可直接做马、牛、羊、骆驼、猪、兔子等大小牲畜青饲料，适口性较差。也可制成青贮、干草和发酵饲料。直接喂饲可在天然草场和人工草场放牧，也可割草喂饲。

肥用价值：沙打旺可直接压青做基肥，异地压青做追肥，或以其秸秆制作堆、沤肥。做基肥的压青时间一般为夏末秋初，在沙打旺长势明显衰退时，用拖拉机就地翻压后做基肥，深度为 20cm 左右，压后适时耙耢保墒。追肥压青时期可在高温多湿季，将其鲜草割下，切成 3~5cm 长，以条埋或穴埋施于异地；旱作或可在行间做追肥。大田作物每公顷用量 7 500~10 500kg，果树每株施 25~50kg；多余鲜草和秸秆可制作堆、沤肥。因沙打旺根系发达、入土深、再生力强，用其茬地改种其他作物之前，必须翻耕，切断根系。沙打旺培肥改土效果明显，在每公顷产鲜草 30~37.5t 的情况下，两年间累计每公顷固氮量达 450kg。其中，一年固氮量超过地上部茎叶吸收所带走氮量的 6%，二年超过 20%。在种过 4 年沙打旺的瘠薄褐色土田块上，其 0~20cm 土层中有机质增加 22.3%，全氮、全磷分别增加 10% 和 40% 左右，后作增产显著；苹果树冬前翻埋沙打旺做追肥，翌年不但鲜果产量高、含糖量增加，果园土壤肥力也得到提高。

生态价值：沙打旺防风固沙能力强，在黄河故道等风沙危害严重的地区，种植沙打旺可减少风沙危害、保护果林、防止水土流失和改良土壤。

（6）毛叶苕子。

①基本简介。毛叶苕子（图 3-12），别名冬苕子、毛野豌豆、冬箭舌豌豆，豆科野豌豆属一年生或越年生草本植物。全株被长茸毛。主根长 1m 多，侧根很多，根上着生褐色根瘤。茎匍匐，蔓生，细长柔软，一般 1.5～2m，最长 3～4m，草层高40cm。偶数羽状复叶，互生，具小叶 10～16 片，长圆形或披针形。总状花序腋生，有小花 10～30 朵，无限花序，花蓝紫色。荚果矩形，淡黄色，含种子 2～8 粒，种子黑色或黑麻色，千粒重 25～30g。

图 3-12 毛叶苕子

②形态特征。一年生或二年生草本，全株密被长柔毛。根系发达，主根深达 0.5～1.2m。茎细长，攀缘，长可达 2～3m，草丛高约 40cm，多分枝，一株可有 20～30 个分枝。双数羽状复叶，具小叶 10～16 片，叶轴顶端有分枝的卷须；托叶戟形；小叶长圆或披针形，长 10～30mm，宽 3～6mm，先端钝，有细尖，基部圆形。总状花序腋生，总花梗长，具花 10～30 朵而排

列于序领的一侧；花萼斜圆筒形，萼齿5个，条状披针形，下面3齿较长；花呈蓝紫色。荚果长圆形，长约3cm，内含种子2~8粒；种子球形，黑色。

③应用价值。毛叶苕子茎叶柔软，各种家畜喜食。可青饲、放牧或刈制干草。据广东省农业科学院试验，用纯毛叶苕子草粉喂猪，每2.5kg可长肉0.5kg以上。适时收获的毛叶苕子每千克青干草粗蛋白质含量在20%以上。毛叶苕子用作青饲料或绿肥应在现蕾至初花期刈割。为了利用再生草应提早刈割，在草层高达40~50cm时即应刈割利用，利用越迟再生力越弱，且茎下部叶枯萎脱落，使产量、质量均降低，一般一个生长季可刈割2~3次，亩产鲜草1 750~2 750kg或更高。毛叶苕子也是优良的绿肥作物，初花期鲜草含氮0.6%、磷0.1%、钾0.4%。

第四节　青贮饲料

青贮饲料是指将新鲜的青饲料切短装入密封容器里，经过微生物发酵作用，制成一种具有特殊芳香气味、营养丰富的多汁饲料。它能够长期保存青绿多汁饲料的特性，扩大饲料资源，保证家畜均衡供应青绿多汁饲料。青贮饲料具有气味酸香、柔软多汁、颜色黄绿、适口性好等优点。

青贮饲料在各国畜牧生产中普遍推广应用，特别是在奶牛饲喂上更是重要的青绿多汁饲料。目前，青贮制作技术和以往相比有较大程度的改进，在青贮方法上推广采用低水分青贮、添加添加剂、糖蜜、谷物等特种青贮法，提高青贮效果，改进了青贮饲料的品质。青贮设备向大型密闭式的青贮塔发展，青贮塔用防腐防锈钢板制成，装料与取料已实行机械化。青贮原料由农作物的秸秆发展到专门建立饲料地、种植青贮原料，特别是种植青贮玉米，使青贮饲料的数量和质量有较大提高。生产实践证明，饲料青贮是调剂青绿饲料歉丰，以旺养淡、以余补缺，合理利用青饲料的有效方法。

一、青贮原理

青贮饲料经过压实密封，内部缺乏氧气。乳酸菌发酵分解糖类后，产生的二氧化碳进一步排出空气，分泌的乳酸使得饲料呈弱酸性（pH 3.5～4.2）能有效地抑制其他微生物生长。最后，乳酸菌也被自身产生的乳酸抑制，发酵过程停止，饲料进入稳定储藏。但此时原料中的糖分等营养成分损失还不大。

二、青贮原料

常用青贮原料禾本科的有玉米、黑麦草、无芒雀麦；豆科的有苜蓿、三叶草、紫云英；其他根茎叶类有甘薯、南瓜、苋菜、水生植物等。为了保证青贮质量，青贮原料的选择要注意以下事项：

1. 青贮原料的含糖量要高　含糖量是指青贮原料中易溶性碳水化合物的含量，这是保证乳酸菌的大量繁殖，形成足量乳酸的基本条件。青贮原料中的含糖量至少应为鲜重的 1%～1.5%。应选择植物体内碳水化合物含量较高，蛋白质含量较少的原料作为青贮的原料。如禾本科植物、向日葵茎叶、块根类原料均是含碳水化合物高的种类。而含可溶性碳水化合物较少，含蛋白质较多的原料，如豆科植物和马铃薯茎叶等原料，较难青贮成功，一般不宜单贮，多将这类原料刈割后预干到含水量达 45%～55% 时，调制成半干青贮。

2. 青贮原料必须含有适当的水分　适当的水分是微生物正常活动的重要条件，水分过低，影响微生物的活性，另外也难以压实，造成好气性菌大量繁殖，使饲料发霉腐烂；水分过多，糖浓度低，利于酪酸菌的活动，易结块，青贮品质变差，同时植物细胞液汁流失，养分损失大。对水分过多的饲料，应稍晾干或添加干饲料混合青贮。青贮原料含水量达 65%～75% 时，最适乳酸菌繁殖。豆科牧草含水量以 60％～70％为宜；质地粗硬原料的含水量以 78％～80％为好；幼嫩、多汁、柔软的原料含水量以 60％为宜。

三、青贮制作

青贮饲料的制作可以采用普通青贮法和特种青贮法，其青贮原理和制作方法存在有一定的差异。

（一）普通青贮

1. 青贮饲料的特点

（1）青贮饲料能够保存青绿饲料的营养特性。青绿饲料在密封厌氧条件下保藏，由于不受日晒、雨淋的影响，也不受机械损失影响；储藏过程中，氧化分解作用微弱，养分损失少，一般不超过 10％。据试验，青绿饲料在晒制成干草的过程中，养分损失一般达 20％～40％。每千克青贮甘薯藤干物质中含胡萝卜素可达 94.7mg，而在自然晒制的干藤中，每千克干物质只含 2.5mg。据测定，在相同单位面积耕地上，所产的全株玉米青贮料的营养价值比所产的玉米籽粒加干玉米秸秆的营养价值高出 30％～50％。

（2）可以四季供给家畜青绿多汁饲料。调制良好的青贮料，管理得当，可储藏多年，因此可以保证家畜一年四季都能吃到优良的多汁料。青贮饲料具有仍保持青绿饲料的水分、维生素含量高、颜色青绿等优点。我国西北、东北、华北地区，气候寒冷，生长期短，青绿饲料生产受限制，整个冬春季节都缺乏青绿饲料，调制青贮饲料把夏、秋多余的青绿饲料保存起来，供冬春利用，解决了冬春家畜缺乏青绿饲料的问题。

（3）消化性强，适口性好。青贮饲料经过乳酸菌发酵，产生大量乳酸和芳香族化合物，具酸香味，柔软多汁，适口性好，各种家畜都喜食。青贮料对提高家畜日粮内其他饲料的消化也有良好的作用。用同类青草制成的青贮饲料和干草，青贮料的消化率有所提高（表 3-5）。

表 3-5 青贮料与干草消化率比较

单位:%

种类	干物质	粗蛋白质	脂肪	无氮浸出物	粗纤维
干草	65	62	53	71	65
青贮料	69	63	68	75	72

（4）青贮饲料单位容积内储量大。青贮饲料储藏空间比干草小，可节约存放场地。1m³ 青贮料重量为 450～700kg，其中含干物质为 150kg，而 1m³ 干草重量仅 70kg，约含干物质 60kg。1t 青贮苜蓿占体积 1.25m³，而 1t 苜蓿干草则占体积 13.3～13.5m³。在储藏过程中，青贮饲料不受风吹、日晒、雨淋的影响，也不会发生火灾等事故。青贮饲料经发酵后，可使其所含的病菌虫卵和杂草种子失去活力，减少对农田的危害。如玉米螟的幼虫常钻入玉米秸秆越冬，翌年便孵化为成虫继续繁殖为害。秸秆青贮是防治玉米螟的最有效的措施之一。

（5）青贮饲料调制方便，可以扩大饲料资源。青贮饲料的调制方法简单、易于掌握。修建青贮窖或备制塑料袋的费用较少，一次调制可长久利用。调制过程受天气条件的限制较小，在阴雨季节或天气不好时，晒制干草困难，对青贮的进行则影响较小。调制青贮饲料可以扩大饲料资源，一些植物和菊科类及马铃薯茎叶在青饲时，具有异味，家畜适口性差，饲料转化率低。但经青贮后，气味改善，柔软多汁，提高了适口性，成为家畜喜食的优质青绿多汁饲料。有些农副产品如甘薯、萝卜叶、甜菜叶等收获期很集中，收获量很大，短时间内用不完，又不能直接存放，或因天气条件限制不易晒干，若及时调制成青贮饲料，则可充分发挥此类饲料的作用。

2. 青贮原理 青贮就是利用青绿饲料中存在的乳酸菌，在厌氧条件下对饲料进行发酵，使饲料中的部分糖原转变为乳酸，使青贮料的 pH 降到 4.2 以下，以抑制其他好氧微生物，如霉菌、腐败菌等的繁殖生长，从而达到长期储存青饲料的目的。青贮发酵的机理是一个复杂的微生物活动和生物化学的变化过程。青贮料成败的关键，是能否满足乳酸菌生长繁殖的 3 个条件：无氧环境、原料中足够的糖分，再加上适宜的含水量，三者缺一不可。为保证无氧环境，青料收割后，应尽可能在短时期内切短、装窖、压实、封严，这是保持低温和创造厌氧的先决条件。切短是便于压实，压实是为了排出空气，密封是隔绝空气。否则，如有空气就会使植物细胞继续持续呼吸，窖温升高，不仅有利于杂菌繁殖，也引起营养物质大量损失。为保证乳酸菌的大量繁殖，必须有适当的含糖量。

（1）青贮时各种微生物及其作用。刚刈割的青饲料中，带有各种细菌、霉菌、酵母等微生物，其中腐败菌最多，乳酸菌很少（表 3-6）。

表 3-6　每克新鲜饲料上微生物的数量

饲料种类	腐败菌 ($\times 10^6$)	乳酸菌 ($\times 10^3$)	酵母菌 ($\times 10^3$)	酪酸菌 ($\times 10^3$)
草地青草	12.0	8.0	5.0	1.0
野豌豆燕麦混播	11.9	1 173.0	189.0	6.0
三叶草	8.0	10.0	5.0	1.0
甜菜茎叶	30.0	10.0	10.0	1.0
玉米	42.0	170.0	500.0	1.0

由表 3-6 看出，新鲜青饲料上腐败菌的数量远远超过乳酸菌的数量。青饲料如不及时青贮，在田间堆放 2～3d 后，腐败菌大量繁殖，每克青饲料中往往数亿以上。因此，为促使青贮过程中有益乳酸菌的正常繁殖活动，必须了解各种微生物的活动规律和对环境的要求（表 3-7），以便采取措施，抑制各种不利于青贮的微生物活动，消除一切妨碍乳酸形成的条件，创造有益于青贮

的乳酸菌活动的最适宜环境。

①乳酸菌。乳酸菌种类很多，其中对青贮有益的主要是乳酸链球菌、德氏乳酸杆菌。它们均为同质发酵的乳酸菌，发酵后只产生乳酸。此外，还有许多异质发酵的乳酸菌，除产生乳酸外，还产生大量的乙醇、醋酸、甘油和二氧化碳等。乳酸链球菌属兼性厌氧菌，在有氧或无氧条件下均能生长繁殖，耐酸能力较低，青贮饲料中酸量达 $0.5\%\sim0.8\%$、pH 4.2 时即停止活动。乳酸杆菌为厌氧菌，只在厌氧条件下生长和繁殖，耐酸力强，青贮料中酸量达 $1.5\%\sim2.4\%$，pH 为 3 时才停止活动，各类乳酸菌在含有适量的水分和碳水化合物、缺氧环境条件下，生长繁殖快，可使单糖和双糖分解生成大量乳酸。

表 3-7　几种微生物要求的条件

微生物种类	氧气	温度（℃）	pH
乳酸链球菌	±	25～35	4.2～8.6
乳酸杆菌	—	15～25	3.0～8.6
枯草菌	+	—	—
变形菌	+	—	6.2～6.8
酵母菌	+	—	4.4～7.8
酪酸菌	—	35～40	4.7～8.3
醋酸菌	+	15～35	3.5～6.5
霉菌	+	—	—

五碳糖经乳酸发酵，在形成乳酸的同时，还产生其他酸类，如丙酸、琥珀酸等。

$$C_5H_{10}O_5 \rightarrow CH_3CHOHCOOH + CH_3COOH$$

根据乳酸菌对温度要求不同，可分为好冷性乳酸菌和好热性乳酸菌两类。好冷性乳酸菌在 25～35℃ 温度条件下繁殖最快，正常青贮时，主要是好冷性乳酸菌活动。好热性乳酸菌发酵结果，可使温度达到 $52\sim54℃$，如超过这个温度，则意味着还有其他好气性腐败菌等微生物参与发酵。高温青贮养分损失大，青贮饲料品质差，应当避免。

乳酸的大量形成，一方面为乳酸菌本身生长繁殖创造了条件；另一方面产生的乳酸使其他微生物，如腐败菌、酪酸菌等死亡。乳酸积累的结果使酸度增强，乳酸菌自身也受抑制而停止活动。在良好的青贮饲料中，乳酸含量一般占青饲料重的 $1\%\sim2\%$，pH 下降到 4.2 以下时，只有少量的乳酸菌存在。

②酪酸菌（丁酸菌）。它是一种厌氧、不耐酸的有害细菌，主要有丁酸梭菌、蚀果胶梭菌、巴氏固氮梭菌等。它在 pH 4.7 以下时不能繁殖，原料上本来不多，只在温度较高时才能繁殖。酪酸菌活动的结果，使葡萄糖和乳酸分解产生具有挥发性臭味的丁酸，也能将蛋白质分解为挥发性脂肪酸，使原料发臭变黏。

当青贮饲料中丁酸含量达到万分之几时，即影响青贮料的品质。在青贮原料幼嫩，碳水化合物含量不足，含水量过高，装压过紧，均易促使酪酸菌活动和大量繁殖。

③腐败菌。凡能强烈分解蛋白质的细菌统称为腐败菌。此类细菌很多，有嗜高温的，也有嗜中温或低温的。好氧的，如枯草杆菌、马铃薯杆菌；厌氧的，如腐败梭菌和兼性厌氧菌如普通变形杆菌。它们能使蛋白质、脂肪、碳水化合物等分解产生氨、硫化氢、二氧化碳、甲烷和氢气等，使青贮原料变臭、变苦，养分损失大，不能饲喂家畜，导致青贮失败。不过腐败菌只在青贮料装压不紧、残存空气较多或密封不好时才大量繁殖；在正常青贮条件下，当乳酸逐渐形成，pH 下降，氧气耗尽后，腐败细菌活动即迅速抑制，以至死亡。

④酵母菌。酵母菌是好气性菌，喜潮湿，不耐酸。在青饲料切碎尚未装贮完毕之前，酵母菌只在青贮原料表层繁殖，分解可溶性糖，产生乙醇及其他芳香类物质。待封窖后，空气越来越少，其作用随即减弱。在正常青贮条件下，青贮料装压较紧，原

料间残存氧气少，酵母菌活动时间短，所产生的少量乙醇等芳香物质，使青贮具有特殊气味。

⑤醋酸菌。它属好气性菌。在青贮初期有空气存在的条件下，可大量繁殖。酵母或乳酸发酵产生的乙醇，再经醋酸发酵产生醋酸。醋酸产生的结果可抑制各种有害不耐酸的微生物，如腐败菌、霉菌、酪酸菌的活动与繁殖。但在不正常情况下，青贮窖内氧气残存过多，醋酸产生过多，因醋酸有刺鼻气味，影响家畜的适口性并使饲料品质降低。

⑥霉菌。它是导致青贮变质的主要好气性微生物，通常仅存在于青贮饲料的表层或边缘等易接触空气的部分。正常青贮情况下，霉菌仅生存于青贮初期，酸性环境和厌氧条件下，足以抑制霉菌的生长。霉菌破坏有机物质，分解蛋白质产生氨，使青贮料发霉变质并产生酸败味，降低其品质，甚至失去饲用价值。

(2) 青贮发酵过程。一般青贮的发酵过程可分为 3 个阶段，即好气性菌活动阶段、乳酸发酵阶段和青贮稳定阶段。

①好气性菌活动阶段。新鲜青贮原料在青贮容器中压实密封后，植物细胞并未立即死亡，在 1～3d 仍进行呼吸作用，分解有机物质，直至青贮饲料内氧气消耗尽，呈厌氧状态时才停止呼吸。

在青贮开始时，附着在原料上的酵母菌、腐败菌、霉菌和醋酸菌等好气性微生物，利用植物细胞因受机械压榨而排出的富含可溶性碳水化合物的液汁，迅速进行繁殖。腐败菌、霉菌等繁殖最为强烈，它使青贮料中蛋白质破坏，形成大量吲哚和气体以及少量醋酸等。好气性微生物活动结果以及植物细胞的呼吸，使得青贮原料间存在的少量氧气很快殆尽，形成厌氧环境。另外，植物细胞呼吸作用、酶氧化作用及微生物的活动还放出热量。厌氧和温暖的环境为乳酸菌发酵创造了条件。

如果青贮原料中氧气过多，植物呼吸时间过长，好气性微生物活动旺盛，会使原料内温度升高，有时高达60℃左右，因而削弱乳酸菌与其他微生物竞争能力，使青贮饲料营养成分损失过多，青贮饲料品质下降。因此，青贮技术关键是尽可能缩短第一阶段时间，通过及时青贮和切短压紧密封好来减少呼吸作用和好气性有害微生物繁殖，以减少养分损失，提高青贮饲料质量。

②乳酸菌发酵阶段。厌氧条件及青贮原料中的其他条件形成后，乳酸菌迅速繁殖，形成大量乳酸。酸度增大，pH 下降，促使腐败菌、酪酸菌等活动受抑停止，甚至绝迹。当 pH 下降到 4.2 以下时，各种有害微生物都不能生存，就连乳酸链球菌的活动也受到抑制，只有乳酸杆菌存在。当 pH 为 3 时，乳酸杆菌也停止活动，乳酸发酵即基本结束。

一般情况下，糖分适宜原料发酵 5～7d，微生物总数达高峰，其中以乳酸菌为主。玉米青贮过程中，各种微生物的变化情况见表3-8。从中可以看出，玉米青贮后半天，乳酸菌数量即达到最高峰，每克饲料中达 16.0 亿个。第四天时下降到 8.0 亿个，pH 达 4.5，而其他微生物则已全部停止繁殖而绝迹。因此，玉米青贮发酵过程比豆科牧草快，青贮品质也好，是最优良的青贮作物。

表 3-8 玉米青贮发酵过程中各种微生物数量的变化

青贮天数	每克饲料中细菌数量（×10⁴）			pH
	乳酸菌	大肠好气性菌	酪酸菌	
开始	甚少	0.03	0.01	5.9
0.5	160 000.0	0.025	0.01	—
4	80 000.0	0	0	4.5
8	17 000.0	0	0	4.0
20	380.0	0	0	4.0

③稳定阶段。在此阶段青贮饲料内各种微生物停止活动，只

有少量乳酸菌存在，营养物质不会再损失。在一般情况下，糖分含量较高的玉米、高粱等青贮后 20～30 天就可以进入稳定阶段，豆科牧草需 3 个月以上，若密封条件良好，青贮饲料可长久保存下去。

3. 调制优良青贮料应具备的条件　在制作青贮饲料时，要使乳酸菌快速生长和繁殖，必须为乳酸菌创造良好的条件。有利于乳酸菌生长繁殖的条件是：青贮原料应具有一定的含糖量、适宜的含水量以及厌氧环境。

（1）青贮原料应有适当的含糖量。乳酸菌要产生足够数量的乳酸，必须有足够数量的可溶性糖分。若原料中可溶性糖分很少，即使其他条件都具备，也不能制成优质青贮料。青贮原料中的蛋白质及碱性元素会中和一部分乳酸，只有当青贮原料中 pH 为 4.2 时，才可抑制微生物活动。因此，乳酸菌形成乳酸，使 pH 达 4.2 时所需要的原料含糖量是十分重要的条件，通常把它称为最低需要含糖量。原料中实际含糖量大于最低需要含糖量，即为正青贮糖差；相反，原料实际含糖量小于最低需要含糖量时，即为负青贮糖差。凡是青贮原料为正青贮糖差就容易青贮，且正数越大越易青贮；凡是原料为负青贮糖差就难于青贮，且差值越大，则越不易青贮。

最低需要含糖量根据饲料的缓冲度计算，即：

饲料最低需要含糖量（％）＝饲料缓冲度×1.7

饲料缓冲度是中和每 100g 全干饲料中的碱性元素，并使 pH 降低到 4.2 时所需的乳酸克数。因青贮发酵消耗的葡萄糖只有 60％变为乳酸，所以得 100/60＝1.7 的系数，也即形成 1g 乳酸需葡萄糖 1.7g。

例如，玉米每 100g 干物质需 2.91g 乳酸，才能克服其中碱性元素和蛋白质等的缓冲作用，使其 pH 降低到 4.2，因此 2.91 是玉米的缓冲度，最低需要含糖量为 2.91％×1.7＝4.95％。玉米的实际含糖量是 26.80％，青贮糖差为 21.85％。

紫花苜蓿的缓冲度是 5.58%，最低需要含糖量为 5.58%×1.7＝9.50%，因紫花苜蓿中的实际含糖量只有 3.72%，所以青贮糖差为－5.78%。豆科牧草青贮时，由于原料中含糖量低，乳酸菌不能正常大量繁殖，产乳酸量少，pH 不能降到 4.2 以下，会使腐败菌、酪酸菌等大量繁殖，导致青贮料腐败发臭，品质降低。因此，要调制优良的青贮料，青贮原料中必须含有适当的糖量。一些青贮原料干物质中含糖量见表 3-9。

表 3-9　一些青贮原料中干物质中含糖量

易于青贮原料			不易青贮原料		
饲料	青贮后 pH	含糖量（%）	饲料	青贮后 pH	含糖量（%）
玉米植株	3.5	26.8	紫花苜蓿	6.0	3.72
高粱植株	4.2	20.6	草木樨	6.6	4.5
菊芋植株	4.1	19.1	箭舌豌豆	5.8	3.62
向日葵植株	3.9	10.9	马铃薯茎叶	5.4	8.53
胡萝卜茎叶	4.2	16.8	黄瓜蔓	5.5	6.76
饲用甘蓝	3.9	24.9	西瓜蔓	6.5	7.38
芜菁	3.8	15.3	南瓜蔓	7.8	7.03

一般说来，禾本科饲料作物和牧草含糖量高，容易青贮；豆科饲料作物和牧草含糖量低，不易青贮。易于青贮的原料有玉米、高粱、禾本科牧草、甘薯藤、南瓜、菊芋、向日葵、芜菁、甘蓝等。不易青贮的原料有苜蓿、三叶草、草木樨、大豆、豌豆、紫云英、马铃薯茎叶等，只有与其他易于青贮的原料混贮或添加富含碳水化合物的饲料，或加酸青贮才能成功。

（2）青贮原料应有适宜的含水量。青贮原料中含有适量水分，是保证乳酸菌正常活动的重要条件。水分含量过高或过低，均会影响青贮发酵过程和青贮饲料的品质。如水分过低，青贮时难以踩紧压实，窖内留有较多空气，造成好气性菌大量繁殖，使饲料发霉腐败。水分过多时易压实结块，利于酪酸菌的活动。同时，植物细胞液汁被挤后流失，使养分损失（表3-10）。

表 3-10 青贮原料含水量与排汁量、干物质损失的关系

原料含水量（%）	干物质含量（%）	每100kg青贮原料中		排汁中干物质损失（%）
		排汁量（kg）	排汁中干物质量（kg）	
84.5	15.5	21.0	1.05	6.7
82.5	17.5	13.0	0.65	3.7
80.0	20.0	6.0	0.30	1.5
78.0	22.0	0.20	0.20	0.9
75.0	25.0	1.0	0.05	0.2
70.0	30.0	0	0	0

从表3-10可以看出，青贮原料中含水量为84.5%时，排汁中损失的干物质占青贮原料干物质的6.7%，而含水量为70%的青贮原料，已无液汁排出，干物质不受损失。青贮原料中水分过多时，细胞液中糖分过低，不能满足乳酸菌发酵所要求的一定糖分浓度，反利于酪酸菌发酵，使青贮料变臭、品质变坏。因此，乳酸菌繁殖活动，最适宜的含水量为65%～75%。豆科牧草的含水量以60%～70%为好。但青贮原料适宜含水量因质地不同而有差别，质地粗硬的原料含水量可达80%，而收割早、幼嫩多汁的原料则以60%较合适。判断青贮原料水分含量的简单办法是：将切碎的原料紧握手中，然后手自然松开，若仍保持球状，手有湿印，其水分含量在68%～75%；若草球慢慢膨胀，手上无湿印，其水分在60%～67%，适于豆科牧草的青贮；若手松开后，草球立即膨胀，其水分为在60%以下，只适于幼嫩牧草低水分青贮（表3-11）。

表 3-11 手工测定青贮含水量

用手挤压青贮饲料	水分含量（%）
水很容易挤出，饲料成形	≥80
水刚能挤出，饲料成形	75~80
只能少许挤出一点水（或无法挤出），但饲料成形	70~75
无法挤出水，饲料慢慢分开	60~70
无法挤出水，饲料很快分开	≤60

含水过高或过低的青贮原料，青贮时应处理或调节。对于水分过多的饲料，青贮前应稍晾干凋萎，使其水分含量达到要求后再青贮。如凋萎后还不能达到适宜含水量，应添加干料进行混合青贮。也可以将含水量高的原料和低水分原料按适当比例混合青贮，如玉米秸＋甘薯藤＋花生秧、玉米秸＋紫花苜蓿是比较好的组合，但青贮的混合比例以含水量高的原料占 1/3 为适合。

（3）创造厌氧环境。为了给乳酸菌创造良好的厌氧生长繁殖条件，须做到原料切短，装实压紧，青贮窖密封良好。

青贮原料切短的目的是为了便于装填紧实，取用方便，家畜便于采食，且减少浪费。同时，原料切短或粉碎后，青贮时易使植物细胞渗出液汁，湿润表面，糖分流出附在原料表层，有利于乳酸菌的繁殖。切短程度应视原料性质和畜禽需要来定，对牛来说，细茎植物如禾本科牧草、豆科牧草、草地青草、甘薯藤、幼嫩玉米苗等，切成 3~4cm 长即可；对粗茎植物或粗硬的植物如玉米、向日葵等，切成 2~3cm 较为适宜。叶菜类和幼嫩植物，也可不切短青贮。

原料切短后青贮，易装填紧实，使窖内空气排出。否则，窖内空气过多，好气菌大量繁殖，氧化作用强烈，温度升高（可达60℃），使青贮料糖分分解，维生素破坏，蛋白质消化率降低。一般原料装填紧实适当的青贮，发酵温度在 30℃ 左右，最高不超过 38℃。

青贮的装料过程越快越好，这样可以缩短原料在空气中暴露的时间，减少由于植物细胞呼吸作用造成的损失，也可避免好气性菌大量繁殖。窖装满压紧后立即覆盖，造成厌氧环境，促使乳酸菌的快速繁殖和乳酸的积累，保证青贮饲料的品质。

4. 青贮设备 青贮容器的种类很多，但常用的有青贮窖和青贮塔。这些设备都应有它的基本要求，才能保证良好的青贮效果。青贮的场址应选择土质坚硬、地势高燥、地下水位低、靠近畜舍、远离水源和粪坑的地方。其次，青贮设备要坚固牢实，不透气、不漏水。

（1）青贮塔。地上的圆筒形建筑，一般用砖和混凝土修建而成，长久耐用，青贮效果好，便于机械化装料与卸料。青贮塔的高度应不小于其直径的 2 倍，不大于直径的 3.5 倍，一般塔高 12～14m，直径 3.5～6.0m。在塔身一侧每隔 2m 高开一个 0.6m×0.6m 的窗口，装时关闭，取空时敞开（图 3-13）。

图 3-13　饲料青贮塔

近年来，国外采用气密（限氧）的青贮塔，由镀锌钢板乃至钢筋混凝土构成，内边有玻璃层，防气性能好。提取青贮饲料可以从塔顶或塔底用旋转机械进行。可用于制作低水分青贮、湿玉米青贮或一般青贮，青贮饲料品质优良，但成本较高，只能依赖机械装填。

　　（2）青贮池。青贮池有地下式及半地下式2种。多为饲养数量较少的场（户）所使用。地下式青贮池适于地下水位较低、土质较好的地区；半地下式青贮池适于地下水位较高或土质较差的地区。青贮池以圆形或长方形为好。有条件的可建成永久性的，青贮池四周用砖石砌成，水泥抹面，坚固耐用，内壁光滑，不透气、不漏水。圆形池做成上大下小，便于压紧，长形青贮池池底应有一定坡度，以利于取用完的部分雨水流出。青贮池容积，一般圆形池直径2m，深3m，直径与池深之比以1∶（1.5～2.0）为宜。长方形池的宽深之比为1∶（1.5～2.0），长度根据饲养数量和饲料多少而定（图3-14）。

图3-14　长方形的青贮池

（3）圆筒塑料袋。选用厚实的塑料膜做成圆筒形，可以作为青贮容器进行少量青贮。为防穿孔，宜选用较厚结实的塑料袋，可用 2 层。袋的大小，如不移动可做得大些；如要移动，以装满青贮料后 2 人能抬动为宜。塑料袋可用土埋住或放在畜舍内，要注意防鼠防冻。美国玉米生产带利用玉米穗轴破碎后填入塑料袋中，饲喂牛。或用一种塑料拉伸膜，这种青贮装置是将青草用机器卷压成圆捆然后用专门裹包机拉伸膜包被在草捆上进行青贮。

青贮建筑物容重的计算（参考公式如下）：

$$圆形池（塔）的容积＝3.14×半径^2×深度$$
$$长方形池的容积＝长×宽×深$$

各种青贮原料的单位容积质量，因原料的种类、含水量、切碎和踩实程度不同而不同。一般来说，叶菜类、紫云英、甘薯块根为 $800kg/m^3$，甘薯藤为 $700～750kg/m^3$，牧草、野草为 $600kg/m^3$，全株玉米 $600kg/m^3$，青贮玉米秸 $450～500kg/m^3$。

5. 青贮程序　饲料青贮是一项突击性工作，事先要把青贮池、青贮切碎机或铡草机和运输车辆进行检修，并组织足够人力，以便在尽可能短的时间完成。青贮的操作要点，概括起来要做到"六随三要"，即随割、随运、随切、随装、随踩、随封，连续进行，一次完成；原料要切短、装填要踩实、窖顶要封严。

（1）原料的适时收割。良质青贮原料是调制优良青贮料的物质基础。适期收割，不但可以在单位面积上获得最大营养物质产量，而且水分和可溶性碳水化合物含量适当，有利于乳酸发酵，易于制成优质青贮料。一般收割宁早勿迟，随收随贮。

整株玉米青贮应在蜡熟期，即在干物质含量为 $25\%～35\%$ 时收割最好。其明显标志是，靠近籽粒尖的几层细胞变黑而形成黑层。检查方法是：在果穗中部剥下几粒，然后纵向切开或切下尖部寻找靠近尖部的黑层，如果黑层存在，就可刈割做整株玉米青贮。

收果穗后的玉米秸青贮，宜在玉米果穗成熟、玉米茎叶仅有下部1～2片叶枯黄时，立即收割玉米秸青贮；或玉米成熟时削尖后青贮，但削尖时果穗上部要保留一张叶片。

一般来说，豆科牧草宜在现蕾期至开花初期进行收割，禾本科牧草在孕穗至抽穗期收割，甘薯藤、马铃薯茎叶在收薯前1～2d或霜前收割。原料收割后应立即运至青贮地点切短青贮。

（2）切短。少量青贮原料的切短可用人工铡草机，大规模青贮可用青贮切碎机。大型青贮料切碎机每小时可切5～6t，最高可切割8～12t。小型切草机每小时可切250～800kg。若条件具备，使用青贮玉米联合收获机，在田内通过机器一次完成割、切作业，然后送回装入青贮窖内，功效大大提高。

（3）装填压紧。装窖前，先将池或塔打扫干净，池底部可填一层10～15cm厚的切短的干秸秆或软草，以便吸收青贮液汁。若为土池或四壁密封不好，可铺塑料薄膜。装填青贮料时应逐层装入，每层装15～20cm厚，即应踩实，然后再继续装填。装填时应特别注意四角与靠壁的地方，要达到弹力消失的程度，如此边装边踩实，一直装满并高出池口70cm左右。长方形池或地面青贮时，可用拖拉机进行碾压，小型池也可用人力踏实。青贮料紧实程度是青贮成败的关键之一，青贮紧实度适当，发酵完成后饲料下沉不超过深度的10%。

（4）密封。严密封池，防止漏水漏气是调制优良青贮料的一个重要环节。青贮容器密封不好，进入空气或水分，有利于腐败菌、霉菌等繁殖，使青贮料变坏。填满池后，先在上面盖一层切短秸秆或软草（厚20～30cm）或铺塑料薄膜，然后再用土覆盖拍实，厚30～50cm，并做成馒头形，有利于排水。青贮窖密封后，为防止雨水渗入窖内，距离四周约1m处应挖排水沟。以后应经常检查，池顶下沉有裂缝时，应及时覆土压实，防止雨水渗入。

（二）特种青贮

青贮原料因植物种类不同，本身含可溶性碳水化合物和水分不同，青贮难易程度也不同。采用普通青贮方法难以青贮的饲料，必须进行适当处理，或添加某些添加物，这种青贮方法称特种青贮法。特种青贮所进行的各种处理，对青贮发酵的作用主要有3个方面：一是促进乳酸发酵，如添加各种可溶性碳水化合物，接种乳酸菌，加酶制剂等青贮，可迅速产生大量乳酸，使pH很快达到3.8～4.2；二是抑制不良发酵，如添加各种酸类、抑菌剂、凋萎或半干青贮，可防止腐败菌和酪酸菌的生长；三是提高青贮饲料的营养物质，如添加尿素、氨化物等，可增加粗蛋白质含量。

1. 低水分青贮 低水分青贮也称半干青贮。青贮原料中的微生物不仅受空气和酸的影响，也受植物细胞质的渗透压的影响。低水分青贮料制作的基本原理是：青饲料刈割后，经风干水分含量达 45%～50%，植物细胞的渗透压达（55～60）×10^5 Pa。这种情况下，腐败菌、酪酸菌以至乳酸菌的生命活动接近于生理干燥状态，生长繁殖受到限制。因此，在青贮过程中，青贮原料中糖分的多少，最终的 pH 的高低已不起主要作用，微生物发酵微弱，有机酸形成数量少，碳水化合物保存良好，蛋白质不被分解。虽然霉菌在风干植物体上仍可大量繁殖，但在切短压实和青贮厌氧条件下，其活动也很快停止。

低水分青贮法近十几年来在国外盛行，我国也开始在生产上采用。它具有干草和青贮料两者的优点。调制干草常因脱叶、氧化、日晒等使养分损失 15%～30%，胡萝卜素损失 90%；而低水分青贮料只损失养分 10%～15%。低水分青贮料含水量低，干物质含量比一般青贮料多 1 倍，具有较多的营养物质；低水分青贮饲料味微酸性，有果香味，不含酪酸，适口性好，pH 达 4.8～5.2，有机酸含量约 5.5%；优良低水分青贮料呈湿润状态，深绿色，结构完好。任何一种牧草或饲料作物，不论其含糖量多少，均可低水分青贮，难以青贮的豆科牧草如苜蓿、豌豆等尤其适合调制成低水分青贮料，从而为扩大豆科牧草或作物的加工调制范围开辟了新途径。

根据低水分青贮的基本原理和特点，制作时青贮原料应迅速风干，要求在刈割后 24～30h，豆科牧草含水量应达 50%，禾本科达 45%。原料必须短于一般青贮，装填必须更紧实，才能造成厌氧环境以提高青贮品质。

2. 加酸青贮法　难贮的原料加酸之后，很快使 pH 下降至 4.2 以下，抑制了腐败菌和霉素的活动，达到长期保存的目的。加酸青贮常用无机酸和有机酸。

（1）加无机酸。对难贮的原料可以加盐酸、硫酸、磷酸等无机酸。盐酸和硫酸腐蚀性强，对窖壁和用具有腐蚀作用，使用时应小心。用法是 1 份硫酸（或盐酸）加 5 份水，配成稀酸，100kg 青贮原料中加 5～6kg 稀酸。青贮原料加酸后，很快下沉，遂停止呼吸作用，杀死细菌，降低 pH，使青贮料质地变软。

国外常用的无机酸混合液有 30% HCl 92 份和 40% H_2SO_4 8 份配制而成，使用时 4 倍稀释，青贮时每 100kg 原料加稀释液 5～6kg。或 8%～10% 的 HCl 70 份，8%～10% 的 H_2SO_4 30 份混合制成，青贮时按原料质量的 5%～6% 添加。

强酸易溶解钙盐，对家畜骨骼发育有影响，注意家畜日粮中钙的补充。使用磷酸价格高，腐蚀性强，能补充磷，但饲喂家畜时应补钙，使其钙磷平衡。

（2）加有机酸青贮。添加在青贮料中的有机酸有甲酸（蚁酸）和丙酸等。甲酸是很好的发酵抑制剂，一般用量为每吨青贮原料加纯甲酸 2.4～2.8kg。添加甲酸可减少青贮中乳酸、乙酸含量，降低蛋白质分解，抑制植物细胞呼吸，增加可溶性碳水化合物与真蛋白含量。

丙酸是防霉剂和抗真菌剂，能够抑制青贮中的好气性菌，作为好气性破坏抑制剂很有效，但作为发酵剂不如甲酸，其用量为青贮原料的 0.5%～1.0%。添加丙酸可控制青贮的发酵，减少氨氮的形成，降低青贮原料的温度，促进乳酸菌生长。

加酸制成的青贮料，颜色鲜绿，具香味，品质好，蛋白质分解损失仅 0.3%～0.5%，而在一般青贮中则达 1%～2%。苜蓿和红三叶加酸青贮结果，粗纤维减少 5.2%～6.4%，且减少的这部分纤维水解变成低级糖，可被动物吸收利用。而一般青贮的粗纤维仅减少 1%左右，胡萝卜素、维生素 C 等加酸青贮时损失少。

（3）添加尿素青贮。青贮原料中添加尿素，通过青贮微生物的作用，形成菌体蛋白，以提高青贮饲料中的蛋白质含量。尿素的添加量为原料重量的 0.5%，青贮后每千克青贮饲料中增加消化蛋白质 8～11g。

添加尿素后的青贮原料可使 pH、乳酸含量和乙酸含量以及粗蛋白质含量、真蛋白含量、游离氨基酸含量提高。氨的增多增加了青贮缓冲能力，导致 pH 略为上升，但仍低于 4.2，尿素还可以抑制开窖后的二次发酵。饲喂尿素青贮料可以提高干物质的采食量。

（4）添加甲醛青贮。甲醛能抑制青贮过程中各种微生物的活动。40%的甲醛水溶液俗称福尔马林，常用于消毒和防腐。在青贮饲料中添加 0.15%～0.30%的福尔马林，能有效抑制细菌，发酵过程中没有腐败菌活动，但甲醛异味大，影响适口性。

（5）添加乳酸菌青贮。加乳酸菌培养物制成的发酵剂或由乳酸菌和酵母培养制成的混合发酵剂青贮，可以促进青贮料中乳酸菌的繁殖，抑制其他有害微生物的作用，这是人工扩大青贮原料中乳酸菌群体的方法。值得注意的是，菌种应选择那些盛产乳酸而不产生乙酸和乙醇的同质型乳酸杆菌和球菌。一般每 1 000kg青贮料中加乳酸菌培养物 0.5L 或乳酸菌制剂 450g，每克青贮原料中加乳酸杆菌 10 万个左右。

（6）添加酶制剂青贮。在青贮原料中添加以淀粉酶、糊精酶、纤维素酶、半纤维素酶等为主的酶制剂，可使青贮料中部分多糖水解成单糖，有利于乳酸发酵。酶制剂由胜曲霉、黑曲霉、米曲霉等培养物浓缩而成，按青贮原料质量的 0.01%～0.25%添加，不仅能保持青饲料特性，而且可以减少养分的损失，提高青贮料的营养价值。豆科牧草苜蓿、红三叶添加 0.25%黑曲霉制剂青贮，与普通青贮料相比，纤维素减少 10.0%～14.4%，半纤维素减少 22.8%～44.0%，果胶减少 29.1%～36.4%。如酶制剂添加量增加到 0.5%，则含糖量可高达 2.48%，蛋白质提高 26.7%～29.2%。

（7）湿谷物的青贮。用作饲料的谷物，如玉米、高粱、大麦、燕麦等，收获后带湿贮存在密封的青贮塔或水泥窖内，经过轻度发酵产生一定量的（0.2%～0.9%）有机酸（主要是乳酸和醋酸），以抑制霉菌和细菌的繁殖，使谷物得以保存。此法储存谷物，青贮塔或窖一定要密封不透气，谷物最好压扁或轧碎，可以更好地排出空气，降低养分损失，并利于饲喂。整个青贮过程要求从收获至储存 1d 内完成，迅速造成窖内的厌氧条件，限制呼吸作用和好气性微生物繁殖。青贮谷物的养分损失，在良好条件下为 2%～4%，一般条件下可达 5%～10%。用湿贮谷物喂奶牛、肉牛、猪，增重和饲料转化率按干物质计算，基本与干贮玉米相近。

四、青贮饲料的质量及利用

青贮饲料的品质好坏与青贮原料种类、刈割时期以及调制方法是否正确密切相关。用优良的青贮饲料饲喂畜禽，可以获得良好的饲养效果。青贮料在取用之前，须先进行感官鉴定，必要时再进行化学分析鉴定，以保证使用良好的青贮饲料饲喂家畜。

1. 营养物质变化

（1）蛋白质的变化。正在生长的饲料作物，总氮中有75%～90%的氮以蛋白氮的形式存在。收获后，植物蛋白酶会迅速将蛋白质水解为氨基酸，在12～24h，总氮中有20%～25%被转化为非蛋白氮。青贮饲料中蛋白质的变化，与pH的高低有密切关系，当pH小于4.2时，蛋白质因植物细胞酶的作用，部分蛋白质分解为氨基酸，且较稳定，并不造成损失。但当pH大于4.2时，由于腐败菌的活动，氨基酸便分解成氨、胺等非蛋白氮，使蛋白质受到损失。

（2）碳水化合物的变化。在青贮发酵过程中，由于各种微生物和植物本身酶体系的作用，使青贮原料发生一系列生物化学变化，引起营养物质的变化和损失。在青贮的饲料中，只要有氧存在，且pH不发生急剧变化，植物呼吸酶就有活性，青贮作物中的水溶性碳水化合物就会被氧化为二氧化碳和水。在正常青贮时，原料中水溶性碳水化合物，如葡萄糖和果糖，发酵成为乳酸和其他产物。另外，部分多糖也能被微生物发酵作用转化有机酸，但纤维素仍然保持不变，半纤维素有少部分水解，生成的戊糖可发酵生成乳酸。

（3）维生素和色素的变化。青贮期间最明显的变化是饲料的颜色。由于有机酸对叶绿素的作用，使其成为脱镁叶绿素，从而导致青贮料变为黄绿色。青贮料颜色的变化，通常在装贮后3～7d发生。窖壁和表面青贮料常呈黑褐色。青贮温度过高时，青贮料也呈黑色，不能利用。

维生素A前体物 β-胡萝卜素的破坏与温度和氧化的程度有关。二者值均高时，β-胡萝卜素损失较多。但储存较好的青贮料，胡萝卜素的损失一般低于30%。

2. 养分损失

（1）田间损失。刈割和青贮在同一天进行时，养分的损失极微，即使萎蔫期超过了 24h，损失的养分也不足干物质的 1％或 2％。萎蔫期超过 48h，则养分的损失较大，其程度取决于当地的天气状况。据报道，在田间萎蔫 5d 后，干物质的损失达 6％。受萎蔫期影响的主要养分是水溶性碳水化合物和易被水解为氨基酸的蛋白质。

（2）氧化损失。养分的氧化损失是由于植物和微生物的酶在有氧条件下对基质如糖的作用生成 CO_2 和水而引起的。在迅速填满并密封的青贮窖内，植物组织中的存氧无关紧要，它引起的干物质损失仅 1％左右。持续暴露在有氧环境中的青贮作物，如青贮窖边角和上层的青贮物，会形成不可食用的堆肥样干物质，在其形成过程中已有 75％以上的干物质损失掉。

（3）发酵损失。在青贮过程中发生了许多化学变化，特别是可溶性碳水化合物和蛋白质变化较大，但总干物质和能量损失却并未因乳酸菌的活动而有大的提高。一般认为，干物质的损失不会超过 5％，而总能的损失则更少，这是因为形成了诸如乙醇之类的高能化合物。在梭菌发酵中，由于产生了气体 CO_2、H_2 和 NH_3，养分的损失高于乳酸发酵。

（4）流出液损失。许多青贮窖可自由排水，这些液体或青贮流出液带走了可溶性养分。对于含水量 85％的牧草，青贮流出物的干物质损失可达 10％，但将作物萎蔫至含水量 70％左右时，产生的流出液极少。

3. 营养价值改变　由于青贮饲料在青贮过程中化学变化复杂，它的化学成分、营养价值与原料相比，有许多方面是有区别的。

（1）化学成分。青贮料干物质中各种化学成分与原料有很大差别。从表 3-12 可以看出，从常规分析成分看，黑麦草青草与其青贮料没有明显差别，但从其组成的化学成分看，青贮料与其原料相比，则差别很大。青贮料中粗蛋白质主要由非蛋白氮组成。而无氮浸出物中，青贮料中糖分极少，乳酸与醋酸则相当多。虽然这些非蛋白氮（主要是游离氨基酸）与脂肪酸使青贮料在饲喂性质上比青饲料发生了改变，但对动物营养价值还是比较高的。

表 3-12　黑麦草与它的青贮料的化学成分比较（以干物质为基础）

名　称	黑麦草青草		黑麦草青贮	
	含量（%）	消化率（%）	含量（%）	消化率（%）
有机物质	89.8	77	88.3	75
粗蛋白质	18.7	78	18.7	76
粗脂肪	3.5	64	4.8	72
粗纤维	23.6	78	25.7	78
无氮浸出物	44.1	78	39.1	72
蛋白氮	2.66	—	0.91	—
非蛋白氮	0.34	—	2.08	—
挥发氮	0	—	0.21	—
糖类	9.5	—	2.0	—
聚果糖类	5.6	—	0.1	—
半纤维素	15.9	—	13.7	—
纤维素	24.9	—	26.8	—
木质素	8.3	—	6.2	—

（2）营养物质的消化利用。从常规分析成分的消化率看，各种有机物质的消化率在原料和青贮料之间非常相近，两者无明显差别，因此它们的能量价值也是近似的。据测定，青草与其青贮料的代谢能分别为 10.46MJ/kg 和 10.42MJ/kg，两者非常相近。由此可见，可以根据青贮原料当时的营养价值来考虑青贮料。多年生黑麦草青贮前后营养价值见表 3-13。

表 3-13　多年生黑麦草青贮前后营养价值的比较

项　目	黑麦草	乳酸青贮	半干青贮
pH	6.1	3.9	4.2
干物质（DM）（g/kg）	175	186	316
乳酸（每千克干物质，g）	—	102	59
水溶性糖（每千克干物质，g）	140	10	47
干物质（DM）消化率	0.784	0.794	0.752
总能（GE）（每千克干物质，MJ）	18.5	—	18.7
代谢能（ME）（每千克干物质，MJ）	11.6	—	11.4

　　青贮料同其原料相比，蛋白质的消化率相近，但是它们被用于增加动物体内氮素的沉积效率则往往低于原料。其主要原因是由大量青贮料组成的饲料，在反刍动物瘤胃中往往产生相当大量的氨，这些氨被吸收后，相当一部分以尿素形式从尿中排出。因此，为了提高青贮料对氮素的作用，可以按照反刍动物应用尿素等非蛋白氮的方法，在饲料中增加玉米等谷实类富含碳水化合物的比例，可获得较好的效果。如果由半干青贮或甲醛保存的青贮料来组成饲料，则可见氮素沉积的水平提高。常见青贮料的营养价值见表 3-14。

表 3-14　常见青贮饲料的营养价值（干物质基础）

饲　料	干物质（DM）（%）	产奶净能（NEL）（MJ/kg）	奶牛能量单位（NND）（MJ/kg）	粗蛋白质（CP）（%）	粗纤维（CF）（%）	钙（Ca）（%）	磷（P）（%）
青贮玉米	29.2	5.02	1.60	5.5	31.5	0.31	0.27
青贮苜蓿	33.7	4.82	1.53	15.7	38.4	1.48	0.30
青贮甘薯藤	33.1	4.48	1.43	6.0	18.4	1.39	0.45
青贮甜菜叶	37.5	5.78	1.84	12.3	19.4	1.04	0.26
青贮胡萝卜	23.6	5.90	1.88	8.9	18.4	1.06	0.13

（3）动物对青贮的随意采食量。许多试验指出，动物对青贮料的随意采食量干物质比其原料和同源干草都要低些。其可能受如下一些因素影响：

①青贮酸度。青贮料中游离酸的浓度过高会抑制家畜对青贮料的随意采食量。用碳酸氢钠部分中和后，可能提高青贮料的采食量。游离酸对采食量的影响可能有 2 个原因：一是在瘤胃中酸度增加；二是体液酸碱平衡的紧张所致。

②酪酸菌发酵。有试验证明，动物对青贮料的采食量与其中含有的醋酸，总挥发性脂肪酸含量与氨的浓度呈显著的负相关，而这些往往与酪酸发酵相联系。对不良的青贮，家畜采食往往较少。

③青贮料中干物质含量。一般青贮料品质良好，而且含干物质较多者家畜的随意采食量较多，可以接近采食干草的干物质量。因此，青贮良好的半干青贮料效果良好。半干青贮料中发酵程度低，酪酸发酵也少，故适口性增加。

4. 青贮的品质鉴定　青贮料品质的优劣与青贮原料种类、刈割时期以及青贮技术等密切相关。正确青贮，一般经 17～21d 的乳酸发酵，即可开窖取用。通过品质鉴定，可以检查青贮技术是否正确，判断青贮料营养价值的高低。

（1）感官评定。开启青贮容器时，从青贮饲料的色泽、气味和质地等进行感官评定（表3-15）。

表3-15　青贮饲料的品质评定

等级	颜色	气味	结构质地
优良	绿色或黄绿色	芳香酒酸味	茎叶明显，结构良好
中等	黄褐或暗绿色	有刺鼻酸味	茎叶部分保持原状
低劣	黑色	腐臭味或霉味	腐烂，污泥状

①色泽。优质的青贮饲料非常接近于作物原先的颜色。若青贮前作物为绿色，青贮后仍为绿色或黄绿色最佳。青贮器内原料

发酵的温度是影响青贮饲料色泽的主要因素，温度越低，青贮饲料就越接近于原先的颜色。对于禾本科牧草，温度高于30℃，颜色变成深黄；当温度为45~60℃，颜色近于棕色；超过60℃，由于糖分焦化近乎黑色。一般来说，品质优良的青贮饲料颜色呈黄绿色或青绿色，中等的为黄褐色或暗绿色，劣等的为褐色或黑色。

②气味。品质优良的青贮料具有轻微的酸味和水果香味。若有刺鼻的酸味，则醋酸较多，品质较次。腐烂腐败并有臭味的则为劣等，不宜喂家畜。总之，芳香而喜闻为上等；而刺鼻者为中等；臭而难闻者为劣等。

③质地。植物的茎叶等结构应当能清晰辨认，结构破坏及呈黏滑状态是青贮腐败的标志，黏度越大，表示腐败程度越高。优良的青贮饲料，在窖内压得非常紧实，但拿起时松散柔软，略湿润，不黏手，茎叶花保持原状，容易分离。中等青贮饲料茎叶部分保持原状，柔软，水分稍多。劣等的结成一团，腐烂发黏，分不清原有结构。

(2) 化学鉴定。用化学分析测定包括pH、氨态氮和有机酸（乙酸、丙酸、丁酸、乳酸的总量和构成）可以判断发酵情况。

①pH（酸碱度）。pH是衡量青贮饲料品质好坏的重要指标之一。实验室测定pH，可用精密雷磁酸度计测定，生产现场可用精密石蕊试纸测定。优良青贮饲料pH在4.2以下，超过4.2（低水分青贮除外）说明青贮发酵过程中，腐败菌、酪酸菌等活动较为强烈。劣质青贮饲料pH在5.5~6.0，中等青贮饲料的pH介于优良与劣等之间。

②氨态氮。氨态氮与总氮的比值是反映青贮饲料中蛋白质及氨基酸分解的程度，比值越大，说明蛋白质分解越多，青贮质量不佳。

③有机酸含量。有机酸总量及其构成可以反映青贮发酵过程的好坏，其中最重要的是乳酸、乙酸和丁酸，乳酸所占比例越大

越好。优良的青贮饲料,含有较多的乳酸和少量醋酸,而不含酪酸。品质差的青贮饲料,含酪酸多而乳酸少(表3-16)。

表3-16   不同青贮饲料中各种酸含量

单位:%

等级	pH	乳酸	醋酸		丁酸	
			游离	结合	游离	结合
良好	4.0~4.2	1.2~1.5	0.7~0.8	0.1~0.15	—	—
中等	4.6~4.8	0.5~0.6	0.4~0.5	0.2~0.3	—	0.1~0.2
低劣	5.5~6.0	0.1~0.2	0.1~0.15	0.05~0.1	0.2~0.3	0.8~1.0

5. 青贮饲料的利用

(1)取用方法。青贮过程进入稳定阶段,一般糖含量较高的玉米秸秆等经过1个月,即可发酵成熟,即可打开青贮池/塔取用。或待冬春季节饲喂奶牛。

开池取用时,如发现表层呈黑褐色并有腐败臭味时,应把表层弃掉。对于直径较小的圆形池,应由上到下逐层以用,保持表面平整。对于长方形窖,自一端开始分段取用,不要挖窝掏取,取后最好覆盖,以尽量减少与空气的接触面。每次用多少取多少,不能一次取大量青贮料堆放在畜舍慢慢饲用,要用新鲜青贮料。青贮料只有在厌氧条件下,才能保持良好品质,如果堆放在奶牛舍里和空气接触,就会很快感染霉菌和其他菌类,使青贮料迅速变质。尤其是夏季,正是各种细菌繁殖最旺盛的时候,青贮料也最易霉坏。

(2)饲喂技术。青贮饲料可以作为草食家畜牛羊的主要粗饲料,一般占饲料干物质的50%以下。刚开始喂时家畜不喜食,喂量应由少到多,逐渐适应后即可习惯采食。喂青贮料后,仍须喂精料和干草。训练方法是:先空腹饲喂青贮料,再饲喂其他草料;先将青贮料拌入精料喂,再喂其他草料;先少喂后逐渐增加；或将青贮料与其他料拌在一起饲喂。由于青贮饲料含有大量有机酸，具有轻泻作用，因此奶牛妊娠后期不宜多喂，产前 15d 停喂。劣质的青贮饲料有害牛体健康，易造成流产，不能饲喂。冰冻的青贮饲料也易引起母牛流产，应待冰融化后再喂。

第五节　能量饲料

能量饲料是指每千克干物质中粗纤维的含量在 18％以下，可消化能含量高于 10.45MJ/kg，蛋白质含量在 20％以下的饲料。主要包括谷实类及其加工副产品（糠麸类）、块根、块茎类和瓜果类及其他。

一、谷实类饲料

谷实类饲料大多是禾本科植物成熟的种子，其主要特点是适口性好，可利用能量高，粗蛋白质含量低，一般在 10％左右，钙低磷高，钙、磷比例不当。所以，一般在精饲料中的添加量不超过 50％。

1. 玉米　玉米被称为"饲料之王"，其特点是含能最高，蛋白质含量低（9％左右），是一种养分不平衡的高能饲料。玉米可大量用于奶牛的精料补充料中，一般奶牛混合料中用量为 40％～50％，并应与蛋白质饲料和容积大的饲料如麸皮、燕麦、粗饲料搭配使用。值得注意的是，很多奶牛养殖户使用时玉米粉碎过细，成年牛饲以碎玉米最好，100～150kg 以下的牛，以喂整粒玉米效果较好。

2. 小麦　与玉米相比，能量较低，但蛋白质及维生素含量较高，小麦的过瘤胃淀粉较玉米低，奶牛饲料中的用量以不超过 40％为宜，并以粗碎和压片效果最佳，不能整粒饲喂或粉碎的过细。

3. 燕麦 总的营养价值低于玉米，但蛋白质含量较高，能量较低，燕麦是牛的极好的饲料，喂前应适当粉碎。

二、糠麸类饲料

糠麸类饲料为谷实类饲料的加工副产品，主要包括麸皮和稻糠等。其共同的特点是除能量较低外，其他各种养分含量均较其原料高。所以，在日粮中一般占精饲料的 5%～20%。

1. 麸皮 包括小麦麸和大麦麸等。其营养价值因麦类品种和出粉率的高低而变化。粗纤维含量较高，属于低能饲料。具有轻泻作用，质地蓬松，适口性较好，母牛产后喂以适量的麦麸粥，可以调养消化道的机能。大麦麸优于小麦麸。奶牛混合料中用量为 15% 左右。

2. 米糠 米糠的营养变化较大，随含壳量的增加而降低。粗脂肪含量高，易在微生物及酶的作用下发生酸败。为使米糠便于保存，可经脱脂生产米糠饼。奶牛饲料用量可达 20%，脱脂米糠用量可达 30%。

三、块根、块茎及瓜果类饲料

主要包括甘薯、马铃薯、木薯等。按干物质中的营养价值来考虑，属于能量饲料。

1. 甘薯 又称红薯、白薯、地瓜、山芋等，是我国主要薯类之一。甘薯富含淀粉，能量低于玉米，粗蛋白质及钙含量低，适口性好，生熟均可饲喂。在平衡蛋白质和其他养分后，可取代牛日粮中能量来源的 50%。甘薯如有黑斑病，含毒性酮，使牛导致喘气病，严重者甚至死亡。

2. 马铃薯 又称土豆。成分特点与其他薯类相似。与蛋白质饲料、谷实饲料混喂效果较好。马铃薯储存不当发芽时，在其青绿皮上、芽眼及芽中含有龙葵素，采食过量会导致牛中毒。因此，马铃薯要注意保存，若已发芽，饲喂时一定要清除皮和芽，并进行蒸煮，蒸煮用的水不能用于喂牛。

3. 胡萝卜 也为能量饲料，但其水分含量高，容积大，含丰富的胡萝卜素，一般多作为冬季调剂饲料，而不作为能量饲料使用。

四、糖渣

制糖工业的副产品。其主要成分为糖类，蛋白质含量较低，矿物质含量较高，维生素低，水分高，能值低，具有轻泻作用。奶牛用量宜占日粮 5%～10%。

第六节 蛋白质饲料

蛋白质饲料是指干物质中粗纤维含量在 18% 以下、粗蛋白质含量为 20% 以上的饲料。蛋白质饲料根据其品质不同和奶牛不同生理阶段，一般占精料日粮的 15%～30%。对于奶牛主要包括植物性蛋白质饲料、单细胞蛋白质饲料、非蛋白氮饲料等。反刍动物禁用动物蛋白饲料。

一、植物性蛋白质饲料

主要包括饼粕类及其他加工副产品。饼粕类饲料是豆科及油料作物籽实制油后的副产品。压榨法制油的副产品称为饼，溶剂浸提法制油后的副产品称为粕。

1. 大豆饼粕 粗蛋白质含量为 38%～47%，且品质是饼粕类饲料中最好的，奶牛日粮中可大量应用。大豆饼粕可替代犊牛代乳料中部分脱脂乳，并对各类牛均有良好的生产效果。

2. 棉籽饼粕 由于棉籽脱壳程度及制油方法不同，营养价值差异很大。粗蛋白质含量 16%～44%，粗纤维含量 10%～20%。棉籽饼粕蛋白质的品质不太理想并含有游离棉酚，长期大量饲喂（日喂 8kg 以上）会引起中毒。犊牛日粮中一般不超过

20%，种公牛日粮不超过 30%。

3. 花生饼粕 营养价值低于豆粕，花生饼粕的营养成分随含壳量的多少而有差异，带壳的花生饼粕粗纤维含量为 20%～25%，粗蛋白质及有效能相对较低。

4. 菜籽饼粕 有效能较低，适口性较差。粗蛋白质含量在 34%～38%，菜籽饼粕中含有硫葡萄糖苷、芥酸等毒素。在奶牛日粮中应控制在 10%以下。

另外，还有胡麻饼粕、芝麻饼粕、葵花籽饼粕都可以作为奶牛蛋白质补充料。

二、玉米加工的副产品

1. 玉米蛋白粉 由于加工方法及条件不同，蛋白质的含量变异很大，在 25%～60%。蛋白质的利用率较高，由于其比重大，应与其他体积大的饲料搭配使用。一般奶牛精料中可使用 5%左右。

2. 玉米胚芽饼 粗蛋白质含量 20%左右，由于价格较低，蛋白质品质好，近年来在奶牛日粮应用较多，一般奶牛精料中可使用 15%左右。

3. 玉米酒精糟 分 3 种：第一种是酒精糟经分离脱水后干燥的部分，简称 DDG；第二种是酒精糟滤液经浓缩干燥后所得的部分，简称 DDS；第三种是"DDG"与"DDS"的混合物，简称 DDGS。酒精糟的营养价值受原料种类、质量、主副产品比例、主辅料比例、发酵工艺等因素影响差异很大。一般以 DDS 的营养价值较高，DDG 的营养价值较差，DDGS 的营养价值居前两者之间，以玉米为原料的 DDG、DDS、DDGS 的粗蛋白质含量基本相近，风干物质中含 27%～29%，但三者的粗纤维含量则分别为 11%、7%和 4%左右。不同 DDG 中的粗纤维含量为 7.5%～12.8%，DDS 中的粗脂肪含量为 9.0%～22.7%。但三者的氨基酸含量及利用率都不理想，不适宜作为唯一的蛋白源。

奶牛用量以 15％以下为宜。

三、单细胞蛋白质饲料

主要包括酵母、真菌及藻类。以酵母最具有代表性，其粗蛋白质含量 40％～50％，生物学价值较高，含有丰富的 B 族维生素。奶牛日粮中用量一般不超过 10％。

四、尿素及其他非蛋白氮物质

尿素含氮 46％左右，其蛋白质当量为 288％，按含氮量计，1kg 含氮为 46％的尿素相当于 6.8kg 含粗蛋白质 42％的豆饼。尿素的溶解度很高，在瘤胃中很快转化为氨，尿素饲喂不当会引起致命性的氨中毒。因此，使用尿素时应注意：

1. 瘤胃微生物对尿素的利用有一个逐渐适应的过程，尿素的用量应逐渐增加，应有 2～4 周的适应期，以便保持奶牛的采食量和产奶量。

2. 只能在 6 月龄以上的牛日粮中使用尿素，因为 6 月龄以下时瘤胃尚未发育完全。奶牛在产奶初期用量应受限制。

3. 尿素不宜单喂，应与其他精料搭配使用。也可调制成尿素溶液喷洒或浸泡粗饲料，或调制成尿素青贮料，或制成尿素颗粒料、尿素精料砖等。

4. 不可与生大豆或含脲酶高的大豆粕同时使用。

5. 禁止将尿素溶于水中饮用，喂尿素 1h 后再给牛饮水。

6. 尿素的用量一般不超过日粮干物质的 1％，或每 100kg 体重 15～20g。

7. 注意氨的中毒　当瘤胃氨的水平上升到 80mg/mL，血氨浓度超过 5mg/mL 就可出现中毒，一般表现为神经症状、肌肉震颤、呼吸困难、反复出现强直性痉挛，几小时内发生死亡。灌注食醋或醋酸中和氨或用冷水使瘤胃降温可以防止死亡。为降低尿素在瘤胃的分解速度，改善尿素氮转化为微生物氮的效率，防止牛尿素中毒，可采用缓释型非蛋白氮饲料，如糊化淀粉尿素、异丁基二脲、磷酸脲、羟甲基尿素等。

第七节 矿物质饲料及饲料添加剂

一、矿物质饲料

矿物质饲料一般指为牛提供食盐、钙源、磷源的饲料。反刍动物禁用骨粉等动物饲料。

1. 食盐 补充植物性饲料中钠和氯的不足，提高饲料的适口性，增加食欲。奶牛喂量为精料的 $1\%\sim2\%$。

2. 石粉 是廉价的钙源，含钙量为 $33\%\sim38\%$。奶牛喂量为精料的 $1\%\sim2\%$。

3. 磷酸钙 磷酸氢钙的磷含量在 18% 以上，含钙不低于 23%；磷酸二氢钙含磷 21%，钙 20%；磷酸钙（磷酸三钙）含磷 20%，钙 39%，是常用的无机磷源饲料。奶牛喂量为精料的 1% 左右。

二、饲料添加剂

饲料添加剂是指在配合饲料中加入的各种微量成分。其作用是完善饲料的营养性，提高饲料的利用率，促进奶牛的生产性能和预防疾病，改善产品品质等。奶牛饲料中应必须添加微量元素、维生素、碳酸氢钠等。

1. 微量元素添加剂 主要是补充饲料中微量元素的不足。奶牛日粮中需要补充 7 种微量元素：铁、铜、锌、锰、钴、碘、硒。使用时养殖户应购买奶牛不同生理时期（如育成牛、产奶牛、干奶牛等）奶牛专用微量元素添加剂，切不可用猪、鸡等添加剂代替。

2. 维生素添加剂 成年牛的瘤胃可以合成维生素 K 和 B 族维生素，肝、肾中可合成维生素 C，一般除犊牛外，不须额外添加，只添加维生素 A、维生素 D、维生素 E。维生素 A、维生素 E 直接影响繁殖性能及发生胎衣不下，因此，饲料中一定要添加。

3. 碳酸氢钠　又称小苏打，主要作用是调节瘤胃酸碱度，增进食欲，保证牛的健康，提高生产性能，特别是大量使用青贮饲料或精饲料的产奶牛一定要添加。碳酸氢钠添加量占精料混合料的 1.5%。氧化镁作用效果同碳酸氢钠，二者同时使用效果更好，用量为占精料混合料的 0.8%。

4. 烟酸　它属于 B 族维生素，既可从饲料中摄取，瘤胃内微生物也能合成。但对高产奶牛在饲料中添加是必要的。其作用为：第一，可预防酮病；第二，可促进瘤胃内菌体蛋白的合成；第三，可提高奶量、乳脂率和乳蛋白水平。每头奶牛的适宜添加量为每天 6g。一般应用于泌乳初期或日产奶量 38kg 以上的经产奶牛和日产奶量 27kg 以上的初产奶牛、酮病多发的牛群和添加油脂的日粮。

5. 双乙酸钠　双乙酸钠，是乙酸钠和乙酸的复合物，其化学性质稳定、毒性极小、不致癌、无残留、安全性高、价格较低，是一种新型多功能饲料添加剂。乙酸是合成乳脂的主要成分，粗纤维在瘤胃中酶解产生乙酸。所以，饲喂粗料型日粮的奶牛其乳脂率较高。然而，对高产奶牛来说，为了保证一定的能量，粗饲料的进食受到限制，此时添加乙酸钠可起到提高乳脂率的作用。目前在奶牛生产中应用效果较好，通常添加量为 40～100g/（头·d）。宋志祥（1998）报道，奶牛日粮中每天每头添加 40g 双乙酸钠，可使日产奶量提高 1.66%～2.77%。黄玉德（1997）报道，还可提高乳脂率。杨岩等（1993）报道，黑白花奶牛饲料中每头添加 186g 的双乙酸钠，产奶量可提高 10.2%，乳脂率提高 2.6%，每产 1kg 奶消耗的可消化养分、粗蛋白质、钙、磷分别降低 7%、2.02%、8.1% 和 1%。另外，双乙酸钠用于青贮饲料，有抑制霉菌生长和防腐保鲜的作用。因为双乙酸钠同时含有乙酸钠和乙酸的成分，经试验表明其饲喂效果优于乙酸钠。

6. 酶制剂　牛用的主要是单一纤维素降解酶类和复合酶制剂。复合酶制剂含有各种纤维素酶、淀粉酶、蛋白酶等，可提高奶牛生产性能。

第八节　非常规饲料

糟渣类饲料是酿造、淀粉及豆腐加工行业的副产品，奶牛养殖户一般把它当作粗饲料，如果按干物质中的粗蛋白质含量计算，应把它列入蛋白质饲料类。其主要特点是水分含量高，为 70%～90%，干物质中蛋白质含量为 25%～33%，B 族维生素丰富，还含有维生素 B_{12} 及一些有利于动物生长的未知生长因子。

一、豆腐渣、酱油渣及粉渣

多为豆科籽实类加工副产品，干物质中粗蛋白质的含量在 20%以上，粗纤维较高。维生素缺乏，消化率也较低。这类饲料水分含量高，一般不宜存放过久，否则极易被霉菌及腐败菌污染变质。

二、酒糟

酒糟的营养价值高低因原料的种类不同而异。好的粮食酒糟和大麦啤酒糟要比薯类酒糟营养价值高 2 倍左右。酒糟含有丰富的蛋白质（19%～30%）、粗脂肪和丰富的 B 族维生素是奶牛的一种廉价饲料。酒糟中含有一些残留的酒精，对妊娠母牛不宜多喂，干酒糟用量占 5%～7%，鲜酒糟日喂量每头 7～8kg。

第四章

奶牛的消化生理

第一节　奶牛消化器官的构造及特点

奶牛属于反刍家畜。它的消化器官有口腔、食道、胃、小肠、大肠、盲肠、直肠及肝等器官。有以下 3 个特点：

第一，牛胃属于复式胃，由 4 个部分组成：第一胃，瘤胃，有背囊和腹囊；第二胃，网胃，内壁呈网状花纹；第三胃，重瓣胃；第四胃，皱胃，又称真胃。

第二，奶牛瘤胃中，生长繁殖很多的共生微生物，包括纤毛原虫和细菌。纤毛原虫和细菌，对于奶牛食入营养物质的消化与代谢都有帮助，是与奶牛相互依赖为生的共生微生物。

第三，奶牛胃的容量很大，占消化道总容量的 70%。特别是瘤胃，是消化道很重要的部分。

第二节　奶牛的消化生理特点

奶牛消化器官构造上的特点，产生了消化生理上的特点：

第一，奶牛反刍的生理特点。奶牛采食饲料经过一段时间后，把胃内饲料返回口腔，再细嚼后咽下，称为反刍。在反刍过程中，吞进唾液是瘤胃细菌所必需的养分。唾液属于碱性，可以中和胃酸，有利于微生物活动。

第二，瘤胃微生物影响奶牛的消化与营养的生理特点。奶牛瘤胃内的纤毛原虫和细菌对于奶牛消化帮助很大，可以将植物性蛋白质转变成细菌蛋白质和纤毛原虫蛋白质,然后被吸收。还可使饲料中的纤维素、淀粉和糖发酵,产生低级挥发性脂肪酸,参加体内代谢,供应能量,合成脂肪。瘤胃细菌可以合成 10 种必需氨基酸,瘤胃微生物可以合成 B 族维生素复体、维生素 K 与扁多酸、尼克酸等。因此,在配合饲料时,可以不必考虑这些营养成分的需要。

第三,奶牛食入饲料的纤维素的可消化部分,70％在瘤胃被消化,17％在盲肠消化,13％在结肠中消化。

第三节　奶牛瘤胃的营养特点

从能量转化角度看,瘤胃是一个能量转化器,具有供嫌气性微生物繁殖的连续接种和对粗纤维发酵降解的作用,其营养吸收特点与其内环境和微生物区系密切相关。

一、水和营养物质

瘤胃内容物含干物质 10％～15％,而含水 85％～90％。牛采食时摄入的粗饲料较重,大部分沉到瘤胃底部或进入网胃,草料较轻,主要积于瘤胃背囊,保持明显的层次性。瘤胃的水分除来源于饲料和饮水外,还有唾液和由瘤胃壁透入的液体。瘤胃水分具有强烈的双向扩散作用,与血液交换其量可超过瘤胃液体的 10 倍之多。喂颗粒料的牛,其流量平均每小时为 8.9kg,即一昼夜液体流量为瘤胃容积的 4.2 倍,或每隔 5～6h 瘤胃液更新一次（称其为周转率）。在不同的日粮类型和饲养条件下,瘤胃液容积不同。当牛处于干旱环境和长期禁饮的情况下,瘤胃的水分经血液运输至其他组织的作用加倍,瘤胃液减少。所以,瘤胃可看作体内的"蓄水库"和水的"转运站"。

二、渗透压

奶牛瘤胃渗透压为 300g/kg,接近血浆的水平,一般也比较稳定。瘤胃渗透压主要受饲养水平的影响，渗透压的升高还受饲料性质的制约。通常在饲喂前比血浆低，喂后 0.5～2h，则可达 360～400g/kg，这时体液由血液转运至瘤胃内。饮水使渗透压降低，数小时后逐步上升。喂粗料时，渗透压升高 20%～30%，食入易发酵的饲料或矿物质升高幅度更大。饲料在瘤胃内释放电解质以及发酵产生的低级挥发性脂肪酸和氨等，是瘤胃渗透压升高的主要原因。所以，吸收钠离子和挥发性脂肪酸是调节瘤胃渗透压升高的主要手段。继水分随唾液通过瘤胃以及溶质被吸收后，渗透压逐渐下降，于 3～4h 后降至饲喂前的原水平。

瘤胃液的溶质包括无机物和有机物。溶质来源于饲料、唾液和由瘤胃壁进入的液体及微生物代谢产物，主要是钾离子和钠离子（这两种离子变化成反比例关系）。

三、一定的 pH

瘤胃内 pH 变动在 5.0～7.5，在 pH 低于 6.5 时，对纤维素的消化不利。pH 的变化具有一定的规律，但受制于日粮类型和摄食后时间。pH 的波动曲线反映着有机酸和唾液的变化，一般喂后 2～6h 达最低值，昼夜间明显地出现周期性变动，白天显著较夜间高，影响瘤胃 pH 变化的主要因素如下：

1. 饲料种类　喂粗饲料时，瘤胃 pH 较高，喂精饲料和青贮饲料时，瘤胃 pH 较低。

2. 饲料加工　粗饲料经粉碎或制成颗粒后，由于唾液少，微生物活性增强，挥发性脂肪酸产量增加，pH 降低。精饲料加工后，也呈上述反应。

3. 饲养方式　增加采食量或饲喂次数，以及长时间放牧会使 pH 降低。

4. 环境温度　高温可抑制采食和瘤胃内发酵过程，导致 pH 升高。

5. 瘤胃部位背囊和网胃内 pH 比瘤胃其他部位高　此外，瘤胃液损失，pH 会增高。

四、缓冲能力

瘤胃具有比较稳定的缓冲系统，这与饲料、唾液和瘤胃壁的分泌有密切的关系，并受 pH、二氧化碳、挥发性脂肪酸浓度的控制。瘤胃 pH 为 6.8~7.8 时，缓冲能力良好，超出这一范围，则显著降低。缓冲能力的变化与瘤胃液内碳酸氢盐、磷酸盐和挥发性脂肪酸总浓度及相对浓度有关。在瘤胃 pH 正常的条件下，碳酸氢盐（pH 4~6）和磷酸盐（pH 6~8）起重要作用；但 pH 低时，挥发性脂肪酸起的作用较大，饲喂前缓冲能力低，饲喂 1h 后达最大值，然后逐渐下降到原来水平。

五、氧化还原

瘤胃内氧化还原电位经常保持在 300~400mV，这样的环境有利于瘤胃内经常活动的偏厌气性菌的栖息。氧化还原电位一般比较稳定，牛在摄食、饮水以及反刍时的再吞咽，会使大气中氧气趁机进入瘤胃，但随唾液流入的碳酸氢盐与发酵产物低级脂肪酸中和，可产生大量二氧化碳。瘤胃充满代谢产物二氧化碳和甲烷，随唾液进入瘤胃的氧被少量的好氧菌利用，因而维持了氧化还原电位的低水平，造成瘤胃缺氧环境，使厌气性微生物继续生存和发挥作用。

瘤胃液的氧化还原电位与 pH 间存在着密切的关系。瘤胃细菌是电子接受者，纤毛虫数量的变动与氧化还原电位基本一致，所以氧化还原电位值可以反映瘤胃微生物的活动程度。

六、瘤胃温度

瘤胃内容物在微生物作用下发酵，并放出热量，所以瘤胃内温度较体温高 1~2℃，通常为 38.5~40.0℃，但通过身体传导、呼吸及皮肤散热，使瘤胃温度不至于过高。腹囊比背囊温度高，饮水和供给冷的饲料，瘤胃温度会迅速下降，但由于体温供给的影响，很快得以恢复。瘤胃内壁存在温度感受器，所以瘤胃内温度对肌体温度以至整体生理机能调节有一定影响。

七、表面张力

饮水和表面活性剂（如洗涤剂、硅、脂肪）会降低瘤胃液的表面张力。表面张力和黏度都增高时会产生气泡，造成瘤胃气泡性膁气。饲料的种类和颗粒的大小对瘤胃液的黏度有影响，如用精饲料和小颗粒饲料饲喂奶牛时，黏度会升高。另外，瘤胃液的密度也比较稳定，平均为 $1.038kg/L$，在 $1.022\sim1.055kg/L$ 变动。

总之，瘤胃内环境的相对稳定，为微生物的活动、物质代谢和能量转化提供了条件。瘤胃食物通过微生物发酵、唾液、瘤胃壁的渗入和吸收以及食糜的排空等，使瘤胃内理化性质达到动态平衡，而这种动态平衡的维持是通过神经和体液调节来实现的。

第四节　奶牛瘤胃微生物的特点与作用

瘤胃是反刍动物体内的饲料处理工厂，饲料中有 $70\%\sim85\%$ 的可消化物质和 50% 的粗纤维在瘤胃内消化。因此，瘤胃（包括网胃）消化在反刍动物整个消化过程中占有特别重要的地位。瘤胃内所有进行的一系列复杂的消化代谢过程，微生物起着主导的作用。

一、瘤胃微生物的特点

瘤胃是供厌氧性微生物繁殖的良好的天然"发酵罐"，它具有以下特点：

1. 不断有食物和水分进入瘤胃，供给微生物所需的营养物质。

2. 节律性的瘤胃运动，将微生物和食物充分搅拌混合。

3. 温度在 38～40℃。由于微生物发酵作用产生大量的热，瘤胃内温度往往超过奶牛的体温，有时高达 39～42℃。由于瘤胃微生物产生的酸被随唾液进入的大量碳酸氢盐和磷酸盐所中和，发酵产生的大量挥发性脂肪酸随时被吸收，以及瘤胃内容物和血液系统间的离子平衡，使得瘤胃内 pH 通常维持在 6.0～7.0，并使瘤胃内容物保持和血液一样的渗透压。

4. 瘤胃具有高度厌氧条件，氧化还原电势保持在 250～450mV。瘤胃背囊中，通常含 CO_2 50%～70%，甲烷 20%～45%以及少量氮、氢、氧等。其中，少量的氧迅即被需氧微生物所利用。这些气体由微生物发酵所产生，一昼夜达 600～700L，除了一部分气体为微生物所利用外，大部分通过嗳气排出，当气体产生量超过排出量时，就形成了臌气。

瘤胃微生物的区系十分复杂，且常因饲料种类、给饲时间、个体差异等因素而变化。瘤胃微生物包括厌氧性纤毛虫和细菌两大类，前者主要有：均毛虫科（Holotrichidae）的绒毛虫属（*Dasytricha*）以及头毛虫科（Ophryoscolecidae）的双毛虫属（*Diplodinium*）、内毛虫属（*Entodinium*）。其中，以内毛虫和双毛虫为最多，占纤毛虫总数的 85%～98%。能分解纤维素的主要为双毛虫属。

瘤胃细菌的种类很多，其中能分解纤维素的主要有：产琥珀酸拟杆菌、小生纤维梭菌、黄色瘤胃球菌、白色瘤胃球菌、小瘤胃杆菌等；发酵淀粉和糖的主要有：牛链球菌、丁酸杆菌、丁酸弧菌属的一个种、反刍兽半月形单胞菌等；合成蛋白质的主要有：淀粉球菌、淀粉八叠球菌、淀粉螺旋菌和另外一些嗜碘微生物；合成维生素的主要有：维生瘤胃黄杆菌、丁酸梭菌等。

1g 瘤胃内容物中，含细菌 150 亿～250 亿个，纤毛虫 60万～100 万个，其总容积约占瘤胃液的 3.6%，其中细菌和纤毛虫各约占 50%（按容积计）。但就代谢活动的强度和其作用的重要性来说，则细菌远远超过纤毛虫。

　　瘤胃内多种细菌之间和细菌与纤毛虫之间彼此共生，共同作用，组成微生物区系。在各类微生物的协同作用下，完成饲料营养物的分解和利用。如纤毛虫生长必须利用瘤胃细菌的代谢产物，同时纤毛虫所产生的刺激素能提高细菌纤维素的能力。瘤胃微生物的共生关系对粗纤维的分解甚为重要。

二、瘤胃微生物的主要作用

　　1. 纤维素的分解　　动物没有纤维素酶，反刍动物饲料中的纤维素主要依靠瘤胃内的纤维素分解细菌和一部分纤毛虫，在与其他微生物协同作用下，逐段被分解，最终产生挥发性脂肪酸，被牛体所吸收利用。牛瘤胃内一昼夜所产生的挥发性脂肪酸，提供 6 000～12 000cal 热能，占牛体所需能量的 60%～70%。挥发性脂肪酸主要包括乙酸、丙酸和丁酸，其中乙酸和丁酸是生成乳脂的主要原料，被瘤胃吸收的丁酸约有 40% 为乳腺所利用。

　　2. 糖的分解与合成　　瘤胃微生物分解淀粉、葡萄糖和其他糖类，产生低级脂肪酸、CO_2 和甲烷等；同时，利用饲料分解产生的单糖和双糖合成糖原，储存于微生物体内，待微生物随食糜进入小肠被消化后，这种糖原又可被利用作为牛体的葡萄糖来源之一。奶牛吸收入血液的葡萄糖约有 60% 倍利用合成牛奶。

　　3. 蛋白质的分解与合成　　瘤胃微生物能利用简单的含氮物合成微生物蛋白质，估计一昼夜可合成 300～700g，占瘤胃蛋白质的 20%～30%。因此，畜牧业生产中可利用尿素或铵盐来代替日粮中的一部分蛋白质饲料。另外，饲料中的蛋白质在瘤胃内可被分解为氨基酸、氨和酸类等，因此将饲料蛋白经甲醛处理后，使其不易被瘤胃微生物分解，待排入小肠后再被消化，可提高饲料蛋白的利用率。

　　4. 维生素合成　　瘤胃微生物能合成 B 族维生素和维生素 K等，所以日粮中缺乏此类维生素，并不影响牛体健康。

第五章

奶牛的生殖生理

第一节　奶牛的生殖系统

一、母牛的生殖系统

母牛的生殖器官包括卵巢、输卵管、子宫、阴道和外生殖器官。内生殖器官位于骨盆腔和腹腔内。上面是直肠和小肠，下面是膀胱。初产牛和胎次少的母牛位于骨盆腔内，胎次多的老牛位于腹腔内。

1. 卵巢　卵巢的作用是产生卵子分泌雌激素和孕酮。牛卵巢位于子宫角尖端外侧的下方，初产和胎次少的母牛，均在耻骨前缘之后。胎次多的母牛，子宫角因胎次多逐渐沉入腹腔，卵巢也随之前移至耻骨前缘的前下方。左右各有 1 个卵巢。

牛的卵巢为稍扁的椭圆形，附着在卵黄系膜上。中等大小的牛，卵巢平均长 2～3cm，宽 1.5～2cm，厚 1～1.5cm。

卵巢由皮腩和髓质两部分组成。皮质含有卵泡和处在不同发育或退化阶段的黄体。卵巢的髓质由结缔组织构成，内含有许多细小血管和神经。

卵巢的生理作用：一是卵泡的发育和排卵（初级卵母细胞-次级卵母细胞-生长卵泡-成熟卵泡）。二是分泌雌激素和孕酮。分泌的激素是引起母牛发情的直接因素；排卵后，在排卵处颗粒细胞形成皱褶，增生的颗粒细胞形成索状，从卵泡腔周围辐射状伸延到腔的中央形成黄体，黄体分泌孕酮，是维持妊娠所必需的激素之一。

2. 输卵管　输卵管是精子进入壶腹部和受精卵进入子宫的通道以及精卵受精的场所。输卵管在输卵管系膜内。悬挂在腹腔中，是一条弯曲较多的管道。

输卵管的生理作用：一是承受并运送卵子，促进精卵结合。二是完成精子获能，精卵结合受精，以及卵裂均在输卵内进行。三是分泌功能，输卵管的分泌细胞在卵巢激素的影响下，在不同生理阶段，分泌量有很大的变化。

3. 子宫　牛的子宫属对分子宫，分为子宫角、子宫体和子宫颈。牛的子宫位于骨盆腔内，经产母牛子宫角多位于腹腔内，整个子宫好似一个绵羊角。

（1）子宫角。牛的子宫角尖端与输卵管相通，后部汇通于子宫体，是个前细后粗的管道。牛子宫角长 20～40cm，有大小 2 个弯，大弯游离，小弯供子宫韧带附着，血管神经由此出入。两角基之间的纵隔上有一沟，称角间沟。子宫角黏膜上有突出于表面的半圆形子宫阜 70～120 个，阜上没有子宫腺，其深部有血管。妊娠时子宫阜即发育为母体胎盘。

（2）子宫体。牛的子宫体位于子宫与子宫颈之间，前端与子宫角相通，后部与子宫颈相连。子宫、体长 3～4cm，与子宫角的比例为 1：10。

（3）子宫颈。子宫颈的前端和子宫角相通，为子宫颈的内口，后端突入阴道，形成子宫颈阴道部，阴道部的开口为子宫颈外口。牛的子宫颈长 5～10cm，粗 3～4cm，壁厚而硬，在不发情时封闭很紧，发情时也只能稍为开放。子宫颈阴道部粗壮，伸入阴道 2～3cm，黏膜上的放射状皱褶，如菜花状。子宫颈肌的环状层很厚，分为 2 层，内层和黏膜固有层构成 2～5 个皱褶，彼此嵌合。

（4）子宫的生理作用。

①发情时，子宫有节律地收缩运送精子，分娩时以其强力阵缩而娩出胎儿。

②子宫内膜的分泌物，可为精子的获能提供环境，又可供孕体的营养需要。子宫是胎儿发育的场所。

③对卵巢机能的影响，在发情季节，子宫角内膜分泌前列腺素 F2α 对同侧卵巢黄体有溶解作用，导致发情。

④子宫颈是子宫的门户，在不同的生理状态下，执行启闭作用。子宫颈是经常关闭的，以防止异物进入子宫。发情时稍开放，以利于精子进入，同时子宫颈大量分泌黏液，是交配时的润滑剂。妊娠时，子宫颈柱状细胞分泌黏液闭塞子宫颈管，防止感染物侵入。分娩时，颈管扩张，以利于胎儿排出。

⑤子宫颈是精子的选择性储存库之一，子宫颈黏膜将一些精子导入子宫颈隐窝内。子宫颈可以滤剔缺损和不活动的精子，是防止过多精子进入受精部位的第一栅栏（人工授精此作用不存在）。

4. 阴道　阴道为母牛的交配器官，也是子宫和尿道的排出管。阴道的背侧为直肠，腹侧为膀胱和尿道。前端有子宫颈阴道部突入其中，子宫颈阴道部周围的阴道称为阴道穹隆。牛的阴道长约 25（22～28）cm。

阴道在母牛的本交过程中起重要的作用，是母牛的交配器官，精液在该处凝集。阴道又是分娩时的通道，阴道狭窄，能保护生殖道免受微生物的入侵。

5. 外生殖器官　外生殖器官有尿生殖前庭、阴唇和阴蒂。

（1）尿生殖前庭。尿生殖前庭是从阴瓣到阴门裂的短管，长10cm，在前庭两侧壁黏膜下层有前庭大腺，发情时分泌增多。

（2）阴唇和阴蒂。阴唇为母牛生殖道的最后部分，左右 2 片阴唇构成阴门。阴门下端内有阴蒂窝，内有阴蒂。阴蒂黏膜有许多感觉神经末梢。阴蒂、阴唇和阴门统称为外阴部。

二、生殖激素

激素是由体内一部分细胞产生的化学物质，它们被释放到细胞外，通过血液循环或扩散转运到靶细胞而发挥调节作用。一般把直接作用于生殖活动与生殖机能关系密切的激素称为生殖激素。

1. 生殖激素与家畜繁殖的关系

（1）生殖激素即是那些直接作用生殖活动，并以调节生殖过程为主要功能的激素。

（2）家畜的生殖活动是相当复杂的过程，母畜的发情、卵子发生、卵泡的发育、卵子的成熟、排卵、妊娠、分娩等；公畜精子的发生、性行为等都是生殖激素调节的结果。

（3）生殖激素若出现分泌紊乱，就会导致家畜繁殖的失败。因此，生殖激素在家畜生殖活动的调节方面具有特殊重要的作用，是绝对不可缺少的。

（4）近年来，利用生殖激素调控家畜的生殖活动，得到了迅速发展和广泛的应用，如诱发发情、超数排卵、同期发情、胚胎移植、诱发分娩等繁殖技术的应用。还可用于治疗某些原因引起的繁殖障碍性疾病。因此，生殖激素制剂及其类似物在家畜繁殖技术上被广泛应用。

2. 生殖激素作用特点

（1）特异性。激素与体内相应的受体结合才能发挥作用。

（2）高效性。浓度很低的情况下就能表现强大的生物学作用。

作用的强弱与年龄、遗传、个体营养和生理状态有关。

3. 生殖激素的来源和功能　见表 5-1。

（1）丘脑下部的释放激素：GnRH。

（2）垂体促性腺激素：FSH、LH、OXT。

（3）性腺激素、雌激素、孕激素。

（4）胎盘激素：PMSG、HCG。

（5）局部激素：PG。

表 5-1　生殖激素的种类、来源及主要功能

种类	名称	简称	来源	主要作用	化学特性
神经激素	促性腺素释放激素 促乳素释放因子 促乳素抑制因子 促甲状腺素释放激素 松果腺激素 催产素	GnRH PRF PIF TRH OXT	下丘脑 下丘脑 下丘脑 下丘脑 松果腺 下丘脑合成，垂体后叶释放	促进垂体前叶释放促黄体素（LH）及促卵泡素（FSH） 促进垂体前叶释放促乳素 抑制垂体前叶释放促乳素 促进垂体前叶释放甲状腺素 TSH 和促乳素 抑制哺乳动物性成熟 将外界周期性的光照刺激转变为内分泌信息 子宫收缩，排乳	十肽 三肽 小分子肽或氨基酸衍生物 九肽
垂体促性腺激素	促卵泡素（卵泡刺激素或促卵泡成熟素） 促黄体素（黄体生成素或间质细胞刺激素） 促乳素（催乳素或黄体分泌素）	FSH LH 或 ICSH PRL（LTH）	垂体前叶 垂体前叶 垂体前叶	促使卵泡发育成熟，促进精子发生 促使卵泡排卵，形成黄体；促进孕酮，雌激素及雄激素的分泌 促进黄体分泌孕酮，刺激乳腺发育及泌乳，促进睾酮的分泌	糖蛋白 糖蛋白 蛋白质
性腺激素	雌激素（雌二醇为主） 孕激素（孕酮为主） 雄激素（睾酮为主） 松弛素 抑制素		卵巢胎盘 卵巢黄体胎盘 睾丸间质细胞 卵巢胎盘睾丸，卵巢	促进发情行为，反馈控制促性腺管道发育，雌性生殖管道发育，增强子宫收缩力节与雌激素共同作用于发情行为 维持雄性第二特征、副性器官，刺激精子发生，性欲，好斗性 促进子宫颈、耻骨联合、骨盆韧带松弛，妊娠后期保持子宫松弛 参与性别分化、抑制 FSH 或 LH 分泌及作用等	类固醇 类固醇 类固醇 多肽 多肽

（续）

种类	名称	简称	来源	主要作用	化学特性
胎盘促性腺素	绒毛膜促性腺激素（人）	HCG	灵长类胎盘绒毛膜	与 LH 相似	糖蛋白
	孕马血清促性腺激素	PMSG	马胎盘	与 FSH 相似	糖蛋白
其他	前列腺素	PGs	广泛分布，精液最多	多种生理作用，溶黄体作用	不饱和脂肪酸
	外激素			不同个体间的化学通信物质	

三、主要生殖激素的作用

1. 促性腺激素释放激素（GnRH）的生理作用　生理剂量主要引起垂体 LH 和 FSH 的合成与释放，但以对 LH 的刺激为主；长时间或大剂量应用 GnRH 或高活性类似物，会产生抗生育作用，即抑制排卵、延长着床、阻碍妊娠，甚至引起卵巢和睾丸的萎缩。

2. 催产素（OXT）的生理作用　下丘脑合成，垂体后叶释放。强烈刺激子宫平滑肌收缩，是催产的主要激素，其催产素名称也由此而来；能有力地刺激乳腺导管肌上皮组织细胞收缩，引起"排乳"。

3. 促卵泡素（FSH）生理作用　生理条件下，FSH 和 LH 具有协同作用；刺激卵泡生长和发育，促进卵泡成熟和排卵，促进生精上皮的发育和精子形成。

4. 促黄体素（LH）生理作用　在促卵泡素的基础上，促进卵泡成熟并引起排卵；促进黄体的形成；刺激睾丸间质细胞合成和分泌睾酮。

5. 促乳素（PRL）生理作用　与雌激素协同作用于乳腺导管系统；与孕酮共同作用于腺泡系统；与皮质类固醇激素一起激

发和维持泌乳活动；促使黄体分泌孕酮。

6. 雄激素（睾酮）**生理作用** 刺激精子的发生；延长附睾中精子的寿命；促进雄性副性腺器官的发育和分泌机能，如前列腺、精囊腺、尿道球腺、输精管、阴茎和阴囊等；促进雄性第二性征的表现；促进雄性的性欲表现；抑制垂体（通过对下丘脑的负反馈作用）分泌过多的促性腺激素，以保持体内激素的平衡状态。

7. 雌激素的生理作用 在发情期促使母畜表现发情和生殖道的生理变化；促进乳腺管状系统增长（有时也能促进腺泡增长）；促使长骨骺部骨化，抑制长骨生长（因而成熟的雌性个体较雄性的小）；可使雄性个体睾丸萎缩，副性器官退化，最后造成不育（化学去势）。

8. 孕激素（孕酮）**生理作用** 促进子宫黏膜层加厚，腺体弯曲度增加，分泌功能增强（有利于胚泡着床）；抑制子宫的自发性活动；降低子宫肌层的兴奋作用（如对催产素的反应），可促使胎盘的发育，维持正常妊娠；大量孕酮对雌激素有拮抗作用，可抑制发情活动，少量则与雌激素有协同作用，可促使发情表现；促使子宫颈口收缩，子宫颈黏液变黏稠（防止外物侵入，有利于保胎）。

9. 孕马血清促性腺激素（PMSG） 孕马血清促性腺激素和垂体分泌的 FSH 的功能很相似，有着明显的促卵泡作用。由于它可能还含有类似 LH 的成分，因此它有一定的促排卵和黄体形成的功能。

10. 绒毛膜促性腺激素（HCG） HCG 对动物的作用与 LH 很相似。它对人体的正常生理功能目前尚不太清楚，因为大多数动物的胎盘并不产生此类促性腺激素，但当用这种激素处理其他动物时，则具有促使卵泡成熟、排卵和形成黄体的作用（对未成熟的雌性个体也是如此），并能刺激间质细胞发育。

11. 前列腺激素（PG） 现已确知的天然前列腺素分为 A、

B、C、D、E、F、G、H 等型，和 PG_1、PG_2、PG_3 三类。$PGF2\alpha$ 在繁殖方面有重要作用，其主要作用：溶解黄体和刺激子宫收缩的作用。

12. 外激素　主要有物理性的——触觉、听觉、视觉等感官进行信息交换。另一类是化学性的——溶于空气的水中，靠嗅觉和味觉器官接受刺激。

第二节　发情鉴定技术

世界上的奶牛品种主要以黑白花奶牛为主。黑白花奶牛体型最大，产奶量也最高。因此，黑白花奶牛在世界上分布最广，数量最多。如何抓好奶牛的配种繁殖技术是发展奶牛产业的关键。要想使奶牛保持正常的生产性能，就要保证奶牛的正常生理机能，要进行适时的配种和做好奶牛的发情鉴定工作，最后达到连年产犊的目的。

研究证明，奶牛的不孕症中，70％以上是饲养管理失误造成的，所以要实行科学的饲养方法，增强母牛的体质，从而提高奶牛的受胎率。要想获得更多的高产后备奶牛，做好平时的发情鉴定和进行适宜的配种显得尤其重要，这也是当前奶牛饲养者应当更加关注的问题。

只有做好了奶牛的发情鉴定和适时的配种，才有可能获得更多的高产奶牛和生产更多的优质牛奶，也为培育优秀的后备母牛群奠定了基础，从而获得更多的收益。在奶牛生产中繁殖状况的好坏直接关系到奶牛的及时更新和产量的提高。

影响奶牛繁殖问题主要有遗传性、激素紊乱、子宫炎症、营养、人工授精技术、精液质量、生理缺陷等。母牛性成熟后，每隔 21d 发情 1 次，每次发情持续时间，黑白花奶牛平均为 6～36h，母牛出现第一次发情，尚不能配种，因刚达到性成熟，个体较小，处于生长发育阶段，必须等到体重达到成年体重的

70%时，才能进行第一次配种。

健康牛群在正常饲养管理条件下，一般母牛具有正常发情周期和明显的发情表现，而某些饲养管理较差，严冬盛夏季节的舍饲牛群，产奶量高的母牛往往会出现发情不规律和发情表现不明显等情况，给发情鉴定带来一定的困难。因此，提高母牛发情鉴定的技术水平，掌握有关方法十分必要。奶牛发情鉴定的目的是将发情母牛找出来，进行适时配种，提高受胎率。

一、母牛的发情

1. 性成熟　牛生长到一定年龄，其生殖器官发育基本完成，开始产生有生殖能力的性细胞（精子或卵子），并分泌性激素，具备了生殖后代的能力，这就是性成熟。一般情况下，母牛在8～10月龄开始性成熟，但母牛配种要求在18～24月龄。

2. 发情周期和发情持续期

（1）发情周期。相邻两次发情的间隔时间称为一个发情周期。通常以两次发情开始的间隔天数作为发情周期。

母牛的发情周期包括发情初期、发情盛期、发情末期和休情期4个阶段，各阶段没有明显的界线，由于牛的品种、个体情况、年龄、季节和饲养管理条件不同，发情周期也不一样，牛的发情周期一般为18～23d，平均为21d。

（2）发情持续期。发情持续期就是母牛有发情表现的全部过程所需要的时间。

在有公牛的情况下，指有公牛跟随开始到无公牛跟随为止的这段时间，母牛的发情持续期一般为6～36h，平均18h。

母牛的发情过程就是生殖激素调节的过程。

3. 母牛的发情特点　母牛发情与其他家畜不同，其以下几个特点：

（1）发情持续时间短。奶牛的发情期更短。

（2）排卵在交配之后。绝大多数母牛在发情结束之后6～

14h（平均 10h）排卵。

（3）母牛发情后有出血现象（排红）。其中以青年牛和营养好的牛多见，出血量也较多，一般发生在排卵后 8～16h。

4. 母牛的发情表现

（1）母牛的典型发情具有 4 个方面的特征。卵巢上卵泡正在成熟；生殖道黏膜充血、肿胀、黏液增多并排出，子宫颈口开放；精神兴奋，活动性增强，食欲减退，奶牛泌乳量降低；性兴奋，爬跨其他牛或接受其他牛爬跨。但有个别牛由于生理、病理或其他原因，可能出现排卵不发情的母牛——隐性发情。

（2）母牛发情的具体表现。

①发情初期（跑栏期）。发情母牛精神敏感，耳朵竖立，眼光发贼，举动不安，有时哞叫，摆尾，食欲减退，奶牛产奶下降，嗅它牛阴门，爬跨它牛但不接受它牛爬跨，阴门开始肿胀，从阴门流出蛋清样清亮的黏液，黏性差不成线。此期持续6～12h。

②发情盛期（稳栏期）。母牛极度兴奋，性欲旺盛，哞叫，举尾拱腰，排尿频繁，食欲废绝，接受爬跨，爬跨它牛时非常兴奋，阴唇肿胀皱褶展开，阴门湿润，流出大量白色蛋清样黏稠的黏液，牵缕性强。这个时期持续 15～18h。

③发情末期（过颈期）。发情母牛逐渐恢复常态，哞叫、举尾、拱腰、频尿等表现消失，采食正常，拒绝爬跨，但公牛跟随，阴唇肿胀开始消失，从阴门流出少而黏稠的黏液，混浊，颜色由浅黄逐渐变为灰白，牵缕性差，呈糊状。这个时期持续6～8h。

④持续发情。

a. 卵巢囊肿。由于不排卵的卵泡增生、肿大，卵泡持续分泌雌激素，使母牛出现了持续的发情表现。

b. 卵泡交替发育。开始在一侧有发育的卵泡，同时分泌雌激素使母牛有发情表现，但随后另一则卵巢上的卵泡开始发育，前一卵泡发育中断，后一卵泡继续发育，这样交替分泌雌激素，母牛便出现持续的发情状态。

⑤妊娠后发情。属于假发情，有的母牛妊娠后 4～5 个月，突然出现发情表现。

⑥不发情。是既没有发情表现又不排卵。母牛常因营养不良、卵巢疾病、子宫疾病乃至全身疾病而不发情。处于泌乳盛期的高产奶牛和过度使役的母牛也往往不发情。异性双生的母牛不发情。

（3）异常发情。

①静默发情（隐情发情）。母牛虽有发情排卵，但没有发情表现或表现不明显。

②假发情。外表有明显发情表现，但不排卵。

③断续发情。母牛已发情，并在出现发情表现后，因卵泡发育过程中受到刺激而中途停止发育，发情表现也随之消失，之后 7～10d，卵泡又继续发育，并又随之出现发情表现，此时配种可妊娠。

二、奶牛发情鉴定方法

1. 外部观察　主要根据母牛的外部表现和精神状态来观察判断母牛的发情状况。

（1）发情前期。发情前期，母牛表现不安，从阴道中流出稀薄透明的黏液，比较敏感易躁动，活动量增加。而未发情的母牛比较懒散，发情早期母牛哞叫频繁，放牧时经常离群，频繁走动，两耳直立弓背，腰部凹陷。闻嗅其他母牛的生殖器官，体温升高。发情早期母牛常常追赶其他母牛试图爬跨，在凉爽的季节以及其他母牛存在的条件下爬跨频率比较高，但其本身并不接受其他牛爬跨。发情母牛可能饲料摄入量下降，有些发情母牛在挤奶时紧张，产奶量下降有时也可作为某些母牛的发情征兆。

（2）发情中期。阴门出现湿润且有轻度红肿和松弛。这一阶段持续时间为发情旺期，母牛愿意接受其他牛爬跨，并且在被其他牛爬跨时站立不动，后肢叉开并举尾。旺情期母牛的子宫颈和阴道分泌大量蛋白样黏液并从阴门处流出，经常可见阴门处有黏液分泌物，并常黏在尾上，有时在母牛臀部粪尿沟处也可见清亮黏液，黏液具有很强的牵缕性。

（3）发情后期。接近排卵时，部分母牛会继续表现发情行为，母牛不愿接受爬跨，但表现发情早期时的征兆，发情母牛被其他母牛闻嗅或有时闻嗅其他母牛。有透明黏液从阴门流出，量少，黏性差，乳白色而浓稠，尾部有干燥的黏液。不管气候条件如何或母牛是否配种受孕，发情结束后 2d 左右，一些母牛可能从阴门流出带血的黏液。假如发情没有被发现，出血时才给母牛配种就太晚了，这个特征可帮助确定漏配的发情牛，为跟踪下次发情日期或者为应用前列腺素调整发情日期提供了可靠依据。在爬跨牛当中，发情牛只占一部分，另外还有的牛并不是发情牛，它们是妊娠牛和空怀牛。

值得一提的是，在被爬跨牛当中，应该说绝大多数是发情牛，但也有少数是非发情牛。许多研究结果表明爬跨频率在白天最低而夜间最高。研究证明，大多数的爬跨行为发生在傍晚到凌晨。

2. 试情法　利用试情公牛，根据母牛的性欲表现来判断发情的状况。通常将结扎输精管的试情公牛按 1：20 的比例放入牛群中，以此来发现发情母牛。

3. 直肠检查法　直肠检查法通过直肠壁触摸母牛卵巢上卵泡发育的情况来判断母牛发情的进程，以确定输精的时间。此法具有准确、有效的特点。但由于这项检查比较烦琐，劳动强度大而多用于发情表现不甚明显或输精后再发情的母牛。个体饲养的奶牛群体小难于观察时也常用此法。直肠检查技术需要有较长时间的训练和实践过程才能熟练掌握。将手伸入母牛直肠内，隔着直肠壁触摸卵泡的发育程度，以判断母牛发情的情况。母牛的卵泡较小，发育的过程也短些，但突出于卵巢的表面，较易触摸。对于母牛在发育过程中卵泡的发育可分为出现期、发育期、成熟期和排卵期。母牛发情时，通过直肠检查，可摸到有黄豆大小的卵泡突出于卵巢表面。如果卵巢表面光滑，且有波动感，表明卵泡已经发育成熟即将排卵，是配种的最好时间。奶牛的卵泡发育可分为 4 期，特点分别是：第一期（卵泡出现期），卵巢稍增大，卵泡直径为 0.50～0.75cm，触诊时感觉卵巢上有一隆起的软化点，但波动不明显，此时母牛开始有发情表现。第二期（卵泡发育期），卵泡增大到 1.0～1.5cm，呈小球状，波动明显，突出于卵巢表面，此时母牛发情表现明显。第三期（卵泡成熟期），卵泡不再增大，但卵泡壁变薄，紧张性增加，触诊时有一触即破的感觉，似熟葡萄。第四期（排卵期），卵泡破裂，卵泡液流失，卵巢上留下一个明显的凹陷区或扁平区。排卵多发生在性欲消失后 10～15h，夜间排卵较白天多，右边卵巢排卵较左边多。排卵后 6～8h 可摸到肉样感觉的黄体，其直径为 0.5～0.8cm。

以上 3 种鉴定方法，以直肠检查法最可靠，是确定适时配种的最好依据。

三、配种

母牛发情后最适宜的配种时间应在性欲结束时进行第一次输精，间隔 8～12h 进行第二次输精。在生产实践中，准确掌握母牛性欲结束是比较困难的，但性欲高潮容易观察，应根据母牛接受爬跨情况来判定适宜的配种时间。黑白花奶牛一般采用早上爬跨，下午配种，翌日上午视其情况再复配 1 次，下午爬跨，翌日早上配种，下午务必再复配 1 次。育成牛的初配时间过早配种会影响母牛的生长发育及头胎产奶量，过晚配种会影响受胎率，增加饲养成本。缩短了产犊间隔，节约了成本，提高了牧场生产效益。产犊后配种时间成母牛产后第一次配种时间要适宜，低产牛可适当提前，高产牛可适当推迟，但过早或过晚配种都可能影响受胎率。奶牛理想的繁殖周期是一年产一胎。胎间距过短,影响当胎产奶量。胎间距过长,影响终生产奶量。适宜的输精时间为发情开始后或排卵前旺情期之后进行人工授精,母牛的受孕率最高。一般掌握清晨观察到奶牛发情当天傍晚输精,傍晚观察到奶牛发情翌日清晨输精。情期内输精两次为宜。输精次数和间隔时间是依据输精时间与母畜排卵时间的间距以及精子在母畜生殖道内保持受精能力的时间长短决定。

配种方法主要有自然交配和人工授精两种。

1. 自然交配 指发情母牛直接与公牛交配。

2. 人工授精 人工授精是用冷冻精液进行的一种授精方法。现在供应的冷冻精液多为细管,可将其直接投入 38～40℃温水中,见管内精液颜色改变,立即取出,剪去封口的一端,然后直接装在专用的细管金属输精器上,用直肠把握授精法进行输精。使用人工授精技术将精子放置在母畜生殖道内精子仅仅可以存活数小时,需要掌握适时的输精时间,同时强调适时配种,做到适时输精。在人工授精过程中,准确的发情鉴定和适时的配种是使母牛受胎并维持高繁殖率的关键。

第三节 同期发情技术

同期发情是利用某些激素制剂,人为地控制并调整一群母牛发情周期,使之在预定的时间内集中发情,以便有计划地合理组织配种。同期发情有利于开展人工授精,能更广泛地应用冷冻精液;便于合理组织大规模生产和科学化管理,节省人力、物力,提高母牛的繁殖率;应用同期发情可使供体和受体处于相同的生理状态,有利于胚胎移植时胚胎的生长发育,因此是胚胎移植技术重要的一环。

母牛同期发情的意义在于有利于推广人工授精。如果能在短时间内使畜群集中发情,就可以根据预定的日程巡回进行定期配种。便于畜牧业生产。控制母牛同期发情，可使母牛配种、妊娠、分娩及幼畜的培育时间相对集中，便于成批组织母牛生产，能够提高母牛的繁殖率。同期发情不但用于周期性发情的母牛，而且也能使乏情状态的母畜出现性周期活动，从而提高繁殖率。同期发情是对母牛群体进行大规模胚胎移植的基础，是母牛生物工程的基础工作。

一、同期发情的原理

母牛的发情周期根据卵巢的形态和机能大体可分为卵泡期和黄体期两个阶段。卵泡期是指在周期性黄体退化继而血液中孕酮水平显著下降之后，卵巢中的卵泡迅速生长发育、成熟，进入排卵时期。而在黄体期内，由于在黄体分泌的孕酮作用下，卵泡的发育成熟受到抑制，在未受精的情况下，黄体维持一定的时间（一般是 10 余天）后即行退化，随后出现另一个卵泡期。由此可见，黄体期的结束是卵泡期到来的前提条件，相对高的孕酮水平可抑制发情。一旦孕酮的水平降到很低，卵泡便开始迅速生长发育。卵泡期和黄体期的更替及反复出现构成了母牛发情周期的循环。

自然状况下，母牛排卵后，在卵巢的原排卵位置会形成黄体，黄体分泌孕激素，抑制卵泡的生长，从而一直发情。黄体形成后，母牛若受孕，则黄体将持续存在，直至分娩。若未受孕，黄体则存在一段时间即被体内的激素溶解掉而消失，母牛进入下一个发情周期。同期发情的原理就是人为地向母牛体内注射溶解黄体的激素，使黄体被溶解，卵泡则同时开始生长，同时排卵，从而达到同期发情的目的。

同期发情就是通过利用激素及其类似物，有意识地干预母牛的发情过程，使母牛发情周期的进程调整到相同阶段。同期发情的效果，一方面与所用激素的种类、质量以及投药方式有关；另一方面也决定于奶牛的体况、繁殖机能和季节。同期发情处理后，有可能使乏情的奶牛出现正常的发情周期，繁殖率提高。

在自然状态下，单个母牛的发情是随机的，在一个大群体的未孕成年母牛群中，每天有 1/21 左右的母牛表现发情。人为地控制母牛卵巢上黄体的消长就可以改变这种发情的随机性，使一群母牛按照人们的意愿发情和排卵。同期发情通常有两种途径：一是延长黄体期，通过孕激素延长母牛的黄体作用时间而抑制卵泡的生长发育，经过一定时间后同时停药，由于卵巢失去外源性孕激素的控制，则可使卵泡同时发育，母牛同期发情；另一种途径是缩短黄体期，是通过前列腺素溶解黄体，使黄体提前摆脱体内孕激素的控制，从而使卵泡同时发育，达到同期发情排卵。人工延长黄体期或缩短黄体期是目前进行同期发情所采用的两种技术途径。

1. 延长黄体期的同期发情方法　对一个群体的母牛同时用孕激素进行处理，处理期间母牛卵巢上的周期性黄体退化。由于外源激素的作用，卵泡发育受到抑制而不能成熟。如果外源孕激素处理的时间过长，则处理期间所有母牛的黄体都会消退并且无卵泡发育至成熟。所有母牛同时解除孕激素的抑制，则可在同一时期发情。

目前，多采用孕激素处理 9～12d，处理后不能使全部母牛的黄体消退，因此可以在孕激素处理开始时给予一定剂量的雌激素，以加速黄体溶解，缩短黄体期，提高孕激素处理结束后卵泡发育的同期率。

2. 缩短黄体期的同期发情方法　消除母牛卵巢上黄体最有效的方法是利用前列腺素及其类似物（PGs）。母牛用 PGs 处理后，黄体消退，卵泡发育成熟，从而发情。

各种家畜对 PG 的敏感程度不一样，牛的黄体必须在上次排卵后第五天才对 PG 敏感，故一次 PG 处理后牛的理论发情率为 16/21。使用 PG 两次处理法，可以克服一次处理中有部分母牛不能同期发情的不足，通常在第一次处理后 9～12d 再做第二次处理，用于牛和羊的同期发情，可以获得较高的同期发情率和配种受胎率。

二、同期发情常用的激素

1. 抑制卵泡发育的激素　主要有孕酮、甲孕酮、甲地孕酮、氯地孕酮、醋酸氟孕酮、18-甲基炔诺酮和16-次甲基甲地孕酮等。这类药物的用药期可分为长期（14～21d）和短期（8～12d）两种，一般不超过一个正常发情周期。

2. 溶解黄体的激素　前列腺素如PGF2α和氯前列烯醇均具有显著的溶解黄体作用，在用于同期发情处理时，只限于处在黄体期的母畜有效。

3. 促进卵泡发育、排卵的制剂　在使用同期发情药物的同时，如果配合使用促性腺激素，则可以增强发情同期化和提高发情率，并促使卵泡更好地成熟和排卵。这类药物常用的有孕马血清促性腺激素、人绒毛膜促性腺激素、促卵泡素、促黄体素和促性腺激素释放激素等。

前两类制剂是在不同情况下分别使用；第三类制剂是为了使母牛发情有较好的准确性和同期性，配合前两类制剂使用。

三、同期发情的方法

1. 母牛的选择　选择年龄适合、健康、中等膘情以上、正处于黄体期的奶牛。

2. 牛群规模　每次同期发情的适宜规模为：每个输配人员50～80头。

3. 时间选择　在太冷、太热的季节不宜进行牛的同期发情工作，药物处理时要避开牛的使役期。最佳的时间是在秋季，膘情好的黄牛也可在春季开展同期发情工作。

4. 方法

（1）孕激素及其类似物处理法。目前，进行奶牛同期发情较常用的孕激素及其类似物处理方法有阴道栓塞法、埋植法、口服法和注射法。

①阴道栓塞法。阴道栓塞法的优点是药效能持续地发挥作用，投药简单；缺点是容易发生药塞脱落。具体方法：将一块清洁柔软的塑料或海绵切成直径约10cm、厚2cm的圆饼，拴上细线，严格消毒后吸取一定量溶于植物油中的孕激素，再以长柄钳塞入母牛阴道深部子宫颈口处（将线引至阴门外），放置数天后取出，这样孕激素能不断地被阴道黏膜所吸收。孕激素参考剂量为孕酮400～1 000mg，甲孕酮120～200mg，甲地孕酮150～200mg，氯地孕酮60～100mg，醋酸氟孕酮180～240mg，18-甲基炔诺酮100～150mg。在取塞的当天，肌内注射孕马血清促性腺激素（PMSG）800～1 000IU，用药后2～4d多数母牛即可发情，但第一次发情时配种受胎率很低，至第二次自然发情时配种受胎率明显提高。

孕激素的处理时间，有短期（9～12d）和长期（16～18d）两种。短期处理的同期发情率偏低，而受胎率接近或相当正常水平；长期处理的同期发情率较高，但受胎率较低。如在短期处理开始时，肌内注射3～5mg雌二醇和50～250mg孕酮或其他孕激素制剂，可提高发情同期化的程度。当使用硅胶环时，可在环内附一含上述量雌二醇和孕酮的胶囊，以代替注射，胶囊融化快，激素很快被组织吸收。经孕激素处理后3～4d，大多数母牛会发情排卵。

②埋植法。目前，较常用的是18-甲基炔诺酮埋植法。具体方法为：将20mg 18-甲基快诺酮装入直径2mm、长15～18mm且管壁有孔的细塑料管中，也可吸附于硅胶棒中或制成专用的埋植复合物，利用特制的套管针或埋植器（与埋植物相配套）埋于奶牛耳背皮下，经一定的时间（通常为12d）取出。埋植同时皮下注射3～5IU雌二醇。取管时，肌内注射孕马血清促性腺激素800～1 000IU，2～4d后母牛即会发情。

③口服法。每天将一定量的孕激素均匀地拌在饲料内，连续喂数天后停喂，可在几天内使大多数母牛发情。但单个饲喂比较准确，可用于精细管理的舍饲母牛。

④注射法。每天肌内或皮下注射一定量的孕激素，经一定时期后停药，母牛即可在几天后发情。此方法剂量准确，但操作烦琐。

（2）前列腺素及其类似物处理法。使用前列腺素 F2α 及其类似物溶解黄体，人为缩短黄体期，使孕酮水平下降，从而达到同期发情。投药方式有肌内注射和子宫内注射两种。多数母牛在处理后的 2～5d 发情。该方法适用于发情 5～18d、卵巢上有黄体存在的母牛，无黄体者不起作用。

前列腺素 F2α 及其类似物的用量：国产 15-甲基前列腺素 F2α，子宫注入 3～5mg 或肌内注射 10～20mg；国产氯前列烯醇，子宫注入 0.2mg 或肌内注射 0.5mg。

在前列腺素处理的同时，配合使用孕马血清促性腺激素、促性腺激素释放激素（GnRH）或其他类似物，可使发情提前或集中，提高发情率和受胎率。

用前列腺素处理，对部分无反应的母牛可采用两次处理法，即在第一次处理后 11～13d 进行第二次处理。第二次处理时，所有母牛均处于黄体期，2～5d 能使母牛都发情。由于前列腺素有溶黄体作用，已怀孕母牛注射后会发生流产，故必须确认为空怀牛后方可使用。

无论是采用哪种方法处理，均要注意观察奶牛发情表现，并及时输精。同期发情的效果与两个方面的因素有关：一方面，与激素的种类、质量及投药方法有关；另一方面，也决定奶牛的体况、繁殖机能及季节。

四、同期发情在奶牛生产上的意义

1. 有利于推广人工授精技术　由于牛群过于分散或交通不

便，人工授精技术推广往往受到限制。如果在一定时间内使母牛群集中发情，就可以根据预定的日程进行集中定时配种。常规的人工授精需要对每头奶牛进行发情鉴定，这对于群体较大的规模化奶牛场来说费时费力，不利于推广。而利用同期发情技术结合定时输精技术就可以省去发情鉴定这一中间步骤，减少因暗发情造成的漏配，提高奶牛繁殖效率。

2. 便于奶牛生产管理，提高效率　现代奶牛养殖业是规模化的养殖，利用同期发情技术，可以实现同期配种、妊娠、分娩、泌乳高峰。集中安排生产活动，提高生产效率，降低生产成本，便于牛奶销售。

同期发情不但用于周期性发情的母牛，而且也能使乏情状态的母牛出现性周期活动。如卵巢静止的母牛经过孕激素处理后，很多表现发情；因持久黄体存在而长期不发情的母牛，用前列腺素处理后，由于黄体消散，生殖机能随之得以恢复。因此，可以提高繁殖率。

对于低繁殖率的畜群，如我国南方地区的黄牛和水牛，其繁殖率一般低于 50%，这些畜群中的部分个体因饲养水平较低、使役过度等原因往往在分娩后很长一段时间内不能恢复正常的发情周期，因而对其进行诱导同期发情、配种、受孕，可以提高繁殖率。随着奶牛产奶量的不断提高，奶牛的繁殖率却一直在下降，使用同期发情技术，可以提高奶牛的繁殖率。

3. 同期发情是胚胎移植技术的基础　采用新鲜胚胎移植时，一个供体可以获得 10 多枚胚胎，这就需要一定数量与供体母牛同期发情的受体母牛。此外，有时候胚胎的生产和移植不在同一个地点进行，也需要异地受体与供体发情同期发情、定时输精，该繁殖技术在国外已经普遍推广应用，取得较好的效果，国内还处于起步和推广阶段。人工授精的最佳时机应在排卵前 8~16h，通过同期发情及人工授精技术，可以获得较高的受胎率（50%以上），并且成本低廉，每头奶牛 30~40 元的处理成本，是一项经济有效、使用方便的繁殖技术。并且可以用于卵巢囊肿的母牛，取得较高的受胎率。

定时输精技术与B超相结合可以获得较高的受胎率，但仍有一些牛只卵泡发育不好，或者没有排卵，如果盲目地定时输精，势必造成冻精的浪费和配种间隔的增大。利用B超可以实时检测卵巢和卵泡的发育情况，并且在屏幕上显示出来，供多人判断，这克服了传统上靠配种员一个人"摸"卵巢的局限性。在定时输精前，利用B超检测卵巢上卵泡的发育情况，据此决定配种时机，可以提高受胎率。

定时输精技术与性控精液的结合使用可以大大提高产母犊的比例。性控精液与常规精液相比，产母犊率从自然状态下的50%提高到92%左右。同时，国产性控精液的售价随着竞争的激烈也越来越低，这为性控精液的推广提供了广阔的空间。性控精液在青年母牛上具有更大的利用价值。

第四节　人工授精技术

一、人工授精技术的概念和发展历史

奶牛人工授精（AI）是指人为地使用特殊的器械采集公牛的精液，经处理、保存后，再借助于器械，在母牛发情时期将精液人为地注入子宫内，以达到受孕的目的，以此来代替自然交配的一种妊娠控制技术。它包括种公牛精液的采集、处理及冻精的制作、保存、运输、解冻及输精等的技术过程。

人工授精技术于20世纪40年代问世并首先在奶牛中得到应用，最初采用的是新鲜精液。1950年，Smith和Polge在英国的瑞丁人工授精中心用冷冻精液首次获得了犊牛。精液低温冷冻保存技术对人工授精的发展产生了深刻影响，成为迄今为止奶牛育种中最重要的生物技术。在奶牛育种中应用人工授精技术，可使优秀种公牛获得更多的后代，迅速地扩大其高产特性在群体中的影响；通过精液低温冷冻保存，使得优秀种公牛的使用不受时间和地域的限制，可最大限度地扩大优秀种公牛在奶牛遗传改良中的作用。20世纪60年代，具有精子冻后活力好、易标准化、卫生状况好、使用方便等特点的细管冻精技术逐步替代了原来的颗粒冻精技术，使人工授精的应用效果得到进一步提高。

中国在奶牛生产中使用人工授精技术始于20世纪50年代，1952年北京双桥农场首先应用这项技术，1956年后逐步在国内推广，1962年以前基本使用新鲜精液。1963年，北京市北郊农场用干冰作为冷源，研制颗粒冻精成功，1966年，采用液氮制作超低温颗粒冻精成功。70年代中期，随着冷冻精液工艺水平的成熟与完善，首先在北京市，然后在其他省市相继将种公牛集中饲养，建立了一系列大型公牛站。大型公牛站的建立，进一步减少了公牛的饲养量。我国于70年代中期开始细管精液的引进与开发，但直到1981年依靠国际开发计划署的援助从法国引进全套细管冻精制作设备才得以顺利开展，到1996年推广量超过55%。

总体来看，经过50多年的发展，中国的奶牛人工授精技术开发与应用已经非常成熟，但与国外相比还存在一定差距。国外1头良种公牛年产冻精平均为2.5万～5万份，中国平均只有1.0万～1.5万份；每头公牛平均授精母牛数，国外为1 500～3 000头，国内为1 000～1 200头；人工授精的情期受胎率，国外一般为60%～70%，中国平均在50%～60%。

二、奶牛人工授精的意义

1. 提高了优良种公牛的配种效能和种用价值，扩大了配种母畜的头数　冷冻精液的推广应用，使一头优秀公牛每年可配种母牛达数万头以上。在自然交配的情况下，一头公牛一次只能配一头母牛，如果用人工授精技术，采精一次就可以配几十头母牛，甚至更多。

2. 可明显提高后代遗传水平 种公牛对奶牛群遗传改良的贡献，可以达到总遗传进展的 75％～95％，使用这些公牛冻精，必将会大大提高后代的生产性能。

3. 加速家畜品种改良，促进育种工作 由于人工授精极大地提高了公牛的配种能力，因而就能选择最优秀的公畜用于配种，使良种遗传基因的影响显著扩大，从而加速了改良速度。

4. 降低了饲养管理费用 由于每头牛可配的母牛数增多，所以减少了饲养公牛头数，既降低了生产费用，又可节约大量的饲料。

5. 防止各种疾病，特别是生殖道传染病的传播 由于公、母牛不直接接触，人工授精又有严格的技术操作要求，因此可防止疾病，特别是某些因交配而感染的传染病传播。采用人工授精，公牛和母牛生殖器官不直接接触，防止了由交配引起的疾病传播，如传染性流产、颗粒性阴道炎、子宫炎、滴虫病等。

6. 有利于提高母畜的受胎率 人工授精所用的精液都经过品质检查，保证质量要求。对母牛经过发情鉴定，可以掌握适宜的配种时机；另外还可克服因公、母牛体格相差太大不易交配，或生殖道某些异常不易受胎的困难，因此有利于提高母牛的受胎率和减少不孕情况。在采用人工授精技术时，每次输精都使用经过筛选检查的冻精，且选择最适当的发情时机输精，大大提高了受胎率。

7. 方便精液的长期保存 保存的精液经过运输可使母牛配种不受地区的限制和有效地解决种公牛不足地区的母牛配种问题。

8. 随着科技的进步，性别控制技术研究在生产中得到越来越多的应用，使用性别控制精液，可以使产母犊的比例达到 90％以上，大大提高了奶农的经济效益。如果不使用该技术，得到母犊的概率是 50％左右。

三、人工授精技术操作要点

1. 人工授精前的准备工作

（1）授精器械物品的准备。液氮罐、液氮、输精枪、输精枪外套、镊子、细管冻精、细管剪、温度计、温水、一次性手套、常用消毒剂等。

（2）母牛的准备。将母牛置于保定栏内，把牛尾拉向一侧，用温水冲洗奶牛外阴部，再用2%的来苏儿或0.1%的新洁尔灭溶液消毒，最后用干净的毛巾擦干消毒液。

（3）输精器的准备。将金属输精器用75%酒精或放入高温干燥箱内消毒。输精器宜每头母牛准备一支或用一次性外套。

（4）输精人员的准备。输精员要身着工作服，指甲须剪短磨光，戴一次性直肠检查手套。

（5）精液的准备。用镊子从液氮罐中迅速取出一支细管冻精，立即投入38~40℃的温水中，摆动10s左右使其融化，擦干细管上的水珠，用细管剪剪掉细管封口端1cm左右，装入输精枪外套中，细管冻精封口端在前，棉塞端朝后，然后把输精枪伸入外套中，使输精枪的直杆插入细管的棉塞端，缓慢向后移动外套，把外套固定在输精枪的螺丝扣处。

（6）将塑料细管精液解冻后装入金属输精器。细管精液的解冻方法是从液氮中取出细管冻精后，将0.25mL的细管冻精封口端朝上、棉塞端朝下，置于35℃的水中，静置20s（或置于40℃温水中，10~12s）即可。

2. 输精操作注意事项

（1）操作者提前将指甲剪短修平，两手及手臂充分洗净消毒，手指并拢成锥形，缓缓插入直肠，排出宿粪（最好采用空气排粪法，即用手指扩张肛门让空气进入，诱导母牛排出宿粪），一般用左手伸入直肠后，手心向下，手掌展开，手指微曲，在骨盆底部下压，先找到像软骨一样手感的子宫颈，然后握住子宫颈后端，左手肘臂向下压，压开阴裂，右手持输精枪，由阴门插入。先向上前方插入一段，以避开尿道口，然后再向前方插入至子宫颈口，左右手配合绕过子宫颈螺旋皱褶，通过子宫颈内口，到达子宫体的底部，然后将输精枪再向后稍微后撤一点，推动输精枪直杆，将精液注入子宫内，最后缓慢抽出输精枪。整个输精完毕。

（2）输精部位的选择。正常情况下输精枪只要通过子宫颈口，到达子宫体底部即可输精，这样无论哪侧卵巢排卵，都可以保证有精子抵达受精部位，如果直肠检查技术熟练，并可以确定卵泡位置，也可将精液输到卵泡侧子宫角基部。

（3）输精操作时，若母牛努责过甚，可采用喂给饲草、捏腰、拍打眼睛、按摩阴蒂等方法使之缓解。若母牛直肠呈罐状时，可用手臂在直肠中前后抽动以促使松弛。

（4）操作时动作要谨慎，防止损伤子宫颈和子宫体。

（5）试验表明，子宫颈深部、子宫体、子宫角等不同部位输精的受胎率没有显著差别。但是，输精部位过深容易引起子宫感染或损伤，所以采取子宫颈深部或子宫体输精是比较安全的。

（6）要检查子宫状况和精液品质。精子活力应达 3.5 以上，对子宫内膜炎母牛暂不输精，抓紧治疗。解冻后最好立即输精，延期输精应正确保存，细管冻精解冻后以 0～4℃ 保存为好。

3. 输精时机及次数　适宜的输精时间为发情开始后 12h 左右或排卵前，一般掌握早晨发情傍晚输精，中午发情夜间输精，傍晚发情早晨输精。情期内输精 1～2 次，2 次间隔 8～12h。输精时间过早，待卵子排出后，精子已衰老死亡；输精过晚，排卵后输精的受胎率又很低。所以，使用冷冻精液输精的时间应当比使用新鲜精液适当推迟一些，输精间隔时间也应该短一些。

过去认为母牛产后生殖道恢复正常并可以配种的时间是产后60d。近年的研究表明，在产后 35～40d 进行第一次配种，其受胎率为 45%，这样就可以缩短产犊间隔，增加终生产奶量。

4. 输精方法和部位　冷冻精液输入母畜生殖道以后，其存活时间大大缩短。这就给选定输精时机提出了更高的要求。与用新鲜精液做人工授精相比较，一般用冷冻精液输入母畜生殖道的有效精子数大为减少。因此，要求将每头份的精液全部输入子宫颈内口以前的部位，才能保证较高的受胎率。牛冷冻精液输精不可采用输精部位较浅的开腔器输精法，用输精部位可达子宫颈内口和子宫体的直肠把握深部输精法。

四、常见输精技术障碍

1. 输精枪不能顺利插入阴道　这种现象多是因为输精枪插入方向不对，受阴道壁弯曲所阻、母牛过敏、误入尿道或母牛抵抗、操作粗莽引起。如果插入方向不对，可先由斜下方插入阴道10cm，再向平或向下方插入（因为老母牛阴道松弛，多向腹腔下部沉降）。如果是被阴道壁弯曲所阻，可用在直肠内的左手整理，向前拉直阴道。如果有母牛过敏反应，可有节律地抽动左手或轻搔肠壁，以分散母牛对阴部的注意力。对于误入尿道的，抽回后，使输精枪尖端沿阴道壁前进，即可插入。

2. 找不到子宫颈　多见于育成牛，老龄母牛或生殖道闭缩的母牛。青年母牛子宫颈往往细小如手指，多在近处可以触到，老龄母牛子宫颈粗大，往往随子宫沉入腹腔。须提出的是，凡是生殖道闭缩的母牛，如果检查骨盆前无索状组织（即子宫颈），则一定是团缩在阴门最近处，用手按摩，使之伸展。

3. 输精枪对不上子宫颈口　输精枪多由左手把握，因被皱褶阻挡，偏入子宫颈外围或被子宫颈口内壁阻挡所致。操作者可将手臂稍后退，把握住子宫颈口，防止子宫颈口游离下垂，随即自然导入。如有皱襞阻挡，须把子宫颈管前推，以便拉直皱襞。若偏入子宫颈外围，须退回输精枪，用左手拇指定位引导插入子宫颈口。若被子宫颈口内壁阻挡，可用左手持子宫颈上下扭动，扭转校对后慢慢伸入。

五、发情鉴定技术

发情鉴定是养好奶牛的重要环节。这项工作做得不好，就会使牛群漏配牛只增加，从而延长产犊间隔，增加饲养成本，降低繁殖率，减少经济效益。准确的发情鉴定更是成功地进行人工授精、超数排卵及胚胎移植的关键。确定奶牛的发情期普遍采用外部观察法和直肠检查法。外部观察法，一般可总结为"五看"：

一看外部表现。处于发情初期的母牛表现兴奋不安、敏感躁动，寻找其他发情母牛，活动量、步行数大于常牛5倍以上。反应敏感、哞叫，不接受其他牛爬跨。发情盛期则嗅闻其他母牛外阴，下巴依托它牛臀部并摩擦；压捏腰背部下陷，尾根高抬；接受爬跨，被爬跨时举尾，四肢站立不动。进入发情末期，母牛逐渐转入平静期，渐渐地不再接受爬跨。

二看外阴的变化。母牛发情时，阴户由微肿而逐渐肿大饱满，柔软而松弛，继而阴户肿胀慢慢消退，缩小而显出皱纹。60%左右的发情母牛可见阴道出血，大约在发情后两天出现。这个征候可帮助确定漏配的发情牛，为跟踪下次发情日期或调整情期提供依据。

三看阴道黏膜和子宫颈口的变化。发情初期阴道壁充血而潮红有光泽。发情盛期子宫颈红润，颈口开张，约能容纳一个手指。末期阴道黏膜充血、潮红现象逐渐消退，子宫颈口慢慢闭合。

四看阴户流出黏液的变化。发情初期排出的黏液比较清亮，像鸡蛋清，牵缕性差。发情盛期母牛阴户排出物如玻璃棒样，具有高度的牵缕性，易黏于尾根、臀端或后肢关节处的被毛上。排卵前排出的黏液逐渐变白而浓厚黏稠，量也减少，牵缕性又变差。可用拇指和食指沾取少量黏液，若牵拉5~7次不断（距离5~7cm），此时母牛已接近排卵，应在3~4h内输精，若牵拉8次以上不断者为时尚早，3~5次即断则为时已晚。

五看产奶量。大多数母牛在发情时，产奶量均有所下降。

直肠检查法主要通过触摸卵巢和子宫的变化来进行鉴定。母牛发情初期，直肠检查子宫变软，卵巢有一侧增大，在卵巢上有卵泡，无弹性。此期维持 10h 左右。发情中期直肠检查子宫松软，卵泡体积增大，直径 1.0～1.5cm，突出于卵巢表面，弹性强，有波动感。此期维持 8～12h。发情末期直肠检查子宫颈变松软，卵泡壁变薄，波动很明显，呈熟葡萄状，有一触即破的感觉。此期维持 8～10h。

六、发情后配种最佳时间的选择

大多数的母牛发情持续为 10～24h［（18±12）h］。有研究表明，母牛表现发情的时间分布为：0：00～6：00 占 43％左右，6：00～12：00 占 22％左右，12：00～18：00 占 10％左右，18：00～24：00 占 25％左右。具体还要结合当地的气候环境条件及牛只的状况而定。

母牛最佳的输精时间是母牛发情末期或排卵前 6h。此时直肠检查可摸到卵泡突出于卵巢表面，壁薄，紧张，有弹性，有波动感，像熟透的葡萄，有一触即破的感觉。外部观察时母牛静立、接受爬跨和阴户流出透明具有强拉丝性黏液（黏丝提拉可达6～8 次，二指水平拉丝可呈"y"状），此时是输精的最佳时期。在生产实践中，一般可采用一个发情期输精两次。具体来说，上午发现母牛发情，晚上输精一次，翌日上午再输一次；中午发现母牛发情，翌日上下午各输精一次；下午发现母牛发情，翌日中午和夜晚各输精一次。

七、临床常见病理性发情

主要有以下 4 种：

1. 隐性发情 母牛发情时，缺少性欲表现。多见于产后母牛和体质瘦弱母牛。另外，冬季母牛舍饲时间长，也易发生隐性发情现象。

2. 假发情 一般指妊娠 5 个月左右母牛，突然有性欲表现。但阴道检查时，外口收缩或半收缩，直肠检查时能触摸到胎儿。另一种是母牛虽具备各种发情的外部表现，但卵巢内无发育的卵泡，也不能排卵，常见于患卵巢机能不全的育成母牛和患子宫内膜炎的奶牛。

3. 持续发情 正常母牛发情持续期较短，但有的母牛连续 2～3d 发情不止。主要有以下两种原因：一是卵泡囊肿。由不排卵的卵泡继续增生肿大而成，卵泡不断发育，则分泌过多的雌激素，所以母牛发情延长。二是卵泡交替发育。开始一侧卵巢有卵泡发育产生雌激素，使母牛发情，但不久另一侧卵巢也有卵泡开始发育，前一侧卵泡发育中断，后一侧卵泡继续发育，这样它们交替产生雌激素而使母牛发情延长。

4. 慕雄狂 母牛表现持续而强烈的发情行为，发情期长短不规则，周期不正常，经常见母牛阴部流出透明黏液，阴部浮肿，尾根高举，但配种不能受胎，它与卵巢囊肿有关。

八、产后奶牛的精心护理

产后奶牛子宫环境的恢复是奶牛再孕的前提条件，对产后母牛进行精心护理，可使今后的人工授精取得事半功倍的效果。

1. 把好接产、助产关 进行接、助产时要严格做好牛体后部的清洗消毒工作，同时助产人员的手、工具和器械都要严格消毒，以防细菌侵入子宫内，造成生殖系统的疾病。助产时应根据母牛的宫缩情况及胎儿的方向、位置和姿势施术，不可使用蛮力助产，避免造成子宫和产道的损伤，影响以后的生育。

2. 喂给保健汤 产后 0.5～1.0h 给母牛喂 35℃ 左右的保健汤，其配方：①氯化钠 30g，碳酸氢钠 50g，骨粉 100g，酵母 200g，红糖 500g，麸皮 500g，温水 10kg。②益母草浸出膏 250mg，红糖 500g，米酒 500g，温开水 2kg。③麸皮 1～2kg，食盐 100~150g，碳酸钙 50g，加水 12kg 煮粥。可使母牛尽快恢复体力，促进血液循环，使胎衣脱落，防止产后疾病的发生。

3. 观察子宫排出物和粪便　胎衣自然排出的奶牛应根据恶露变化，决定是否对子宫进行药物冲洗或灌注抗菌药物，必要时结合全身治疗，以确保子宫正常复原。如果长时间胎衣不下，或排出物的气味和状态有异常，应及时处理，最好结合全身治疗，以防止并发症的发生。子宫康复掌握在产后 15~20d，有利于提早产后第一次发情和减少子宫炎症，缩短产犊间隔。如果粪便出现稀薄、颜色发灰、恶臭等不正常现象，说明瘤胃功能不正常，应适当减少精料，增加些优质粗饲料。

九、冻精准备

1. 冻精品质要求　冷冻精液解冻后精子活力不低于 0.35，精子复苏率不低于 50%。直线前进的精子数，每支细管不低于 1 000 万个，每粒颗粒不低于 1 200 万个，每支安瓿不低于 1 500 万个。精子畸形率不高于 20%，精子顶体完整率不低于 40%，无病原微生物。

2. 精液准备　精液解冻时要做到"三快"，即快取、快投、快融解。用镊子从液氮罐中迅速取出 1 支细管冻精，立即投入 38~40℃ 的温水中，摆动 10s 左右使其融化，擦干细管上的水珠，用细管剪剪掉细管封口端 1cm 左右。装入输精枪外套中，细管冻精封口端在前，棉塞端朝后；然后把输精枪伸入外套中，使输精枪的直杆插入细管的棉塞端，缓慢向后移动外套。把外套固定在输精枪的螺丝扣处。

十、正确输精

1. 输精方法　采取直肠把握子宫颈输精法，于子宫体或子宫角输精为宜。方法是：将牛站立保定，先用干净的纸巾将外阴部擦拭干净，并用一小团纸巾撑开阴门，输精员一只手戴上薄膜手套，伸入直肠，掌心向下，握住子宫颈后端，另一只手持输精枪插入阴门（插入时，先向斜上方插入 4～5cm 再转成水平插入，避免将输精抢插入尿道外口）。借助直肠内把握子宫颈的手与持输精枪的手协同配合作用，使输精枪缓缓通过子宫颈内的螺旋皱褶，通过子宫颈内口到达子宫体底部。左手向前移动，用食指抵住角间沟，用来确定输精枪前端的位置，同时也可防止输精枪刺伤子宫壁。当输精枪一旦越过子宫颈皱襞，立即感到畅通无阻，这时即抵达子宫体处。然后将输精枪往后拉约 2cm，使输精枪前端位于子宫体中部，注入精液，再轻轻地抽出输精枪，同时左手顺势对子宫角按摩 1～2 次。在把握子宫颈时，位置要适当，才有利于两手的配合，既不可靠前，也不可太靠后，否则难以将输精枪插入子宫颈深部。此外，把握子宫颈时不可将子宫颈向上牵拉使子宫颈弯曲成弧形，从而使输精枪不易通过子宫颈，也不能将子宫颈向外牵拉，而应稍向内牵拉，便于输精枪插入子宫颈外口。

2. 输精次数 发情期内一般输精 1～2 次，间隔 8～12h。输精时间过早。待卵子排出后，精子已衰老死亡；输精过晚，排卵后输精的受胎率又很低。因此，使用冷冻精液输精的时间应当比使用新鲜精液适当推迟一些，输精间隔时间也应该短一些。

3. 输精部位 冷冻精液输入母畜生殖道以后，其存活时间大大缩短。这就给选定输精时机提出了更高的要求。与用新鲜精液做人工授精相比较，一般用冷冻精液输入母畜生殖道的有效精子数大为减少。因此，要求将每头份的精液全部输入子宫颈内口以前的部位，才能保证较高的受胎率。

十一、妊娠检查

奶牛早期妊娠诊断是减少奶牛空怀，提高繁殖效率的重要措施之一。妊娠检查可采用外部观察法、不返情法、直肠检查法、超声波检查法、激素测定法等。在实践中，应用最广泛、最准确的早期诊断方法是直肠检查法，但是要求鉴定者必须经过一定的技术训练并具有较为丰富的实践经验。

十二、及时治疗屡配不孕

母牛出现不发情或乏情多与营养有关，应及时调整母牛的营养水平和饲养管理措施。对因繁殖障碍引起的不发情或乏情母牛，在正确诊断的基础上，可采用孕马血清促性腺激素、氯前列烯醇、三合激素等激素进行催情，能收到良好效果，但不同药物、不同使用剂量与处理方式效果各异。针对繁殖障碍引起的不发情或乏情母牛，先确诊。育成牛 16 月龄以上不发情的初期可用 HCG、LRI-I 等治疗，后期可用 FSH、PMSG 等治疗。经产母牛产后 60d 不发情就及时治疗。对持久黄体用氯前列烯醇子宫灌注，对卵巢囊肿用 LH 或大剂量 HCG 肌内注射治疗。对经产牛为了能在产后 60d 配种，最好在产后 40d 时直检并子宫灌注氯前列烯醇。

十三、人工授精技术操作常见误区

当前，我国的牛人工授精技术已经很普及了，它对我国的奶牛改良起到了很重要的作用，良种覆盖率不断提升，奶牛的单产量也有很大程度的提高，为我国的国民经济发展起到了推动作用。但是，必须清醒地看到，许多输精员在牛人工授精的操作上存在着这样那样的问题，给畜牧生产带来很大的损失。具体说来，不规范的牛人工授精方法会造成生殖道疾病，同时也会传播生殖道疾病，降低受胎率，造成人畜误伤，扩大胎间距，降低奶牛的产奶量，影响奶牛场的经济效益。

目前，大多数配种员（育种员）采用直肠把握输精技术，正确掌握母牛的发情症状及排卵时间是母牛卵子成功受精的基础。绝大多数配种员对发情症状认识不够深刻，而对母牛的排卵时间掌握得不准确，有的甚至是模糊的概念。

1. 发情症状的误区　在实际操作中，大多数配种员都认为接受爬跨的母牛是发情的母牛，即稳栏的母牛。但是，只有这些还不够，还应当加上"母牛的生殖道变化，正常的黏液，发育正常的卵泡"。也就是说，正确的发情症状应当从 3 个方面判定：外部表现；黏液的颜色、黏度、流量；卵泡的发育情况。正确的发情症状是：母牛接受其他牛爬跨；清亮成吊线的黏液；卵巢上正在发育的卵泡。

2. 排卵时间的误区　正确掌握母牛的排卵时间是人工授精成功与否的关键步骤，也就是说正确判断母牛什么时候排卵。大多数配种员认为是母牛发情结束后 6～10h。这是不正确的说法，应当是 4～16h。有些配种员就会错过 4～6h 和 10～16h 的排卵时间，从而降低了受胎率。当然，为了保证较高的受胎率，应当通过直肠检查，检查卵巢上的卵泡发育状况，一般情况下卵泡发育到 1.5～2.0cm，卵泡顶端很薄、很胀，有一触即破的感觉。此时输精应有百分之百的把握了。

有经验的配种员都要进行直肠检查，但是许多配种员直接检查卵巢上的卵泡，这样就容易出现误诊，没有排除子宫炎症、两月内的怀孕的母牛。因为这两种情况下母牛仍然可以发情，因而造成误配，浪费精液，既费时又费力，有时会造成不必要的损失。正确的直肠检查是：手心向上缓慢伸进直肠，手心翻转，从子宫颈口开始，子宫颈、子宫体、子宫角、输卵管、卵巢，逐个触摸。这样的检查顺序能够排除生殖道非正常的生理状况，从而正确把握母牛生殖道的正常生理状况，为母牛怀孕、发情、炎症做正确的判断。

正确的人工授精程序不但省时省力，而且不容易造成人畜伤害。准确的输精时间可以从以下 3 个方面来综合判定：

（1）外部表现。发情母牛转入发情后期，母牛表现安静、食欲逐渐恢复正常。其他牛爬跨时，臀部躲避，阴门肿胀渐退，有皱纹。

（2）黏液。阴道黏膜呈暗红色、黏液量小、黏液颜色混浊或灰白色。

（3）直肠检查。子宫颈由外向内逐渐变硬，但有弹性；卵泡壁薄；波动感明显，有一触即破之感。

第五节　妊娠诊断技术

奶牛妊娠与否直接影响着奶牛的产奶量与养殖生产的经济效益。通常而言，奶牛需要进行两次妊娠检查：第一次是在配种后20～45d进行早期诊断；第二次在临近干奶时，目的是防止第一次检查的失误，或中途遇到胚胎死亡、流产及木乃伊化等情况。及早对奶牛进行妊娠诊断，可避免漏配，减少奶牛空怀时间，提高奶牛繁殖率，缩短繁殖周期，有利于提高奶牛产奶量及经济效益。

简便有效的早期妊娠诊断技术是提高管理效率和养殖经济效益的根本要求，已建立多种早期妊娠诊断方法，对于及时发现空怀母牛并安排配种，提高繁殖效率具有重要意义。

配种后尽可能短的时间内，通过观察母畜行为表现或用仪器、试剂等对母牛进行早期妊娠诊断，在奶牛生产中具有重要意义。未妊娠母牛若不能及时诊断出来，就会影响其下一个情期配种任务的安排，导致产犊间隔延长、繁殖率降低、产奶量降低等问题，还由于增加了非繁殖期饲养管理时间而增加了饲养管理成本，直接影响养殖经济效益。

有报道指出，延误一个情期（21d左右），每头奶牛产奶量将减少168～315kg。而准确的早期妊娠诊断可尽早检测出未妊牛，以适时治疗不孕牛、尽早淘汰劣质牛、减少奶牛空怀时间及超数排卵和胚胎移植技术育种经费，并为奶牛投保提供证据。

目前，我国奶牛早期妊娠诊断技术尚未成熟，已有的国际、国内早期妊娠诊断产品检测步骤均很烦琐，诊断效果不够理想，技术要求较高，只能在专门的实验室进行，增加了检测成本。尤其是目前与现代规模化、标准化、产业化养殖技术相匹配的批量化的现场检测技术越来越引起产业的关注。所以，高效、精准、低成本、批量检测方法成为本领域研究的热点和焦点。

一、外部观察法

配种后的奶牛在下一个发情期到来时，如不发情，表明可能已经妊娠。但这并不完全可靠，因为有的奶牛虽然未妊娠，但在发情时征状不明显（如安静发情）或不发情，而有些奶牛虽已受胎但仍有表现发情（如假发情）。奶牛妊娠后，其性情、食欲、膘情及动作行为等会发生一系列变化。进食量和饮水量增加，在妊娠前半期膘情明显好转，被毛变得光亮、润泽，在妊娠后性情安静、温驯。行动迟缓、谨慎，喜静恶动，常躲避追逐和角斗，放牧或驱赶运动时，常落在牛群后面。妊娠中期以后，腹部两侧大小不对称，孕侧（多为右侧）下垂突出，肋腹部凹陷，泌乳牛产奶量下降；妊娠 6 个月后，可在右侧腹壁触到或看到有突起的胎动。育成奶牛在妊娠 4～5 个月后，乳房发育加快，乳房体积明显增大，经产奶牛的乳房多在妊娠的最后 1～4 周才明显增大和水肿。奶牛的脉搏、呼吸次数也会明显增加。外部观察法在妊娠中后期观察比较准确，但在妊娠早期较难做出确切诊断，需要与其他方法综合诊断确定。

二、临床诊断方法

临床方法主要是对孕体，包括胎儿、胎膜和胎水的存在与否及存在状态进行检查。根据检测手段可分为直肠检查和超声波检查 2 种方法：

1. 直肠检查法 直肠检查法是奶牛妊娠诊断中最基本、最可靠的方法，在整个妊娠期均可采用，并能判断妊娠的大致时间、奶牛的假发情、假妊娠，以及一些生殖器官疾病及胎儿的死活。

妊娠20～25d，排卵侧卵巢上有突出于表面的妊娠黄体，卵巢的体积大于另一侧，两侧子宫角无明显变化，触摸时可感到子宫壁厚而有弹性。

妊娠1个月，两侧子宫角不对称，孕角变粗，质地较软，有波动感，绵羊角状弯曲不明显，用手轻握孕角，从一端滑向另一端，似有胎泡从指间滑过的感觉，若用拇指和食指轻轻提起子宫角，然后放松，可感到子宫内似有一层薄膜滑开，这就是尚未附植的胎囊。非孕侧卵巢体积较小、无黄体，维持原有状态。

妊娠2个月，孕角明显增粗，比空角粗1～2倍，子宫角开始垂入腹腔，角壁变薄且软，波动感较明显，孕角卵巢前移至耻骨前缘，角间沟变平，但仍可摸到整个子宫。

妊娠3个月，子宫颈移至耻骨前缘，角间沟消失，孕角大如排球，子宫壁松软，波动感更加明显，有时可感觉虾动样胎动。此时，胎儿发育15cm左右，容易触摸到。空角也明显增粗，孕侧子宫动脉基部开始现微弱的特异搏动。

妊娠4个月，子宫和胎儿已全部进入腹腔，子宫颈变得较长且粗，一般只能触摸到子宫的局部及该处硬实的、滑动的、呈椭圆形的如蚕豆大小的子叶，孕角侧子宫脉有较明显波动。此后直至分娩，子宫逐渐增大，子宫动脉渐渐变粗，并出现更明显的特异性搏动，用手触及胎儿，有时会出现反射性的胎动。

妊娠150d，子宫下沉到子宫深部，胎儿和胎动明显，胎儿如猫大小，子宫中动脉明显。

妊娠6～7个月，子宫颈退至骨盆内或入口处，能摸到胎儿一部分。子宫动脉有特殊搏动。

妊娠8～9个月，胎儿上浮，子宫退至骨盆内或入口处，有时可清楚摸到胎儿头、四肢等部位。

妊娠90～120d的子宫容易与子宫积液、积脓相混淆。积液或积脓使一侧子宫角及子宫体膨大，重量增加，使子宫有不同程度的下沉，卵巢位置也随之下降，但子宫并无妊娠征状，奶牛无子叶出现。积液可由一角流至另一角。积脓的水分被子宫壁吸收一部分，会使脓汁变稠，在直肠内触之有面团状感。不管积液或积脓，在一定时期后，始终不会出现子宫动脉的妊娠脉搏。对于子宫积液、积脓的诊断，可间隔一定日期后再检查以便确诊。

妊娠 60~90d 的子宫，可能与充满尿液的膀胱混淆，特别是牛妊娠 2 个月的子宫，收缩时变为纵椭圆形，横径约一掌宽，壁紧张，很像充满尿液的膀胱。但膀胱轮廓很清楚，两侧没有牵连物。牛的子宫前有二角分岔处，后有子宫颈，可摸清楚，所以容易和膀胱区分开来。

直肠检查法的优点是不需要借助任何设备和仪器，在妊娠早期做直肠检查时动作要轻，尤其是不能用手指挤捏早期胚胎；一般在妊娠 2 个月左右就可以做出准确诊断。但须注意，怀双胎时，多为双侧同样扩大，两个黄体可能在一侧或双侧卵巢上。

A. T. Cowi 首次描述了奶牛直肠触诊妊娠检测方法，主要根据触摸和感受器官的形状及形态等变化来判定。目前，直肠检查依然是判断大型家畜是否妊娠的最基本且可靠的方法。

与马、驴不同，奶牛妊娠初期（18~25d）孕角变化不明显，直接触摸子宫孕角或胚泡无法诊断其是否妊娠。但奶牛妊娠黄体略大于周期黄体，卵巢附着性好，质地较硬实，形状近圆形。配种 18d 后，据此特点，通过触摸卵巢黄体，经验丰富的配种员可对妊娠母牛进行初步筛查，每头检测时间 1~2min。

基于直肠检查法建立的尿膜羊膜囊触摸（又称胎膜滑动）技术，可对配后 29~31d 的奶牛进行妊娠诊断。方法是将子宫拽回到骨盆腔后，若触摸到尿膜羊膜囊或胎膜滑动，则可判定该奶牛已妊娠。J. E. Romano 等用此技术检测了 520 头怀孕奶牛，运用此技术造成的胚胎损失与直肠检查法相比差异不显著（$p >$ 0.05）。

虽然直肠检查已成为一项重要而常规的繁殖技术，被长期用于奶牛妊娠检查，但奶牛配后第一个情期很难通过直肠检查得出准确的诊断结果，即使是尿膜羊膜囊触摸法，也须在奶牛授精后29～31d 后才可实施。这些方法需要准确把握发情周期中卵巢上黄体、卵泡及子宫中胎膜发育早期的精细变化，操作烦琐，技术要求较高，操作不当易造成胚胎损失等。所以，直肠检查的早期妊娠诊断结果并不理想。

2. 听诊法　妊娠后期（妊娠 6 个月后），使用听诊器，在奶牛右侧膝皱褶的前方听取胎儿心音。胎儿心音的频率为每分钟100 次以上（大多为每分钟 110～150 次），明显多于母体心音。

3. 超声波检查法　超声波诊断法是利用超声波的物理性质和动物体组织结构的声学特点密切结合的一种物理学检查法。以兽用超声多普勒检测仪为例，其检测方法如下：探棒插入深度一般为 30～50cm，经产牛较青年母牛要深，妊娠期长者较短者要深，探测胎心音或胎血音较宫血音要深些。随机探测时，以直肠检查进行对照，判定妊娠与否。怀孕初期的奶牛可探测以下几种声响：宫血音（母体子宫中动脉血流音）有类似"啊呼、啊呼"声和"蝉鸣"声为妊娠，其频率与母体心音同步，呈节律性，声音有振动并拉长。似"呼-呼"声则未妊娠；胎心音似马蹄声，为有节律的"咚咚""扑咚、扑咚"的双拍声，妊娠早期呈单拍音或"沙沙"声，较弱，节律不明显；胎血音（胎儿动脉血流音和脐带动脉血流音）为一单拍音，音调高而尖锐，有节律，呈"嘟嘟"音，完全与胎心音同步；胎动音似犬吠音，不规律，随妊娠日期的增进而活动增加。宫血音、胎心音和胎血音 3 种多普勒信号是早期妊娠诊断的依据，在这 3 种信号当中只要获得 1 种信号即可确诊妊娠。超声波诊断法准确性比较高。

（1）超声多普勒检查法（D超）。D超是利用超声多普勒效应原理，将怀孕奶牛子宫血流变化、胎儿心跳、脐带血流及胎儿活动以声响信号形式显示出来，通过探测声响信号的变化，判断母牛是否妊娠的一种检测方法。

使用 D 超仪时先将探头缓慢插入阴道穹窿 2cm 以下的两侧区域，仔细辨听母体宫血音，妊娠 20～30d 出现"阿呼"音，30～40d 后有"蝉鸣"音。未孕牛或探头接触不良时仅能听到"呼呼"音，声音频率与奶牛脉搏相同。奶牛妊娠 50d 后胎儿脐血音比较明显，为节奏很快的血流音，其频率为每分钟 120～180 次。

（2）幅度调整型超声诊断法（A 超）。A 超是通过超声波在奶牛体内传播，仪器探头将胎囊液的反射波转变为电脉冲，探头接收到电脉冲后，将其转变成声响和灯光显示的报警信号，据此判断被检牛妊娠与否的检测方法。

具体方法是将探头缓慢插入阴道穹窿，使探头抵在穹窿下半部的阴道壁上，由左向右移动探头进行检查，若发出连续的阳性信号且指示灯持续发光，则判断为已妊娠。这种方法最早可在配种后 18～21d 诊断出奶牛是否妊娠。

（3）实时超声显像法（B 超）。B 超是把回声信号以光点明暗的形式显示出来，回声强，光点亮，回声弱，光点暗，光点构成图像的明暗规律，反映了子宫内胎儿组织各界面反射强弱及声能衰减规律。

当超声仪发射的超声波在母体内传播并穿透子宫、胚泡或胚囊、胎儿时，仪器屏幕会显示各层次的切面图像，以此判断奶牛是否妊娠。

超声波检查法在兽医领域的应用始于 20 世纪 60 年代中期，最早应用的是 A 型和 D 型超声波，20 世纪 70 年代中期逐渐采用 B 型超声波。

D 超妊娠检测准确率最高，但设备价格偏高，已被市场淘汰；A 超仍未摆脱手入直肠的操作，且早期妊娠诊断准确率并不高，也已被市场淘汰；手持型 B 超使用方便，早期妊娠诊断准确率仅次于 D 超，设备价格相对便宜，是目前使用较为广泛的妊娠检测仪器；同时，B 超还有识别双胞胎并确定胎儿生存能力、年龄和性别的功能。使用 B 超需要直肠检查法的操作基础，但配后 18～21d，胎儿发育还不足以使 B 超捕捉到可信度高的信号强度。所以，还未见有早于 30d 的 B 超妊检报道。

三、免疫诊断方法

免疫诊断法通过检测从孕体、子宫、卵巢进入母体血液、尿液或乳汁的妊娠相关物质含量进行妊娠诊断。检测的物质主要有两种类型：一是出现在母体血液中的孕马血清促性腺激素、早期妊娠因子（Early Pregnancy Factor，EPF）等妊娠特有物质；二是孕酮（Progesterone，P4）、硫酸雌酮等妊娠期间母体尿液、血液或奶中有变化的物质。

1. 妊娠相关物质诊断法　妊娠期间，由于早期孕体的特异表达及生殖器官分泌水平的改变，导致母体血液、尿液和乳汁中部分蛋白类物质水平的改变，这种改变可被用作妊娠检测的标志。

（1）早期妊娠因子诊断法。EPF 是一种妊娠依赖性多分子蛋白复合物，是妊娠早期血清和奶中最早出现的一种免疫抑制因子，可抑制母体细胞免疫使胎儿免受免疫排斥，得以在母体内存活。奶牛妊娠 24h 后，血清和奶中可检测到 EPF，一旦妊娠终止，EPF 立即消失。因此，奶牛血清或奶中 EPF 的有无可作为早期妊娠诊断的重要指标。EPF 可通过硫酸铜法和玫瑰花环抑制试验进行测定。

（2）硫酸铜法。利用硫酸根能使 EPF 凝集的特性，定性分析牛奶中 EPF 含量，进行早期妊娠诊断。该法取奶牛常奶（哺乳动物分娩 14d 后分泌的奶汁，也称作成熟奶）1mL 于平皿中，滴入 1～3 滴 3％硫酸铜溶液并迅速混合均匀，呈现云雾状沉淀者为妊娠个体，反之为未妊娠个体。此法虽然准确率较高，但奶样储存不方便，操作烦琐，条件要求较高，而且须肉眼判定结果，易受主观因素影响，所以目前已不被奶牛场采用。

（3）玫瑰花环抑制试验。把奶牛 T 淋巴细胞与另一种动物红细胞（RBC）混合后，淋巴细胞会呈玫瑰花形（RBC 黏附到T 淋巴细胞周围，形成玫瑰花样细胞团）。用玫瑰花环抑制试验检测 EPF，如玫瑰花环抑制滴度 R 值（RIT）增加，则指示EFP 存在。该法测定 EPF 灵敏度高，可在奶牛授精 7d 后进行妊娠诊断，但检测时间长，所需药品试剂多，操作程序烦琐，不适合大批样本检测，因此不能作为常规妊娠检查方法。

（4）酶联免疫测定法（ELISA）。因为 EPF 无种属特异性，可合成 EPF 部分肽段免疫小鼠制备 EPF 抗体，再用 ELISA 检测法对奶牛血清 EPF 进行检测。此法可在奶牛授精 20d 内进行早期妊娠诊断，但尚处于探索阶段，未开发出成品化 EPF-ELISA 试剂盒或其他检测产品，只能在实验室进行诊断，检测成本较高，且 EPF 单克隆抗体制备过程烦琐，技术要求高，应用难度大。

2. 孕酮诊断法 奶牛授精后 1 个发情周期（21d）内，未妊娠牛孕酮（P4）水平较低，而已妊娠牛因黄体持续存在，孕酮水平则较高，因此孕酮可被用于早期妊娠诊断。孕酮浓度随发情周期而变化的规律，使其成为反刍动物妊娠检测中最常用的一种激素类物质。

由于乳汁中 P4 含量比血液高，且奶样采集较血样方便，所以，常测定乳汁 P4 含量判定奶牛是否妊娠。可通过 RIA 法、ELISA 法、孕酮乳胶凝集抑制试验（progesterone latex agglutination inhibit test，PLAIT）、胶体金双抗夹心法、表面等离子共振免疫传感器（surface plasmon resonance immune sensor，SPRIS）测定 P4 浓度。

四、其他诊断方法

1. 血清酸滴定法 奶牛妊娠后可产生一种特有的免疫球蛋白，该蛋白在酸性环境中可与其他蛋白形成低溶性复合物（絮状物），可据此进行早期妊娠诊断。

　　诊断前，取授精后 16～45d 的母牛血液 5～10mL，室温静置 8～10h 后离心制备血清，在血清中加入 0.2mol/L 盐酸 7.5mL，磁力搅拌器混合 1～2min，再用 13％硝酸滴定至 pH 0.68，滴定时间不少于 5min。

　　然后将溶液静置20min，在透射光下观察，若呈乳白色或乳黄色絮状物可判定为妊娠，无色透明者为未妊娠，妊娠准确率 89.92％。该法具有诊断时间早、结果准确、设备廉价等优点，但检测时间长、操作烦琐，无法进行现场诊断，采血过程中奶牛易产生应激反应。

　　2. 血小板计数法　受精卵及妊娠第七天左右形成的桑葚胚会产生一类乙酰化的甘油磷脂，即血小板活化因子（platelet activating factor，PAF），可介导妊娠母体对胚胎的识别，引起母体妊娠的最初反应——血小板减少。此方法技术简单、时间早、准确率高、成本低廉，但采血易引起奶牛应激，且需要借助实验室显微镜才能对血小板计数，不能进行现场检测，镜检技术要求较高。

　　3. 碱性磷酸酶（alkaline phosphatase，AKP）**诊断法**　胎盘可产生特异性耐热碱性磷酸酶，并随妊娠进展而增多，因此已妊娠牛较未妊娠牛血液中 AKP 活力高。可通过检测奶牛血清 AKP 活性变化进行妊娠诊断。这种方法操作简便，设备也不复杂，数小时之内可得出结果，但采血易造成奶牛应激，仅适用于实验室检测，且无法实现早期妊检。

　　4. 电子探针诊断法　该法将仪器探头探入奶牛阴道距子宫 2cm 左右处，根据显示的电阻值判断是否妊娠。奶牛授精后 21～23d，若阴道内背侧与腹侧电阻值＞30Ω 则可判定为妊娠，妊娠诊断准确率 80％，未妊娠诊断准确率 98％。

　　5. 看眼线法　奶牛授精 25d 左右，瞳孔正下方的巩膜表面有 1～2 条明显的、呈直线状态的纵向血管，颜色深红，轮廓清晰，若此时奶牛又没有任何发情表现，则可判定为妊娠。但应注意与因病导致眼充血的区别。

6. 7%碘酒法　授精后 30d，取 10mL 奶牛新鲜尿液，滴入 2mL 7%碘酒，充分混合 5～6min，在亮处观察试管中溶液颜色，若呈现暗紫色则为妊娠，若不变色或稍带碘酒色则为未妊娠。此方法缺点是牛尿液取样不方便，试验现象需要靠肉眼观察，妊娠诊断率较低。

五、发展趋势

目前，虽已建立很多奶牛早期妊娠诊断方法，但效果均不能满足现代奶牛养殖要求。直肠检查法虽然应用最广泛，却不能在配后 18～21d 进行准确的早期妊娠诊断，且易造成胚胎损失；超声波检查能够有效降低直肠触诊不当带来的胚胎损失，但也需要熟练的操作技巧，并受到了昂贵的专用设备的限制；已有实验室方法虽然能达到准确、灵敏的早期妊娠检测要求，但都存在耗时长、不能现场检测等问题。因此，开发简便、快速的早孕诊断技术十分必要。近年来，传感器、遥感技术等快速发展，并逐渐与生物技术结合，已开发出计步器等奶牛发情鉴定技术，通过检测发情周期中奶牛活动量的变化来进行发情鉴定。若深入开展奶牛妊娠后活动量、体温、体重等指标的变化规律研究，则可以通过计步器、温度传感器、体重检测器监测奶牛配种后这些指标的规律性变化，通过对活动量、体温、体重等生理指标变化的分析，就可在尽可能早的时间内（甚至是配后的第一个情期内）判断奶牛妊娠与否。不仅如此，机电一体化等技术在奶牛繁殖领域的引入，实现了生理指标的准确适时监测，使发情鉴定及早期妊娠诊断发生革命性变化。

第六节　性别控制技术

奶牛性别控制是指通过人为的手段进行干预，使母牛能够按人们的意愿繁殖出特定性别后代的技术。对现代畜牧业生产而言，奶牛业发展需要更多的母牛产奶，肉牛业发展需要更多的公牛长肉，奶牛及肉牛的纯种繁育场则需要更多的母牛育种。由此可见，在奶牛的生产中性别是一个非常重要的经济性状。为了控制牛的性别，人们经过不懈努力，用了几十年的时间来探索、研究和解决性别控制这一难题。因此，研究和解决母牛的性别控制问题具有普遍的有意义。

一、奶牛性别控制的途径

由于各地畜牧业发展的水平不同，当前奶牛的繁育方式主要呈现 3 种形式：一是有规模的奶牛场或地区多采用人工授精的方式；二是一些现代化的饲养水平较高的奶牛场采用胚胎移植的方式；三是在我国个别畜牧业不太发达的地区仍然保持自然交配的方式。

由于繁育方式的不同，性别控制技术也有 3 种不同的途径：一是在人工授精前通过对 X 精子与 Y 精子分离以控制性别；二是在胚胎移植前对胚胎的性别进行鉴定以控制性别；三是通过控制外环境来控制性别。饲养者可以根据自己实际情况，选择合适的性别控制技术加以实施，以提高经济效益。

1. 人工授精前的性别控制　奶牛染色体的数目为 60 条，其中，58 条为常染色体；另外 2 条为性染色体，即 X、Y 染色体。一般认为雄性动物胚胎的性染色体为 XY 型，雌性动物胚胎为 XX 型。由于 Y 染色体只在公牛才含有，因此，精卵结合时精子的类别就决定了奶牛的性别。X 精子与 Y 精子之间存在着微弱的生物学差异，关于这方面国内外科技工作者进行了多方面研究。如 X、Y 精子在体积、密度、电荷、运动性和 DNA 含量、表面抗原等方面存在差异，从而为分离精子提供了依据。实施 X 和 Y 精子的分离再通过人工授精可以有效地达到性别控制的目的。

2. 胚胎移植前对胚胎的性别进行鉴定以控制性别 胚胎移植技术现在已经大量地应用于畜牧生产中。在胚胎移植时，对移植前胚胎进行性别鉴定，人为地选择某一性别的胚胎移植给受体，可以达到性别控制的目的。奶牛的两条性染色体的形态与常染色体不一样，其鉴别相对容易。雄性胚胎的性染色体为 XY 型，雌性胚胎的性染色体则为 XX 型。利用特异性探针检测法，可鉴别出胚胎的性别，再进行移植。

3. 控制外环境来控制性别 性别主要是由遗传决定的，即由性染色体及性染色体与常染色体的对比关系决定。在自然交配的情况下，精子在母牛生殖道运行和受精过程中，所处环境的差异将对母牛所产犊牛的性别产生一定影响。此外，性别决定机制中性染色体理论并非这个机制的全部，外界环境中的某些因素也可能不同程度地影响胚胎性别的发育，从而改变性别比。

二、奶牛性别控制的方法及现状

1. X 精子与 Y 精子的分离

（1）沉降法。沉降法的原理是根据 X 精子沉积速率比 Y 精子快。据文献报道，将人的精液放在不同密度梯度的 Percoll 溶液中，经过 12 个步骤，可以收集到 90％以上的 X 精子。曹世祯等曾用此方法处理牛精液，将认为富含 X 精子的部分收集起来并给母牛输精，母牛所产的雌性牛犊的比例为 65.4％。沉降法是以比重的不同为基础的，X 精子与 Y 精子的比重虽然有所不同，但差异不甚大，且比重会随精子的成熟情况不同而有变化，所以沉降法的效果不是十分理想。

早在 20 世纪 70 年代，人们已经开始利用密度梯度离心技术分离 X、Y 精子，如不连续的白蛋白梯度、葡聚糖凝胶梯度、不连续的 Percoll（聚乙烯吡咯烷酮包被的二氧化硅颗粒的无菌胶体悬液）梯度，分选后 X、Y 精子的纯度分别达到 94％和 73％。Schiling 等（1978）较早利用沉降法分离牛精子，所得后代母犊率为 70%。王亚鸣等（1995）用沉降法分离牛精子所得后代母犊率为 61%；铃木达行（1986）用梯度离心法（Percoll）分离牛的精子，用分离的 X 精子层授精后得到 77.8% 的母犊。徐林平等用 Percoll 梯度法分离奶牛精液，并用分离后的冷冻精液给奶牛输精，产母率为 65.4%；Shroedom（1932）最早报道了利用电泳法分离牛的精子，用向阳极移动的精子授精后所得后代雌性占 71.3%。总体分析表明，以上几种方法分离的精子数少、准确率低且可重复性差，生产中应用较少。

（2）电泳法。精子膜电荷的大小取决于与核蛋白结合的唾液酸的含量，X 与 Y 精子膜电荷的分布有差异。Y 精子是尾部膜电荷量较高，而 X 精子头部膜电荷较高。当以中性缓冲液电泳时，向阳极运动的 X 精子比 Y 精子多。因此，根据精子表面带电荷量不同，通过电泳可以将 X 精子与 Y 精子分离，这种方法一般可获得 75.51% 母犊率。

（3）流式细胞光度法。流式细胞仪是进行细胞生物学和肿瘤学、血液学、免疫学等研究的重要工具，它由液流系统、光学系统、分选系统和数据处理系统等组成，能够定量测定精子等多种单个细胞的细胞膜、胞浆以及核内的多种物质，而且具有测定快速、精确、多参数的特点。自 20 世纪 70 年代以来，它在临床诊断方面的应用越来越广泛。流式细胞光度法是当前分离 X、Y 精子较准确的方法。它的理论基础是：X 精子的 DNA 含量比 Y 精子的高。对于奶牛，X 精子比 Y 精子 DNA 含量高 3.8%。且染料着色量与精子 DNA 含量成正比。因此，X 精子吸收的染料就多，X 精子发出的荧光较强。具体的做法是：先用 DNA 特异性染料对精子进行活体染色，然后精子连同少量稀释液逐个通过激光束，探测器根据精子的发光强度把电信号传递给计算机，计算机指令液滴充电使发光强度高的液滴带正电，弱的带负电。即 X 精子带上正电荷，Y 精子带上负电荷。当经过高压电场时会向不同方向偏转，达到分离的目的。用分离后的精子进行人工授精或体外受精对受精卵和后代的性别进行控制。具有重复性、科学性和有效性的特点。

（4）免疫法。应用免疫学方法分离精子是从发现 H-Y 抗原后逐渐发展起来的。现已证明 H-Y 抗原被保留在整个进化过程中，除了某些过渡品种外，在所有异型配子的性别品种的体细胞中均发现 H-Y 抗原存在，并且，只有 Y 精子才能表达 H-Y 抗原。因而，利用 H-Y 抗体检测精子质膜上存在的 H-Y 抗原，再通过一定的分离程序，就能将精子分离成为 H-Y＋（Y 精子）和 H-Y-（X 精子）两类。将所需性别的精子进行人工授精，即可获得预期性别的后代。H-Y＋、H-Y-精子分离的主要方法有免疫亲和柱层析法、直接分离法及免疫磁力法。

受精前通过体外分离 X、Y 精子的方法而预先决定后代的性别具有许多优点，是动物性别控制最有效的途径。由上述可见，X、Y 精子分离的方法很多，但目前只有流式细胞光度法具有重复性、科学性和有效性的特点。免疫学分离法是利用 H-Y 抗体检测精子质膜上存在的 H-Y 抗原，以此来分离 X 精子和 Y 精子。

2. 胚胎性别鉴定　胚胎移植技术已经广泛应用于奶牛繁殖与生产中。在移植前对胚胎进行性别鉴定，可以达到控制性别的目的。鉴定的方法主要有细胞遗传学方法、免疫学方法和分子生物学方法等。

（1）细胞遗传学方法。即通过核型分析来完成胚胎性别鉴定，这种方法鉴定胚胎性别的准确率几乎是 100％，但操作过程比较烦琐。牛的胚胎在移植前可用简单的细胞遗传学技术来鉴定牛的性别。这一技术已经在鼠和绵羊中试验成功。在牛胚胎滋养层上取一小部分细胞，经 Colcemid（乙酰甲基秋水仙碱）培养基培养，使有丝分裂停留在中期，通过渗透压使细胞膨胀破裂。释放出染色体并加以固定、染色，检查性染色体，根据染色体在细胞分裂中期的不同谱带和 Y 染色体的大小、形态来判断性别。

通过查明胚胎细胞的性染色体类型为 XX 型和 XY 型来鉴定胚胎的性别。操作的基本过程为：取少量的胚胎细胞经秋水仙素处理固定染色，检查性染色体，根据染色体在细胞分裂中期不同的谱带和 Y 染色体的大小形态来判定性别。这种方法准确率可达到 100%，但操作烦琐，难以在生产中应用。目前主要用来验证其他性别鉴定方法的准确率。

（2）X 染色体连接酶活力测定法。即检测桑葚胚至囊胚期胚胎 X 染色体连接酶活性，即葡萄糖-6-磷酸脱氢酶的活性，以预测胚胎性别。这种方法鉴定胚胎的准确率较低。主要原因是不知道 X 染色体失活的确切时间。

（3）PCR 技术。胚胎性别鉴别的实质是检测 Y 染色体上是否存在 SRY 基因，有则判断为雄性，无则判断为雌性，主要包括 DNA 探针法和 PCR 扩增法。

①DNA 探针法。从胚胎上取少量细胞，将其 DNA 与 Y 染色体特异标记的 DNA 序列（探针）杂交，结果显示阳性则为雄性胚胎，否则为雌性胚胎。用此法进行牛胚胎性别的鉴定，其准确率为 100%。但由于 DNA 杂交所需的胚细胞较多，且用时较长，对技术要求也比较高，所以该法的使用受到限制。

②PCR 扩增法。通过合成 SRY 基因片段的寡聚核苷酸片段为引物，在一定条件下进行 PCR 扩增，能扩增出特异 SRY 序列的为雄性，反之为雌性，其准确率可达 95%～100%，具有速度快、灵敏度高（可以检测到单个细胞）、可重复性好等特点。但运用此法鉴定时若发生污染，则会出现假阳性。

PCR 鉴定法是目前唯一常规、最具商业价值的胚胎性别鉴定方法，但该法目前最大的问题是采集胚胎细胞样品时的污染问题。因此要求操作规范，避免外源 DNA 的污染。

胚胎性别鉴定是一种较好的方法，但有一定的局限性。最突出的一个问题就是对技术要求高，在生产中普及困难。另一个问题就是对胚胎的反复操作易造成胚胎成活率下降。因此，还须进一步优化和完善。

（4）H-Y 抗原法。利用 H-Y 抗血清或 H-Y 单克隆抗体检测胚胎上是否存在雄性特异性 H-Y 抗原，从而进行的胚胎鉴别。

①间接免疫荧光法。先将 8 细胞-桑葚胚期的胚胎与 H-Y 抗体反应 30min，再与异硫氰酸盐荧光素（FITC）标记的免疫球蛋白 IgM 抗体反应，然后在荧光显微镜下检查胚胎是否带有荧光素，若有则判定为 H-Y＋胚胎，不显荧光则为 H-Y-胚胎。

②细胞毒性分析法。H-Y 抗血清与补体加入培养液中对胚胎进行培养，将在培养过程中继续发育的胚胎分为 H-Y-（雌性），将出现个别卵裂球溶解，以及不能发育到囊胚期的分为 H-Y＋（雄性）。由于细胞毒性反应对雄性胚胎有杀伤作用，应用范围受到限制。

3. 控制外环境　奶牛外部环境中的某些因素也是性别决定机制的重要条件，这些因素包括营养、体液酸碱度、温度、输精时间、年龄胎次、激素水平等。

（1）营养与年龄。母牛在饲料不足或饲喂酸性饲料类型后多产雄犊。反之，饲料丰富或饲喂碱性饲料多产雌犊。年老的母牛常常多生雄性后代，中年母牛多生雌性后代，双亲都为中年牛多生雌性犊牛。

（2）pH。Y 精子对酸性环境的耐受力比 X 精子差，而碱性环境则相反。当解冻液或母牛生殖道的 pH 低于 6.8 时，Y 精子的活力减弱，运动缓慢，失去了较多与卵子结合的机会，故后代雄性牛犊数少；当 pH 大于 7.0 时，则 Y 精子的活力增强，有较多的与卵子结合的机会，故后代雄性牛犊多。

（3）控制授精时间。由于 Y 精子在生殖道内的游动速度大于 X 精子，Y 精子首先到达受精部位，若在排卵前输精，等到卵子到达时，Y 精子已接近失活；而 X 精子运动慢，但寿命长，此时 X 精子活力远远大于 Y 精子，有利于 X 精子与卵子的结合，从而高产母犊的比率。由于 X、Y 两类精子在子宫颈内游动速度不同，因此到达受精部位与卵子结合的优先顺序不同。采用控制输精时间达到性别控制的方法较简便，为克服适时输精的难题，齐义信等人研制出适时受精性别控制仪，以确定最佳授精时间。

排卵前一定时间输精多产雌犊。控制授精时间的方法较简便，但对掌握适时输精的技术要求较高。此外，在牛人工授精技术上，为保证冻精的受胎率，一般推荐在母牛接近排卵时授精。这样与奶牛性别控制的目的相矛盾，所以要想既保证理想人工授精受胎率，又保证较高生母率的适宜授精时间需要做更多的研究。

三、存在的问题和前景展望

目前，奶牛的性别控制的方法很多，但在生产上推广应用都有一定的局限性。采用物理方法分离 X、Y 精子，虽有成功的报道但重复性差，在生产中推广应用的意义不大，因此对物理分离法的研究相对减少。

运用 SRY-PCR 技术鉴定胚胎性别是最具有商业应用价值的性别鉴定方法，目前将进一步研究简易快速胚胎切割取样技术、胚胎性别鉴定的 PCR 检验试剂盒及鉴定后的胚胎的冷冻保存技术这 3 个关键技术，使其进入实际应用阶段。

目前，奶牛性别控制研究的热点主要集中在流式细胞分离法和胚胎性别的分子生物学鉴定上。流式细胞仪法虽有分离速度慢、仪器昂贵、技术难度大等的局限，但若与体外授精和显微授精技术结合，将有巨大的发展潜力和广阔的应用前景。

今后，奶牛的性别控制将重点发展那些快速、准确、经济的性别控制方法，与体外授精、胚胎分割、胚胎移植技术结合将是性别控制技术发展的必然方向。利用牛性控精子体外授精技术生产体外胚胎的应用前景相当广阔，通过该技术可获得大量而廉价的性控胚胎，其意义都是无法估量的。随着研究工作的不断深入、存在问题的不断解决，分离精子必将在实践中得到广泛的应用，并产生巨大的社会效益和经济效益。

第七节 胚胎移植技术

胚胎移植是将两种母畜配种后的早期胚胎取出，移植到同种的生理状态相同的母畜体内，使之继续发育成新的个体，又称借腹怀胎。提供胚胎的个体称为供体，接受配体的个体称为受体。其为提高良种母畜的繁殖力提供了新的技术。

牛胚胎移植的商业化应用开始于 20 世纪 70 年代初期。当时，必须通过手术方法才能采集胚胎，由于奶牛的乳房影响手术的顺利进行，手术后往往还会影响奶牛以后的繁殖性能，因此，胚胎移植主要在肉牛中应用。1976 年，一些研究小组报道了应用导管高效采集胚胎的非手术方法。随后，胚胎移植在奶牛中的应用得到了飞速发展。1974 年，第一头胚胎移植登记荷斯坦奶牛在美国出生。70 年代后期，胚胎移植（ET）登记荷斯坦奶牛的数量每年以 100% 以上的速度增长，1980 年达到 8 298 头。进入 80 年代后，随着非手术采胚法和移植技术的改进以及胚胎冷冻保存技术的发展，每年胚胎移植登记奶牛的数量在稳步增长，至 1990 年达到 18 727 头。90 年代以来，胚胎移植在发达国家中的增长速度有所减缓，但是技术含量越来越高，如体外授精胚胎生产技术、转基因技术以及克隆技术的应用和研究得到加强。近年来，胚胎移植在亚洲和南美一些国家中增长速度很快。从整个世界范围来看，牛胚胎移植的增长速度仍然很快。

一、奶牛胚胎移植的意义

1. 可以充分发挥良种母牛的繁殖力，提高繁殖效率 通过胚胎移植，供体母牛可以省去很长的妊娠期，从而大大地缩短了其繁殖周期。加上对供体母牛实施超数排卵，一次即可得到数枚或十多枚甚至几十枚胚胎，这样供体母牛一生中产生的后代数比自然状态下增加几十倍甚至几百倍，大大发挥了良种母牛的遗传潜力。

2. 加快品种改良　一头良种公牛在育种中所起的作用远远大于一头良种母牛，因为一头公牛一生中拥有的后代远远多于一头母牛。母牛产生后代数少于公牛的原因：一是其产生的成熟卵子数量有限。二是胚胎发育在母体内占去了母牛一生中很多时间。如果使良种母牛排出数量更多的成熟卵子，同时卸掉孕育胎儿的包袱，那么母牛一生中所生后代的数量必将成数倍增加。胚胎移植就是一种使母牛多产的有效方法，它的运用可以大大提高母牛的繁殖力，增加育种的选择精确度和选择强度，从而可以加速品种改良的速度。

3. 胚胎移植对于引种或出口种质可能是最安全的方法　因为胚胎通常很少携带病原微生物。冷冻胚胎也是一种极好的保存种质的措施。不同于精细胞，一个胚胎是一个完整的个体，这样，冷冻或冷藏一个胚胎不仅保存了一个个体的基因，也保存了基因组织。要从精子中重新构建一个灭迹了的群体，需要级进许多世代，而通过胚胎再构建一个群体，仅在一个世代内即可实现。

二、奶牛胚胎移植技术的注意事项

1. 选择适宜的受体牛　应选择体型较大、性情温驯的个体。从年龄上看，以 3～6 岁的经产母牛为最佳，10 岁以上的老龄牛不能选用。初产牛必须达到性成熟以后，年龄应在 16 个月龄以上，体重达成年体重的 75% 的个体方可选用。要求受体牛是健康、没有疾病的个体，尤其是生殖系统没有疾病。对于过肥或过瘦、卵巢发育不良、生殖器官有炎症、人工授精不受孕的母牛，都不宜做受体牛。

2. 在发情阶段适时移植　母牛不发情，就不能排卵形成黄体，也不能进行胚胎移植。在第一次同期发情处理时，一般采用间隔 10d 2 次 PG 注射。有人试验,由于某些母牛产后没有发情,结果进行注射的 75 头母牛中,只有 33 头发情,同期发情率仅为 44%,效果欠佳。因此,发情周期不正常的受体牛,不适宜做胚胎移植。

3. 短期优势饲养 在移植前 6～8 周,受体牛要进行科学补饲,使机体达到最佳繁殖状态。每天补饲精料 2.5kg,所补饲的精料要求营养丰富、品质优良。同时,还应注意维生素 A、维生素 D、维生素 E 和微量元素及矿物质饲料的供给。

4. 注意环境条件及物品消毒 胚胎操作室要求干净、无灰尘、无异味。因此,最好在移植前进行紫外线消毒,所有器械、用品须经严格消毒处理、摆放井然有序,便于使用。工作人员的手臂在操作前要用酒精棉消毒。

5. 做好受体牛的发情观察 发情观察在胚胎移植工作中非常重要,是确定移植时间的依据。非手术法胚胎移植是在发情后第七天进行,起点时间应从适合做人工输精时算起。发情观察要定人、定时,而且观察人员要有丰富的经验。每天分早晨(8:00 之前)、上午、下午及晚上 4 次观察,每次 1h,准确记录每头母牛发情表现及时间。

6. 黄体检查 在移植前,对受体牛要进行直检,确定黄体发育情况。好的黄体凸出卵巢表面、质地柔软、有弹性、直径达 1cm 以上,底部充实。个别牛卵巢偏小,所形成的黄体没有达到要求那么大,但弹性和柔软程度都很好,这样的牛也可进行胚胎移植,并且能获得理想的受胎率。在检查时,检查动作要轻,不要用力挤压,以免弄伤受体牛。

7. 胚胎操作应严格按程序进行 甘油冷冻胚胎的操作程序为:解冻→解冻液→移植液→装管→装枪,而乙二醇冷冻胚胎解冻后可直接装枪,不需要其他操作程序。有人试验,在一次同期发情处理胚胎移植时,为检查胚胎质量,将乙二醇冷冻胚胎解冻后移到移植液中镜检、装管、装枪,结果移植的 12 头牛全部空怀。

8. 麻醉剂量适当　麻醉的目的：一是减轻移植时对受体牛刺激，使其安稳；二是防止直肠努责，便于操作。麻醉采取尾椎麻醉方式，如果麻醉部位靠后或剂量不足，直肠努责得不到抑制；如果剂量过大，使直肠括约肌过度松弛，在体内形成大的管状空腔，有的后肢麻痹站不起来，给移植带来不便，甚至无法移植。

9. 要熟练掌握胚胎移植操作技术　胚胎移植是将早期胚胎移植到生理状态相同的受体牛体内，使之继续发育。一般是发育第七天的胚胎，在第七天进行移植。移植部位是黄体发育较好一侧子宫角的上 1/2 至下 1/3，如有可能则越深越好。要求操作人员要在短时间内将胚胎移植到位，原则上不超过 10min。同时，要注意两手的协调性，避免在移植的过程中擦破子宫内膜。

10. 胚胎质量要有保证　胚胎质量是决定移植是否成功的重要因素之一，只有好的胚胎才能获得较高受胎率。实践中，移植的胚胎质量需达到 B 级以上，C 级胚胎不能单独移植，D 级属于死亡或没有利用价值的胚胎。冷冻胚胎要选择 A 级胚胎，因为胚胎在冷冻过程中，质量有所下降。有人试验，在引进乙二醇冷冻胚胎移植时，只有 A 级胚胎受孕，B 级胚胎无 1 例受孕。

11. 要选择适宜的移植季节和时间　胚胎移植要避开酷暑和严寒的影响，最佳移植季节是每年的 3～5 月和 10～11 月。在高温季节进行移植，应选择早、晚天气凉爽的时候。有人试验，在 7 月 17 日至 9 月 24 日，对 6 头自然发情母牛在 8：00 前和18：00 后进行胚胎移植，有 3 头母牛受孕，效果良好。

12. 为提高群体受胎率可重复移植　据资料介绍，受体牛可连续进行 2 次胚胎移植，2 次移植没有成功，不可再做受体牛。有人试验，对 12 头受体牛进行重复移植试验，第二次移植有 5 头母牛受孕，受胎率为 41.7%。又从中选择 2 头进行第三次移植，结果 1 头母牛受孕。

三、胚胎移植的基本程序

胚胎移植的基本程序包括供体超排与授精，受体同期发情处理、采卵、检卵和移植。关于超排和同期发情处理在前文已有叙述，下面仅介绍采卵、检卵和移植。

1. 胚胎回收（采卵） 从供体收集胚胎的方法有手术法和非手术法两种。

（1）手术法。按外科剖腹术的要求进行术前准备。手术部位位于右肋部或腹下乳房至脐部之间的腹白线处。伸进食指找到输卵管和子宫角，引出切口外。如果在输精后3～4d期间采卵，受精卵还未移行到子宫角，可采用输卵管冲卵的方法。将一直径2mm，长约10cm的聚乙烯管从输卵管腹腔口插入2～3cm，另用注射器吸取5～10mL 30℃左右冲卵液，连接7号针头，在子宫角前端刺入，再送入输卵管峡部，注入冲卵液。穿刺针头应磨钝，以免损伤子宫内膜；冲洗速度应缓慢，使冲洗液连续地流出。如果在输精后5d收胚，还必须做子宫角冲胚，即用10～15mL冲卵液由宫管结合部子宫角上部向子宫角分叉部冲洗。为了使冲卵液不致由输卵管流出，可用止血钳夹住宫管结合部附近的输卵管，在子宫角分叉部插入回收针，并用肠钳夹住子宫与回收针后部，固定回收针，并使冲卵液不致流入子宫体内。

（2）非手术法。非手术采卵一般在输精后5～7d进行。可采用二路导管的冲卵器。二路式冲卵器是由带气囊的导管与单路管组成。导管中一路为气囊充气用，另一路为注入和回收冲卵液用。

导管中插1根金属通杆以增加硬度，使之易于通过子宫颈。一般用直肠把握法将导管经子宫颈导入子宫角。为防止子宫颈紧缩及母牛努责不安，采卵时可在腰荐或尾椎间隙用2%的普鲁卡因或利多卡因5～10mL进行硬膜外腔麻醉。操作前洗净外阴部并用酒精消毒。为防止导管在阴道内被污染，可用外套膜（有商品出售）套在导管外，当导管进入子宫颈后，扯去套膜。将导管插入一侧子宫角后，从充管向气囊充气，使气囊胀起并触及子宫角内壁，以防止冲卵液倒流。然后抽出通杆，经单路管向子宫角注入冲卵液，每次 15～50mL，冲洗 5～6 次，并将冲卵液收集在漏斗形容器中。为更多地回收冲卵液，可在直肠内轻轻按摩子宫角。用同样方法冲洗对侧子宫角。

冲卵液多数为组织培养液，如林格氏液、杜氏磷酸盐缓冲液、布林斯特氏液等。常用的为杜氏磷酸盐缓冲液，加入 0.4% 的牛血清白蛋白或 1%～10% 犊牛血清。

冲卵液使用温度应为 35～37℃，每毫升要加入青霉素 1 000U、链霉素 500～1 000μg，以防止生殖道感染。

2. 胚胎检查

（1）检卵。将收集的冲卵液于 37℃ 温箱内静置 10～15min。胚胎沉底后，移去上层液。取底部少量液体移至平皿内，静置后，在实体显微镜下先在低倍（10～20 倍）下检查胚胎数量，然后在较大倍数（50～100 倍）下观察胚胎质量。

（2）吸卵。吸卵是为了移取、清洗、处理胚胎，要求目标准确，速度快，带液量少，无丢失。吸卵可用 1mL 的注射器装上特别的吸头进行，也可使用自制的吸卵管。

（3）胚胎质量鉴定。正常发育的胚胎，其中细胞（卵裂球）外形整齐，大小一致，分布均匀，外膜完整。无卵裂现象（未受精）和异常卵（外膜破裂、卵裂球破裂等）都不能用于移植。

3. 胚胎移植

（1）手术移植。先将受体母牛做好术前准备。已配种母牛，在右肋部切口，找到非排卵侧子宫角，再把吸有胚胎的注射器或移卵管刺入子宫角前端，注入胚胎；未配母牛在每侧子宫角各注入一个胚胎；然后将子宫复位，缝合切口。

（2）非手术移植。非手术移植一般在发情后第六至第九天（即胚泡阶段）进行，过早移植会影响受胎率。在非手术移植中采用胚胎移植枪和 0.25mL 细管移植的效果较好。将细管截去适量，吸入少许保存液，吸一个气泡，然后吸入含胚胎的少许保存液，吸入一个气泡，最后再吸取少许保存液。将装有胚胎的吸管装入移植枪内，通过子宫颈插入子宫角深部，注入胚胎。非手术移植要严格遵守无菌操作规程，以防生殖道感染。

四、奶牛胚胎移植目前存在的主要问题

奶牛的胚胎移植虽然在实践中早已获得成功，但其效果比理论上期望值低得多。这并不是指理论值不正确，而是就全群牛繁殖率而言，胚胎移植并不能增加繁殖率。此外，就目前的操作技术讲，也需要不断改进。因此，即使在奶牛业发达的国家，胚胎移植也仅限于育种与研究目的。归纳起来，目前奶牛胚胎移植存在的问题主要有下列几个：

1. 超排效果不稳定　利用外源性促性腺激素使母牛多排卵，各次差异较大，同时还存在较大的个体差异，有的个体甚至对超排处理毫无反应。另外，对母牛多次进行超数排卵及相关的处理，会引起母牛卵巢功能的紊乱，导致不孕。

2. 胚胎采集率低　通常在 50% 左右，主要是位于输卵管或子宫角内的胚胎并不能够全部采集到。

3. 胚胎移植成功率低　目前，全世界范围内的成功率在 50%～60%。导致这种结果的因素很多，如胚胎的质量、操作者的操作熟练程度、受体与供体发情同期化的程度、供体与受体的健康状况等。

4. 胚胎移植对于遗传评估较难，特别对具体重要的母体效应的性状，像断奶重之类。

因此，在应用胚胎移植时，要考虑各种因素的影响，不是特别优秀的母牛，不要进行胚胎移植。

第六章

奶牛不同生理阶段的饲养

第一节 生理阶段的规划

一、奶牛饲养管理的基础数据

1. 奶牛常规生理指标 见表 6-1。

表 6-1 奶牛常规生理指标

项目	犊牛	成年牛
体温（℃）	38.5～39.5	38～39
脉搏（次/分）	90～110	60～80
呼吸次数（次/min）	20～50	15～35
反刍时间	6～10h/d	15～16 次/d；30～60min/次

2. 奶牛适宜环境温度 见表 6-2。

表 6-2 奶牛适宜环境温度

单位：℃

项目	下限	最适	上限
犊牛	13	16～18	26
育成牛	−5	16～18	26
妊娠干奶牛	−14	16～18	25
泌乳盛期母牛	−25	16～18	25

3. 每头奶牛全年的饲料消耗（储备）量 见表 6-3。

表 6-3　每头奶牛全年的饲料消耗（储备）量

饲料	消耗（储备）量（kg）	饲料	消耗（储备）量（kg）
青干草	1 100～1 850	多汁饲料	1 500～2 000
青贮玉米	10 000～12 500	糟渣饲料	2 300～3 000
精饲料	2 300～4 000	矿物质	精饲料的 3%～5%

二、饲养工艺

1. 拴系饲养　有固定牛床及拴系设施，牛只平时在舍外运动场自由运动，不能自由进出牛舍。采食、刷拭和挤奶在舍内进行。按奶牛生长发育阶段和成母牛泌乳期、泌乳量等分群饲养。

2. 散栏饲养　按照奶牛的自然和生理需要，不拴系，无固定床位，自由采食，自由饮水，自由运动，并与挤奶厅集中挤奶、TMR 日粮相结合的一种现代饲养工艺。需要牛舍、挤奶设备、搅拌车、铲车等设备设施配套才能发挥作用。成母牛群的散栏饲养一般将牛群分成 5 类，即头胎牛群、泌乳盛期群、泌乳中期群、泌乳末期群和干奶牛群。后备牛的散栏饲养可根据牛群规模分群，对各群牛分别提供相应日粮。

三、奶牛饲养管理的一般要求

1. 按饲养管理规范饲喂，先粗后精，以精带粗，不堆槽、不空槽，不喂发霉变质、冰冻的饲料，注意拣出饲料中的异物。

2. 分群饲喂，做到定时、定位、定量，做到少喂勤添。

3. 不突然变更饲料，变更饲料时做到循序渐进。

4. 保证充足、洁净的饮水，冬天水温 8～12℃以上。

5. 运动场吊一些盐砖或放置盐槽，让牛自由舔食。

6. 做好牛舍的通风换气，保证舍内温、湿度适中，冬防寒、夏防暑。

7. 牛舍和运动场保持清洁卫生、干燥，粪便及时清除，集中发酵处理。

8. 做好牛体护理，每天刷拭 1 次，每年检查修蹄 1 次。

9. 加强牛群运动。

10. 根据牛的产奶量、采食量、产品处理、季节变化、饲喂方式等制订饲养管理日程。

11. 后备母牛和干奶牛每天 2～3kg 精料，产奶母牛每产 2.5～3kg 奶 1kg 精料，粗饲料自由采食。

12. 严格按挤奶操作程序挤奶，注意奶的卫生和乳房保健。根据奶牛的产奶量，每天挤奶 2～4 次。

四、饲养技术要点

1. 坚持品种改良，优化牛群结构 选择优质品种，开展经济杂交，优化牛群结构是提高养牛经济效益的一个关键环节。应当选择适应当地气候、饲料等条件、出产性能好、饲养周期短、经济效益高的品种。目前，比较合适我国北部地区黄牛品种改良的肉牛品种有西门塔尔牛、夏洛来牛、利木赞牛、蒙贝利亚牛、皮埃蒙特牛等品种的肉用型或肉乳兼用型牛。利用这些品种牛做父本，与本地母牛及良种杂交母牛进行二元或三元杂交，以及二元以上品种轮回杂交，使逐代都能维持一定的杂交优势，从而取得生活力强和出产性能高的牛群。据美国研究，两品种的轮回杂交可让犊牛平均体重增长 15%，三品种轮回杂交增长 19%。杂交繁育的公牛一律做商品牛育肥出栏，杂交繁育的母牛延续饲养做基础母牛，直至失去繁殖能力才能淘汰出栏。

饲养基础母牛的主要目标是为了繁育出犊牛。繁殖是增长牛群数量和提高牛群品质的前提，是发展养牛业的基础。因此，最大限度地提高母牛繁殖能力，避免空怀，养牛户应当掌握母牛的发情规律和发情鉴定方法，使冷配技术员能及时给母牛人工授精配种、受胎，以提高繁殖率。一般母牛的性成熟年龄为 8～14 月龄，因为性成熟后母牛身体还未发育完全，所以一般母牛的首次配种年龄为 18～24 月龄，到 13～15 岁结束（绝情期）。牛的繁殖无季节性，未怀孕的成龄母牛一般的发情周期为 21d，发情时一般母牛发情延续时间为 18h。母牛发情特征表现为躁动不安、常常哞叫，不卧下，尾根举起，食欲及泌乳量下降，弓腰常作排尿状，接受其他牛爬跨或爬跨其他牛。发情初期外下部潮湿肿胀，从溢出多量透明稀薄黏液；发情盛期黏液透明且牵缕性强；到发情末期黏液变为稍有乳白色并混浊，黏性减退牵拉呈丝状；到发情后期，外下部肿胀明显衰退，黏液少而黏稠，由乳白色逐渐变为浅黄红色。尾耷下，体温升高到 39℃。发情结束后 6～8h 为最佳输精时间。

2. 修建合理的圈舍，给牛提供较为舒适的生活环境 建大型牛场或养牛小区应距离主要交通要道、村镇、工厂 500m 以外，距离一般交通要道 200m 以外，场地应地势高燥、向阳背风、便于排水、水源充足、土质为沙壤土、草料来源丰富、交通便捷、不占或少占耕地。场区内生产区、粪便处置区、管理区布局合理，以地势和主风向来合理调度。建舍要保证每头有足够的舍内占用面积。成年母牛每头舍内占用面积 4～6m²，犊牛为 2m²（育肥牛每头为 4～5m²，育成母牛为 3～4m²）。具体修建牛舍面积要依据养牛数量断定。牛舍建筑类型可分为封闭式、开放式、半开放扣塑料棚式、敞棚式。房盖型式分为起脊式（双坡式）、平顶式、单坡式、半单坡式。建筑材料可为砖瓦构造、土木构造。内部构造有单列式、双列式、多列式。封闭式单列式跨度为 4.5～5m，双列式跨度为 9～10m，牛舍长度以养牛头数而定。牛舍一端可设 1 间工作室（值班室），1 间调料室 12～14m²。舍外设运动场（栓牛场、圈），向外坡度 3°～5°。2 栋牛舍间距不少于 10～15m。具体建牛舍要因地制宜，做到经济实用、科学合理。有条件的养殖户可建品质好、经久耐用的牛舍。以单列式牛舍为例，跨度为 5m，墙高 2.5m，脊高 3.5m（3～4.5m），墙厚 0.37m，内部水泥地面或立砖水泥抹缝地面。牛床、清粪道、排尿沟总计宽为 2.8~3m，牛床坡度为 2°~3°，其中牛床宽 1.7~1.8m，粪沟宽 25~30cm，深 10~15cm。单列式过道宽 1.3~1.5m，双列式 1.5~1.8m。每头成年母牛占槽长 1.1m 左右，槽底距地面高 20~30cm。饲槽上口宽 55~60cm，底宽 35~40cm，槽深前沿（靠牛侧）45~50cm，后沿高 60~65cm。为了挡牛在牛颈之上可设一道横杆。在舍内最高处设。几个排气窗或排气孔，冬季用来调理舍内湿度和排气，夏季通风降温。

牛舍内应维持干燥，冬暖夏凉，地面应保温、不透水、不打滑，且污水、粪尿易于排出舍外。舍内清洁卫生，空气新鲜。牛舍以坐北朝南或朝东南为好。牛舍要有一定数量和大小的窗户，以保证太阳光线充足和空气流通。房顶有一定厚度，隔热保温性能好。

养牛还应在牛舍两侧或牛场附近修一处青贮窖，便于运送和取用，地势较高，避免粪尿等污水渗入污染。按每头牛 2~3m³ 修建，每立方米可贮玉米秸 500~600kg。每头牛每天可饲喂青贮料 10~20kg。

秸秆及草垛设在下风向，与周围房舍至少维持 50m 以上距离。储粪场应设在牛场下风向的地势低洼处，便于卫生防疫。

牛场应设交往人员脚踏消毒池和车辆消毒池，四周建围墙或挖防疫沟。

3. 供应多样草料，力争营养全面，并做好饲草的加工调制　任何一种牧草都不会有完全的营养成分，舍饲母牛应尽量供应多样草料。养牛较好的牧草有苜蓿草、羊草、苏丹草等。秸秆可利用玉米秸、稻草、豆秸、花生秧等。精料类有玉米、豆饼（粕）、麸皮等。为保证饲料的长年均衡供应，有条件的可利用耕地种植苜蓿、苏丹草、紫粒苋等，分茬收割，鲜草饲喂；种植青贮玉米可在乳熟期，蜡熟期采收制造全株青贮饲料；在秋收后可利用玉米秸、地瓜秧等制造青黄贮饲料。其他的秸秆和稻草、花生秧、豆秸等应全体妥当储存起来以备冬春利用；要把草原上所产的牧草尽量全体采收、晾晒后储存起来。

饲草、秸秆等饲喂利用必须经加工调制，先切短（0.5cm长）或粉碎，然后可采用以下方法：一是盐化后与精料混杂饲喂；二是利用秸秆饲料微生物制剂发酵后饲喂；三是加尿素氨化处置后饲喂；四是青黄贮后饲喂，此法比较适合秋季刚收割的玉米秸。

甜菜、胡萝卜等块茎饲料是母牛、犊牛冬季补饲的较好饲料，能够室内堆藏或窖藏，喂前应洗净土，切碎后单独补饲或与精料拌匀后饲喂，切勿整块饲喂，以免造成食道阻塞。

精料类的食粮，豆饼等主要经过粉碎后做补饲用，喂量不要过多，否则易得病。补喂精料依据畜体大小、怀孕、哺乳、育肥等状况而定。母牛怀孕的后 2 个月应补喂精料，每天 1～2kg 精料、骨粉 50g、食盐 30g。哺乳母牛产后头 2 个月，每天应补给 1～2kg 精料、骨粉 60g、食盐 40g。空怀母牛假如膘情差，粗饲料品质不好或饲料单一的也应当适当补喂精料，每天 0.5kg 左右，以利于尽快发情受配怀孕。

1 头成龄母牛 1 年的饲料计划：大概需干秸秆 4t，其中可分为干玉米秸 3t，青黄贮饲料 3.5t（折合干秸秆为 1t）。精料需 700kg（精料中玉米占 75％、豆饼 20％、骨粉 3％、食盐 2％）。其中，玉米 525kg、豆饼 140kg、骨粉 20kg、食盐 15kg（育成母牛需筹备精料 300kg、犊牛 100kg）。

舍饲养牛应补给矿物质及微量元素添加剂，能够利用营养舔砖，其中含有盐及钙、磷、碘、硒等多种微量元素。利用舔砖可放在饲槽中或固定在柱子上，让牛自由舔食，保证充足饮水。舔砖要避免雨淋而造成溶解。

4. 加强母牛的饲养管理　在饲喂上做到先粗后精、先喂后饮，冬季每天可喂 2 次，喂后饮温水；夏季每天喂 3 次。精料要按期按比例配合成混杂料，混匀，喂前 6～8h 用水调湿混匀，闷软后拌料喂给。每次饲喂时，饲养人员要看槽饲喂，调解余缺，随吃随填，做到一次性吃饱。饲料品种要相对稳定，各种饲料要搭配着喂，不要常常更换，如必须更换时，必须逐渐更替，使牛逐渐适应，以保证牛的正常消化。不喂发霉变质的结冻的饲料。青贮饲料在冬季要在舍内饲喂，现喂现取。

在管理上要做到"五定"：即定管理人员、定牛的槽位、定饲料品种、定喂饮时间、定管理日程。给牛创造一个安静舒适的环境，让牛充分休息和反刍。饲料储存要防潮、防雨、防鼠咬和农药污染；清除饲料中的杂物；饲喂用具要保持清洁卫生；舍、圈、场要保持地面平整、干燥、无泥坑、无宿粪；要保持牛体卫生，身无粪便和土，每天对牛体进行 1 次刷拭；应经常观察牛的健康、精神、采食、粪便等是否正常，做到早发现病畜、早医治。冬季防寒，夏季避暑。舍饲圈养的母牛每天要适当运动，每天要维持 6～8h 的日光照射，但在夏季中午要避免阳光直射，以防中暑。特别是妊娠后期的母牛，每天应赶着、牵着运动或在圈内运动均可，以降低难产率。要避免互相顶架，以防流产。母牛的妊娠期为 285d 左右，母牛表现不安、频频排粪排尿，为即将临产，这时就应做好分娩时的准备工作，给母牛供应清洁的垫草和安静的环境。可用清洁、安静的屋舍作为专用产房，做好清扫消毒，铺好垫草、准备好热水和照明灯，1‰的来苏儿、碘酊、肥皂等。

母牛分娩时，要做好接产和助产工作，发生难产时，要及时处理。产后喂给母牛温热足量的麸皮盐水（麸皮 1.5～2kg，盐 100～150g，加温水 10～20kg）以促进胎衣排出，补充分娩时体内水分的流失。清除污染的垫草，换上清洁的垫草。犊牛产出后立即将口鼻部黏液擦净，脐带断端用 5‰碘酊浸泡须臾，如未自断可在距腹部 6～8cm 拉断，然后消毒。犊牛身上的黏液可由母牛舔干或用柔软干草擦干。产后 4～6h 应排出胎衣，及时检查是否完整，取走。

产后保证母牛的营养和供应充足的饮水，使母牛在产后体况、子宫尽快恢复，于产后 60d 左右发情配种受孕，确保每年产犊 1 次；保证犊牛出生后 30～60min 吃到初乳，生后 20d 以后训练吃草吃料进行补饲，4～6 月龄时可断奶。

牛的疾病预防除按当地规定的免疫程序进行防疫注射外，每年应驱虫 2 次，可用伊维菌素制剂注射，对防治体内外寄生虫效果较好。

五、奶牛阶段划分

强化奶牛饲养管理，根据奶牛不同阶段的生理特点采用不同的饲养管理手段，推行先进的科学饲养方法，做好奶牛各生理阶段的饲养管理，不断提高奶牛的饲养管理水平，降低疾病发病率，延长奶牛的使用寿命，同时减少浪费、降低成本、提高产量、增加效益，对提高奶牛养殖效益至关重要。

根据生长发育过程中的生理需要，可分 4 个主要阶段：

（1）犊牛（6 月龄以内）培育，须从妊娠后期就加强母体营养。犊牛出生后，尽早喂给初乳 5～7d，然后转喂常奶，60～90d 断奶。及早补饲精粗饲料，以利于消化器官发育。

（2）育成牛（6 月龄后至产犊前）饲养，与公牛分开，饲以大容积优质青粗饲料，并适当补充精料及矿物质饲料。如有条件以放牧饲养为宜。

（3）泌乳期饲养管理。日料组成应力求多样而营养全面。一般每产 3～4kg 牛奶须喂给 1kg 精饲料，粗纤维以占日粮总干物质的 15%～20% 为宜。随着泌乳量逐日上升营养需要也加大。为避免泌乳高峰期母牛消瘦，采用全价配合饲料供牛自由采食，并可用电子设置自动控制给料。

（4）干奶期（产前 2 个月左右至分娩前）饲养管理。母牛在干奶期可弥补由于长期泌乳或因妊娠后期胎儿迅速发育而导致的养分消耗，并为下个泌乳期准备条件。干奶期一般 60d 左右。这时期按日产奶 10～15kg 营养需要饲养，同时注意补充矿物质和维生素，并加强运动。

　　奶牛根据不同的生长发育和生理阶段分为后备牛和成母牛，后备牛又可被分为 0～6 月龄的犊牛、7～15 月龄的育成牛、16 月龄到产犊前的青年牛。青年牛妊娠产犊后转入成母牛群，成母牛又可划分为干奶牛和泌乳牛。干奶牛，指成奶牛经过一个泌乳期的泌乳，妊娠 7 个月后，奶牛停止泌乳，进入恢复休整期，一般为 2 个月，可分为干奶前期（停奶至产前 21d）与干奶后期（产前 21d 至分娩）。泌乳牛指从产犊后开始泌乳，直至停奶的牛，可分为泌乳早期（分娩至产后 21d）、泌乳盛期（产后 22～100d）、泌乳中期（101～200d）、泌乳后期（201d 至停奶）。通常情况下，把干奶后期和泌乳早期称为围生期。

第二节　哺乳阶段的变化规律

　　犊牛是指出生到 6 月龄的牛。这个时期犊牛经历了从母体子宫环境到体外自然环境，由靠母乳生存到靠采食植物性为主的饲料生存，由反刍前到反刍后的巨大生理环境的转变，各器官系统尚未发育完善，抵抗力低，易患病。犊牛处于器官系统的发育时期，可塑性大，良好的培育条件可为其将来的高生产性能打下基础。如果饲养管理不当，可造成生长发育受阻，影响终身的生产性能。

一、初生犊牛的饲养管理

　　1. 犊牛的消化生理特点　　出生后前 3 周的犊牛，瘤胃、网胃和瓣胃均未发育完全。这个时期犊牛的瘤胃虽然也是一个较大的胃室，但是它没有任何消化功能。犊牛在吮奶时，体内产生一种自然的神经反射作用，使前胃的食管沟卷合，形成管状结构，避免牛奶流入瘤胃，使牛奶经过食管沟直接进入瓣胃以后进行消化。犊牛3周龄时开始尝试咀嚼干草、谷物和青贮饲料，瘤胃内的微生物体系开始形成，内壁的乳头状突起逐渐发育，瘤胃和网胃开始增大。由于微生物对饲料的发酵作用，促进瘤胃发育。随着瘤胃的发育，犊牛对非奶饲料，包括对各种粗饲料的消化能力逐渐增强，才能和成年牛一样具有反刍动物的消化功能。所以，犊牛出生后前3周，其主要消化功能是由皱胃（其功能相当于单胃动物的胃）行使，这时还不能把犊牛看成反刍家畜。在此阶段，犊牛的饲养与猪等单胃动物十分相似。

犊牛的皱胃占胃总容量的70%（成年牛皱胃只占胃总容量的8%）。犊牛在以瘤胃为主要消化器官之前，尚不具备以胃蛋白酶进行消化的能力。所以，在犊牛出生后前几周，需要以牛奶制品为日粮。牛奶进入皱胃时，由皱胃分泌的凝乳酶对牛奶进行消化。但随着犊牛的长大，凝乳酶活力逐步被胃蛋白酶所替代，大约在3周龄时，犊牛开始有效地消化非乳蛋白质，如谷类蛋白质和菜籽粕等。而在新生犊牛肠道里，存在有乳糖酶，所以，新生犊牛能够很好地消化牛奶中的乳糖，而这些乳糖酶的活力却随着犊牛年龄的增长而逐渐降低。新生犊牛消化系统里缺少麦芽糖酶，大约到7周龄时，麦芽糖酶的活性才逐渐显现出来。同样，初生犊牛几乎或者完全没有蔗糖酶，以后也提高得非常慢。因此，牛的消化系统从来不具备大量利用蔗糖的能力。初生犊牛的胰脂肪酶活力也很低，但随着日龄的增加而迅速增加起来，8日龄时其胰脂肪酶的活性就达到相当高的水平，使犊牛能够很容易地利用全乳以及其他动植物代用品中的脂肪。另外，犊牛也同样分泌唾液脂肪酶，这种酶对乳脂的消化有益，但唾液脂肪酶随着犊牛消耗粗饲料量的增加而有所减少。

奶牛养殖一般用人工哺乳的方法，但在犊牛1.5～2月龄时，必须喂以富含动物性蛋白质的代乳品，或者喂以全乳，才有利于犊牛的生长。至少要在3月龄之后，才能用植物性蛋白质全部代替牛奶。为促进瘤胃的发育，早日适应植物性饲料，可在牛出生后数周内开始喂干草、青贮饲料和谷物，使瘤胃能尽早具有成年牛的瘤胃功能，消化植物性蛋白质，并促进瘤胃微生物的繁衍。

犊牛哺乳期生长速度快，但对周围环境适应能力较弱，易受外界环境影响而死亡。据统计，犊牛的总死亡头数中差不多有50%是在出生后 10d 内死亡的。犊牛经常发生腹泻、肺部感染，严重影响其生长。造成犊牛腹泻、肺部感染的原因很多，最主要的是营养非标准化以及管理上失误所致。

2. 犊牛初乳期的饲养管理

（1）初乳的重要性。犊牛初生后，生活环境发生了大的转变，此时犊牛的组织器官尚未发育完全，对外界环境的适应能力很差。加之胃肠空虚，缺乏分泌反射，蛋白酶和凝乳酶也不活跃，真胃和肠壁上无黏液，易被病原微生物穿过侵入血液，引起疾病。此外，初生犊牛的皮肤保护机能差，神经系统尚不健全，易受外界因素影响引起疾病甚至死亡。要降低犊牛的死亡率，培养健康犊牛，就必须重视让犊牛早吃并吃好初乳。

母牛分娩 1 周内所分泌的乳汁为初乳，它具有特殊的生物学特性，是新生犊牛不可缺少的食物。初乳首先是有代替胃肠壁上黏液的作用，覆盖在胃肠壁上，能阻止病原微生物的入侵。同时，初乳的酸度较高，可使胃液变成酸性，不利于病原微生物的繁殖。初乳中还含有溶菌酶和抗体蛋白质，有很好的提高抵抗力作用。从营养角度看，初乳的营养成分特别丰富，与常乳比较，干物质总量多 1 倍以上，蛋白质多 4～5 倍，乳脂多 1 倍左右，维生素 A、维生素 D 多 10 倍。初乳中还含有较多的镁盐，有轻泻的作用，有利于排出体内的胎便。初乳对初生犊牛的成活率至关重要。

但是，初乳中的营养物质、抗体和酸度是逐日发生变化的，一般 6～8d 后就接近常乳的特性和成分。而且，由于犊牛肠道生理特点，随着时间增加，对初乳中的抗体吸收率迅速下降。因此，应尽早让犊牛吃上吃足初乳，一般在生后 30～60min，当犊牛能站立时，即可饲喂初乳。

（2）母牛产犊后无奶（乳汁不足）的处理方法：母牛产犊后无奶（乳汁不足）时，可请兽医治疗，并给以催乳药物。但最迫切的是尽快解决犊牛吃初乳的问题。

一种方法是用同时期产犊的其他母牛的初乳喂给；另一种补救方法是用健康母牛的全血 100mL 皮下注射于初生犊牛，这样可以激活犊牛体内产生免疫球蛋白的机制，使其增强对疫病的抵抗能力。此外，还可以配制人工初乳，方法是：用新鲜鸡蛋 2～3 个，鱼肝油 9～10g，加入煮沸后并冷却至 40～50℃的水中，搅拌均匀（或加入 0.75kg 牛奶中并搅匀，加热至 38℃，效果更佳），在犊牛出生 7d 内，按犊牛体重每千克喂给 8～10mL，每天 7～9 次，每次 15min 左右。无母乳的犊牛经 7d 上述方法处理后，可以喂以其他母牛的常乳至断奶。

新生犊牛期的饲养方法大致有两种：一种是出生后的犊牛立即与母牛分开人工哺喂初乳；另一种是犊牛生后留在母牛身边（或隔栏内）共同生活 3～4d，自行吸吮母乳。前者虽然用的人力多些，但是犊牛的初乳量可以人工控制，定量能严格把握。后者虽能节约劳力，畜主不必时刻惦记犊牛，但对犊牛能否及时吃上初乳没有十分把握。据检测，后者犊牛血中免疫球蛋白的浓度比人工哺乳者低。另外，犊牛吃奶时的动作容易引起乳房疾病，在母牛习惯于犊牛吸吮后再人工挤奶就十分不方便。

（3）初乳喂量与储存。

①人工饲喂初乳的量。一般是按犊牛出生重的 1/10 来掌握，第一次喂给 2kg（要参照犊牛出生重的大小与生活力的旺盛情况，灵活掌握）。以后每天 5～7 次，每次 1.5kg，一般喂到第五天。

②多余初乳的应用。母牛产后 6d 左右的初乳是不能做商品奶出售的，而累计的分泌量在 80～120kg，犊牛只能消耗 40%左右。多余的初乳可做以下处理：一是把初乳（冷藏）作为没有初

乳的母牛所生的犊牛用奶；二是当作常乳使用，由于初乳营养浓度是常乳的 1.5 倍，为防止犊牛下痢，喂时可兑入适量温水；三是初乳发酵后喂牛。当产犊集中、多余初乳量大时可进行发酵储存，可陆续喂牛。

③初乳发酵及饲喂的方法。母牛产犊后 6d 左右所生产的初乳，初生牛犊食用不完，可以储藏起来，经过发酵以后延长保存时间，以后每天给犊牛一定量的发酵乳，用以节约常乳。

方法是：初乳用纱布过滤，加温至 70～80℃，维持 5～10min，装入洁净干燥的奶桶加盖冷却至 40℃，然后倒入经消毒处理的发酵罐或塑料桶内，再按照初乳量的 5％～8％（天热少用、天冷多用）加入发酵剂或市售酸奶，混匀，加盖，在无阳光直射的房内放置 3～5d，待乳汁呈半凝固状态时即可饲用。

制作时温度不可过高，否则会破坏一些营养物质，过低又达不到消毒的效果；初乳发酵属于乳酸发酵法，好的发酵乳呈淡黄白色，带有酸甜芳香味，若呈灰色、黑色，有腐败酸味或霉味，说明受到了杂菌污染、已变质，切不可喂养犊牛。

饲喂方法：一是要控制数量，因发酵初乳中干物质、蛋白质和脂肪含量较高，每天用量应低于 3.6kg，并按 1∶1 的比例用水稀释，以免犊牛消化不良；二是发酵初乳储存时间不要超过 2～3 周，否则蛋白质易分解腐败，引起犊牛发病。

④初乳期的饲养管理要点。第一，出生后的犊牛应及时喂给初乳（出生后 1h 以内最好），每天喂 5～7 次，每次 1.5～1.7kg。保证足够的抗体蛋白质量。第二，新生犊牛最适宜的外界温度是 15℃。因此，应给予保温、通风、光照及良好的舍饲条件。第三，饲喂犊牛过程中一定要做到"四定"。一是定质。喂给犊牛的奶必须是健康牛的奶，忌喂劣质或变质的牛奶，也不要喂患乳房炎牛的奶。二是定量。按体重的 8％～10％确定。哺乳期为 2 个月时，前 7d 5kg，8～20d 6kg，31～40d 5kg，41～50d 4.5kg，51～60d 3.7kg，全期喂奶 300kg。如果哺乳期为 3

个月，全期喂奶 500kg。三是定时。要固定喂奶时间，严格掌握，不可过早或过晚。四是定温。指饲喂乳汁的温度，一般夏天掌握在 34～36℃，冬天 36～38℃。第四，如果用奶桶喂初乳，应人工引导。一般是饲喂人员将干净手指伸在奶中让犊牛吸吮，不论用什么工具喂奶都不得强行灌入，以免灌入肺中。体弱牛或经过助产的牛犊，第一次喂奶大多数反应很弱，饮量很小，应有耐心在短时间内多喂几次，以保证必要的初乳量。

3. 常乳期的饲养管理

（1）饲养方法。犊牛出生 6d 后从哺喂初乳转入常乳阶段，牛也从隔栏放入小圈内群饲，每群 10～15 头。哺乳牛的常乳期为 60～90d（包括初乳阶段），哺乳量一般在 300～500kg，日喂奶 5～7 次，奶量的 2/3 在前 30d 或 50d 内喂完。全期平均日增重 670～730g，期末体重 170kg。喂奶量 500kg 的犊牛全期耗精料 200kg 左右，而喂 200～350kg 奶的犊牛全期耗精料量 250～300kg。前者耗中等质量的饲料 230kg 左右，后者耗 280kg 左右。

哺乳 500kg 奶量犊牛断奶前饲料配方：玉米 49%、豆粕 20%、麸皮 20%、菜籽粕 5%、磷酸钙 4%、碳酸钙 1%、食盐 1%；适量玉米青贮草、优质干草等。

哺乳 300kg 奶量犊牛断奶前饲料配方：玉米 50%、豆饼 35%、麸皮 9%、菜籽粕 3%、磷酸钙 1%、碳酸钙 1%、食盐 1%；适量玉米青贮草、优质干草等。

（2）要尽早补饲精、粗饲料。犊牛生后 1 周后即可训练采食代乳料。开始每天喂奶后人工向牛嘴及四周涂抹少量精料，引导开食，2 周左右开始向草栏内投放优质干草供其自由采食。1 个月以后可供给少量块根与青贮饲料。

（3）要供给犊牛充足的饮水。喂给犊牛奶中的水不能满足生理代谢的需要，除了在喂奶后加必要的饮用水外，还应设水槽供水，早期（1～2 月龄）要供温水并且水质也要经过测定。早期断奶的犊牛，需要供应采食干物质量 6～7 倍的水。

（4）犊牛期应有良好的卫生环境。犊牛的主要疾病（特别是早期）有大肠杆菌与病毒感染性的下痢，多种微生物引起的呼吸道疾病。为了做好犊牛疾病的预防，除及时喂给初乳增强肠道黏膜的保护作用和刺激自身的免疫能力外，还应从其出生日起就该有严格的消毒制度和良好的卫生环境。哺乳用具应该每用 1 次就清洗、消毒 1 次。每头犊牛有一个固定奶嘴和毛巾，每次喂完奶后擦净嘴周围的残留奶。犊牛围栏、牛床应定期清洗和消毒，垫料要勤换，保持干燥。冬季寒冷要加铺新垫料。隔离间及犊牛舍的通风要良好，忌贼风，阳光要充足（牛舍的采光面积要合理）。冬季要注意保温，夏季要有降温设施。牛体要经常刷拭，保持一定时间的日光浴。

（5）犊牛期要有一定的运动量。从 10～15 日龄起，应该有一定面积的活动场地，尤其在 3 月龄转入大群饲养后，应有意识地引导活动，或适当强行驱赶，如果能放牧则更好。

（6）犊牛要调教，达到"人与畜亲和"。通过调教，使犊牛养成良好的规律性采食反射和呼之即来，赶之即走的温驯性格，以利于以后育成及育肥期的饲养管理。

（7）控制精料喂量。日常饲养中要坚持犊牛以采食品质中等以上的粗饲料（以干草为主）来满足营养需要，精饲料饲喂量每头每天不超过 2kg。

（8）保姆牛带犊管理法。该法是近年来较为普遍使用的一种方法，过去保姆牛法主要应用于将无母牛犊牛，现在为便于管理，如实行早期断奶，商品挤奶牛与哺乳保姆牛分开饲管等，采用 1 头母牛培育若干头犊牛的保姆牛法颇为盛行。1 头保姆牛可哺育 9～10 头犊牛，要求犊牛年龄、体重和体况相近，年龄相差不超过 10d，体重相差不超过 5～10kg。犊牛头一个月平均日增重不低于 800g。选择的保姆牛要求母性好、性情温驯、健康、产奶量中上等、乳头发育良好。保姆牛的饲养按哺育犊牛计算的泌乳量及母牛膘情供给营养量。要求供给品质好的精饲料、优质青贮草、青干草和块根类饲料，而不用糟、渣。断奶日龄的确定取决于犊牛的生长发育、牛场条件和保姆牛的产奶量等。

4. 常乳期犊牛围栏的应用　犊牛通常都是饲养在隔离间的牛床上或通道式的牛舍中，与母牛相处或相邻。犊牛夏天的下痢、冬天的呼吸道疾病都是交叉感染的结果。如果在犊牛抵抗病原菌感染能力还弱的阶段，切断传染源，使犊牛处于一种无污染、通风良好、保暖防暑的理想环境里，是可以达到预防感染和提高成活率的。犊牛活动围栏（也称散放围栏或犊牛岛）是目前符合上述理想愿望的一种牛舍。

（1）犊牛围栏的结构。由箱式牛舍和围栏两部分组成，可以拆卸与组合，还可随意搬动。箱式牛舍由三面活动墙与舍顶合成，前面与围栏相通，箱体深 2.4m，宽 1m，前高 1.2m，后高 1.1m（这是平顶，也可以建成屋脊顶），围栏（长）1.8m×（宽）1m×（高）0.8m。

（2）制造与使用要点。建筑材料，目前国内多使用水泥板或铁板做墙体，瓦楞铁（彩钢）或石棉瓦为顶。这些材料对保温与散热有不足之处，应在瓦楞铁与石棉瓦下面增加隔热层，以防暑期阳光直射造成的辐射热，同时冬季也可保温。水泥板墙体中同样也应添加隔热材料增加保温性能。结构前檐高度（仰角）随当地纬度不同而变化，务必使立冬后的阳光射入量达到最大。仰角太大或太小均不利于舍内保温。放置地点的选择应与成年牛舍有一定的有效防疫距离。地势高燥、排水方便，可以成排摆放，也可以错开摆放。夏天放在树荫下，冬季放在背风向阳的地方。推广犊牛围栏这一设施时，应充分认识到它是符合犊牛生理所需的产物。

5. 早期断奶和幼犊日粮

（1）早期断奶。按断奶犊牛的年龄大小，可分为早期断奶和较早期断奶两种类型。较早期断奶一般在奶牛上使用，断奶时间为 4～8 周。如 4 周龄断奶，犊牛哺乳期 1 个月，在初乳期之后至 20 日龄，犊牛每天喂奶 4kg；21～30 日龄，每天减少为 2kg，不足部分用代乳料补充；1 个月之后改喂犊牛料。早期断奶一般指犊牛在 2～3 月龄断奶。对于肉用母牛来说，大多数母牛在泌乳 2～3 个月后，泌乳量已开始下降，而犊牛的营养需要却在增加。因此，就应在较早期补给犊牛草料供其采食，而此时由于犊牛对草料已具备了相当的采食量和消化能力，因而断奶也较容易。

犊牛 2～3 月龄断奶时，已基本习惯了采食干草和精料日粮，但此时瘤胃并未发育完全，同时为保证采食的饲料能满足犊牛的生长发育所需，要求幼犊日粮精、粗饲料的配比必须合理。一般要求精、粗饲料的比例为 1：1。粗饲料最好喂给优质干草、青草和青贮玉米。随着年龄增大，4 月龄后可逐渐添加秸秆饲料，一般到 9 月龄时，秸秆饲料的喂量可占全部粗饲料的 1/3。

（2）断奶后的犊牛日粮。断奶初期犊牛的生长速度不如哺乳期。只要日增重保持在 0.6～0.8kg，这种轻微的生长发育受阻在育成期较高的饲养水平条件下可完全补偿。研究表明，过多的哺乳量、过长的哺乳期、过高的营养水平和过量的采食，虽然可使犊牛增重较快，但对牛的消化器官、内脏器官以及繁殖性能都有不利影响，而且还影响牛的体型及成年后的生产性能。因此，在多数情况下，宜采用中等或中等偏上的饲养水平培育种用后备犊牛。以下介绍 3 组犊牛配合精料配方：

①4～6 月龄犊牛配合精料配方。玉米粉 15％、脱壳燕麦粉 34％、麸皮 19.8％、向日葵或亚麻饼粉 20％、饲用酵母 5％、菜籽粕 4％、石粉 1.7％、食盐 0.5％。

②幼牛配合精料配方。饲用燕麦粉 50％、饲用大麦粉 29％、麸皮 6％、亚麻饼粕 5％、苜蓿草粉 5％、饲用酵母 1％、菜籽粕 1％、食盐 1％、磷酸钙 2％。

③幼牛全价饲料配方。优质苜蓿草粉颗粒料 20％、玉米粉 37％、

麸皮 20%、豆粕 10%、糖蜜 10%、磷酸钙 2%、微量元素 1%。

6. 哺乳期犊牛饲养管理

（1）犊牛岛饲养。新生犊牛结束初乳期以后，从产房可转入犊牛舍。现在多采用犊牛岛饲养或单栏饲喂 1 个月的犊牛，可以有效防止小牛互相吸吮奶头，避免形成不健康的习惯，防止传染病的转播，便于测量食物消耗量，能够最大限度地避免拥挤。犊牛岛一般长 2m、宽 1～1.2m、高 1.4m，在后端 1m 处有遮阳板，里面铺有清洁的垫草。犊牛出生 30d 后可从犊牛岛转出，在犊牛舍内可按每群 5～15 头的定额进行群羊，每头犊牛占 1.8～2.5m²，同一群内的犊牛及体重尽可能一致。

（2）哺喂常乳。犊牛从出生后 8 日龄（或 4 日龄）开始喂常乳。一般常乳喂量为 350～500kg。国内乳用母犊饲养有两种方案：一种是全期最高的哺乳量为 500kg，110d 断奶；另一种是全期喂奶 200～350kg，犊牛料 25～30g，45～60d 断奶。多数生产场均采用后一种方案。

（3）犊牛去角。犊牛出生 30d 内应去角，去角的方法有苛性钠或苛性钾涂抹法和电烙铁烧法。

（4）剪除副乳头。奶牛乳房有 4 个正常的乳头，每个乳区 1 个，但有时有的牛在正常乳头的附近有小的副乳头，应将其除掉。其方法是用消毒剪刀将其剪掉，并涂以碘酊等消炎药消毒。适宜剪除时间在 4～6 周龄。

（5）编号、称重、记录。犊牛出生后应称体重，对犊牛进行编号，对其毛色、花片、外貌特征、出生日期、谱系等情况做详细记录，以便于管理和以后在育种工作中使用。

（6）预防疾病。犊牛哺乳期是牛发病率较高的时期，尤其是出生后的前几周。主要原因是犊牛抵抗力差。此期间的犊牛易患呼吸道感染，如肺炎；消化道感染，如腹泻、脐带炎等主要疾病。

（7）犊牛的卫生管理。每次用完哺乳用具，要及时清洗，定期消毒。喂奶完毕，擦干犊牛口、鼻周围残留乳汁，防止"舔癣"。牛栏及牛床均要保持清洁、干燥，铺上垫草，勤打扫、勤更换垫草、勤消毒。舍内应有通风装置，保持通风良好，阳光充足，空气新鲜，冬暖夏凉。

7. 犊牛的疾病防治

（1）建立稳定的饲喂制度。犊牛饮用的鲜奶品质要好，凡母牛患有结核病、布鲁氏菌病、乳腺炎的，其奶都不能喂犊牛，也不能喂变质的腐败奶。奶的温度应在 35～38℃，温度不能忽高忽低，奶量不能忽多忽少，要固定，以便犊牛消化正常。

（2）每天多次观察犊牛状态。

①测体温。正常犊牛体温在 37.5～39.5℃。当犊牛体温升到 40℃ 为低烧，40～41℃ 为中烧，41～42℃ 为高烧。每天把体温记录下来，并绘制成体温曲线图，对发烧的犊牛应查明原因。

②测心跳、呼吸。初生犊牛心跳 120～190 次/min；哺乳犊牛心跳 90～110 次/min；育成犊牛心跳 70～90 次/min；正常呼吸次数 18～30 次/min。炎热夏天呼吸次数增加。

③观察粪便情况。犊牛每天排粪 1～2 次。粪呈黄褐色，吃草后变为黑色，凡排水样便、黏液便、血便都是有病的表现。

④观察犊牛的精神状态。发现异常及时检查和处理。

（3）防治下痢和肺炎。以下两种病是犊牛常见病：

①下痢。病因有两个方面：

a. 病原微生物引起细菌性下痢，如大肠杆菌病；病毒性下痢，如牛的病毒性肠炎；寄生虫病，如犊牛球虫病。

b. 饲喂不当引起的营养性下痢。如饲喂冰冷的奶、饲喂变质的奶、饲槽不洁等。对下痢的犊牛首先减少全乳喂量，减少或停用代乳品、开食料，使消化道得到休息。此时，可补充下列物质：碳酸氢钠、氯化钠、氯化钾、硫酸镁，这几种成分的比例按 1∶2∶6∶2 进行配制，还可再加入少量葡萄糖、维生素。犊牛每天 20g，分 2 次喂服，每次用水 1 000mL 调和饮入。若病情较重，可用氯霉素粉每千克体重 10～20mg，内服。同时配合乳酶生 2g/（头·d）、酵母 5g/（头·d），也可用乳酸菌素片。

若腹泻严重，必须进行补液，并配合抗生素注射液进行静脉给药。

②肺炎。多由感冒转化而来，也可能原发于细菌性感染，如肺炎双球菌、链球菌性肺炎，应注意早期诊断及时采用抗生素进行治疗。

通过以上论述，对犊牛的饲养管理有充分的认识，能够更好地发展犊牛的饲养管理，从而获得可观的经济效益。

二、哺乳阶段的变化规律

1. 初乳的利用 刚出生的犊牛，7～10d 以内称作新生犊牛。此期在生理上是从母体子宫内环境突然间降生到母体外环境，是完全不同的生活环境。犊牛体温调节机能出生时刚刚完成，但对外界气温的适应能力（尤其是寒冷刺激）还很弱。小牛出生 1～2h 后其体温比刚出生时降低 0.5～1℃，它的临界温度是 15℃，在 12 周龄之后降至 2℃ 左右，对外界气温的抵抗能力是逐渐增加的。对外界各种刺激的应答能力也是逐渐形成的，新建立的条件反射与环境的完全统一要有个过渡阶段。

出生后的过渡时期内容易受到多种病原菌的侵袭，引发疾病或死亡。母牛本身在此之前已为新生牛准备了足够的预防性的物质基础——初乳。

分娩后 5d 内所分泌的牛奶称作初乳，它具有很多特殊的生物特性，是新生犊牛唯一获得母体抗原的途径。它要在生后30～60min 吃到母乳，才能有足够的条件使初乳抗原充分发挥作用，保证新生犊牛的健康成长。

初乳中蛋白质含量高，尤其是免疫球蛋白浓度在分娩后第一次挤奶时能达到 14%～20%，第二次降到 8%～12%，第四次仅有 4.2%～4.4%，包括其他营养成分在内，随着挤奶次数的增加急剧减少。母牛产后初乳成分及酸度的变化见表 6-4。

表 6-4　母牛产后初乳成分及酸度的变化

| 产后天数 | 酸度（T°） | 成分（%） | | | | | | 挤奶次数 | 奶中胡萝卜素含量变化（mg/kg） |
		干物质	脂肪	总蛋白质量	白蛋白＋球蛋白量	乳糖	灰分		
1	49.5	25.34	5.4	5.08	12.40	3.31	1.20	1	6 464
2	40.5	22.00	5.0	11.89	8.14	3.77	0.93	2	2 836
3	29.8	14.55	4.1	5.24	3.02	3.77	0.82	3	1 992
4	28.7	12.76	3.4	4.68	1.80	3.46	0.85	…	…
5	26.7	13.02	4.6	3.45	0.97	3.88	0.81		
7	25.5	13.12	4.1	3.56	0.62	4.49	0.77	…	…
11	21.8	12.53	3.4	3.34	0.62	4.94	0.75	…	…

初乳中的免疫球蛋白和溶菌酶能杀灭多种致病微生物和抑制某些病原菌的活动。喂过初乳的犊牛可以有效地预防感染大肠杆菌性下痢（出生 3 周内易感）。

犊牛大约在 10 日龄之后自身就能产生足够的像成年牛一样的抗体。

初乳在牛胃空虚及肠壁黏膜对病菌抵抗能力还很弱的时候，它有一种能覆在黏膜上阻止病菌侵入的功能。

初乳的酸度很高（45～50T°），酸性环境不利于有害微生物繁衍，有利于促进和激活皱胃所分泌的消化酶，使胃肠功能早日完善。

此外，初乳中还有多量镁盐，具有轻泻作用，能使胎儿把在母体期间积蓄的胎便尽快排出。

犊牛出生后要及时喂给初乳的另一个原因是犊牛肠道内的黏膜有一种允许大分子免疫蛋白通过的功能，这种功能仅存在数小时（约 36h）。因此，快速与恰当地吃到初乳是防止新生犊牛损失的重要一环。

犊牛刚出生时瘤胃尚未发育，牛奶是通过食管沟直接进入皱胃的（它像一条管道直通皱胃），引起食管沟形成的机制是奶中所含盐类以及小牛吸吮动作的刺激。人工饲喂时小牛食奶过急或人工持壶角度不对形成强行灌入，且小牛的吸吮兴奋弱时，食管沟会闭合不全，造成部分奶外溢到瘤胃，使奶滞留、发酵腐败，导致疾病发生。

2. 消化机能的发育规律　新生犊牛的消化机能与成年牛有明显的不同。它虽也有像成牛一样的 4 个胃，但仅是皱胃有机能，其容积也是其他 3 个胃容积总和的 2 倍多。成年牛消化机能最强的胃是瘤胃，但新生牛的饲料消化几乎与它无关。

皱胃的消化机能相当于单胃动物的消化机能。它分泌胃蛋白酶、凝乳酶来消化由食管沟直接进入皱胃的牛奶及其他液态饲料中的蛋白质。

若喂给精、粗饲料时则首先进入瘤胃，随着采食量的增加以及饲料中微生物在瘤胃内的停留，使发酵变得活跃。瘤胃的发育是由于受精、粗饲料等固体饲料的物理刺激与发酵活动的化学刺激而促进的。

从营养学观点看：小牛是由依赖于自身酶类进行消化转变为与瘤胃微生物的共生。网胃、瓣胃也因固体饲料采食量增加而同时发育。各胃间的比重随着周龄的增加而变化，瘤胃的相对重量在牛 12～16 月龄时达到成年牛的水平。

以瘤胃发育程度判断犊牛 4～8 周龄为消化机能转变期，到 12 周龄时即为完全反刍时期。

牛奶或液态饲料终止期被称作离乳期，这个时期瘤胃发达的程度与给予饲料的质量有关。如果给予品质好的饲料，离乳期出现在日采食量达到 1～1.5kg 时，若给予低品质饲料，瘤胃的发育会推迟，同时离乳期要推迟。另外，瘤胃机能未完善时，给予低品质饲料犊牛发育会推迟，且腹部膨大，下垂变形，影响整个体型。

哺乳末期不足 3 月龄的犊牛瘤胃体积还不够大，完全用粗饲料饲养（即使品质很好）是满足不了保证发育所必需的营养量的，有必要用营养含量高、降解速度快的饲料进行补充，通常是以谷物类饲料为补充料，优质牧草特别是豆科牧草也具有这一特性。即使如此，完全用粗饲料培育犊牛大致要在 6～10 月龄之后，放牧饲养也多在这个月龄后进行。

为了借助于日粮调配手段来调控瘤胃的发育速度，在 2～3 周龄后使用粗饲料是完全可能的。

3. 能量代谢的变化规律　反刍动物最大的特点是"吃草产奶"。能利用草的是瘤胃，其反刍机制是核心。在瘤胃内通过微生物分泌的酶的作用把饲料成分进行降解和再合成，这个过程称作瘤胃发酵。微生物把碳水化合物降解为挥发性脂肪酸及多种气体，更进一步把各种含氮化合物（包括尿素）作为原料合成微生物体蛋白质、B 族维生素等。

瘤胃内产生的挥发性脂肪酸和微生物体蛋白用于维持、生长和泌乳。

总之，瘤胃机能的完全转变，意味着犊牛消化使饲料发生质的改变。同时，显示出体代谢机能也发生了变化。

犊牛在喂给液态饲料期间主要能源是乳糖和脂肪，对这些成分的利用基本上和单胃动物一样，乳糖在小肠消化，以葡萄糖的形式吸收。同时，也可以分泌足够的胰淀粉酶和小肠麦芽糖酶来充分消化除蔗糖以外的多糖类化合物，如经过处理的淀粉等。

瘤胃变得活跃的犊牛在小肠以下消化吸收的碳水化合物很少，对成年牛来说在肠道内几乎不吸收碳水化合物。自然，控制代谢的内分泌系统也同时产生相应复杂的变化。

第三节　育成阶段的变化规律

一、奶牛育成期的生理特点

1. 奶牛在育成期根据生长发育及生理特点　可分为两个阶

段，第一阶段（7～12月龄是乳腺形成的关键时期）和第二阶段（13～15月龄是瘤胃快速发育、体况快速发育阶段）。其饲养要点是：日粮以粗饲料为主，混合精料每天2～2.5kg。日粮蛋白水平达到13％～14％；选用中等质量的干草，培养耐粗饲性能，增进瘤胃机能。

2. 管理方面的要点 保证充足新鲜的饲料供应，非TMR日粮饲喂时，注意精饲料投放的均匀度，饲养方式采取散放饲养，自由采食的模式，保证犊牛充足、新鲜、清洁卫生的饮水，冬季饮温水，此阶段的奶牛生长发育迅速，合理的日粮供给有助于乳腺及生殖器官的发育，保证达到相应的月龄体尺体重指标。育成牛的培育是犊牛培育的继续，虽然育成阶段饲养管理相对犊牛阶段来讲粗放些，但决不意味着这一阶段可以马马虎虎，这一阶段在体型、体重、产奶性能及适应性的培育上比犊牛期更为重要，尤其在早期断奶的情况下，犊牛阶段因减少奶量对体重造成影响，需要在这个时期加以补偿。如果此期培育措施不得力，那么达到配种体重年龄就会推迟，进而推迟了初次产犊的年龄，如果按预定年龄配种，那么会导致终生体重不足；同时，若此期培育措施不得力，对体型结构、终生产奶性能的影响也是很大的。此阶段的培育目标是达到是参配体重（360～380kg），注重体高、腹围的增长，保持适宜体膘。注意观察发情，做好发情记录，以便适时配种。同时，坚持乳房按摩对乳房外感受器施行按摩刺激，能显著地促进乳腺发育，提高产奶量，以免产犊后出现抗拒挤奶现象。

二、奶牛育成期的管理要点

这段时间奶牛疾病较少，容易管理。正因为如此，也是最容易忽略的时期，如果饲料品质较差、饲料供应不足，对育成牛的发育造成严重影响，生长速度下降，育成牛生长缓慢，就相对缩短了其终生的产奶期，创造的利润也低。育成牛饲喂不好最终导致投产月龄大、体格小、产奶量低、分娩时的难产率较高。

若能正确认识这种的生理规律，除了获得高的增重外，还能获得完美的内在器官的发育及适应大群饲养的能力。这就要从牛出生后按照品种牛的生长发育曲线规律分阶段进行管理。值得注意的是，体重并不是越大越好，而应该有个控制量，在限量范围内，乳腺组织的发育非常充分，使整个乳房充满腺体而不是被脂肪所填充，自然在分娩后的产奶量也高，这个效应是长期存在的。应从以下几个方面做好管理：

1. 若要使育成牛达到所推荐的 24 月龄分娩，就需要在两方面做改进，一是要加快育成牛的生长速度；二是要根据体重来确定初配日期，而不是年龄。

2. 将不同月龄育成牛分群，每群内牛只数不宜过多，20～30 头，个体间日龄差不超过 1 个月，个体体重不超过 25kg；观察牛群的大小及群内个体年龄和体重的差异，如果一个圈内牛群的头数较多，而体重和年龄的差异很大，就会产生一些吃得过好的肥牛和吃不饱的弱牛。

3. 此期间应保证供给足够的饮水，采食的粗饲料越多相应水的消耗量就大，与泌乳牛相比并不少，6 月龄时的测定每天 15L，18 月龄时约 40L（因地区气候条件不同会有增或减）。

4. 确保牛群有足够的采食槽位，投放草料时，按饲槽长度撒满，从而能够为每头牛提供平等的采食机会。保持饲槽经常有草，每天空槽时间不超过 2h。

5. 保持适当运动，这对于育成牛的健康很重要，还要经常让牛晒太阳，阳光除了促进钙的吸收外，它还可以促使体表皮垢自然脱落。在管理中应从皮肤清洁入手，及时除掉皮肤代谢物，否则牛会产生"痒感"。长期这样也会影响牛的发育，造成牛舍设施的破坏，所以可以在牛舍中装上奶牛刷体设备来提高牛福利。

6. 新进的牛应先在隔离圈舍观察 15d，防止疫病传播。隔离观察期间分群，根据牛的体重、年龄、性别进行分群重组。

7. 隔离期间防疫驱虫健胃。 驱虫前 1d 晚上自由饮水，不喂草料，翌日早晨根据牛的体重计算出用药量，逐头驱虫，驱虫药物可选用清虫佳、虫克星、丙硫咪唑、左旋咪唑、抗蠕敏等。1 周后再进行一次驱虫。驱虫 2～3d 后，健胃用健胃散（也可用人工盐、大黄苏打片加酵母片）对所有牛进行健胃，随着牛体况的恢复和对环境的适应，逐步添加精饲料。按免疫程序防疫，实施卫生措施，杜绝牛病损害、致死牛只和疫病在场内传播。

8. 减少应激反应 新购牛进来的前 3d，喂温水加 0.5%～1% 食盐和适量的糖。因要进行饲料的过渡饲养，以建立适应育成牛的肠道微生物区系，减少消化道疾病，保证育肥顺利进行。其方法是牛入舍前 2d 只喂一些干草之类的粗料。前 3d 以干草为主，然后逐日开始加喂精料，7d 左右过渡为配合精料。

9. 夏季防暑、喝凉水，冬季防寒，喝热水，使牛只能生活在 7～27℃ 的适宜生长发育的温度环境之中，快速生长发育。

10. 草料要切短、拣净，严防异物污染（无铁钉、塑料等）。

11. 每天 2 次刷拭牛体，每周清理一次蹄叉，刷拭可以促进体表血液循环和保持体表清洁，有利于新陈代谢，促进增重。

12. 充足供应干净饮水，最好每头牛有一个独立的饮水器，以减少疫病的传播，拴系式每天饮水 3～4 次。

13. 及时清除粪便，使牛床干燥，天天清洗食槽、水槽，工具和工作服要专用。

14. 育成牛至肥育后期，拴系式饲养，每天喂料 2～3 次，每次饲喂的时间间隔要均等，以保证牛只有充分的反刍时间（每天牛吃草料的时间 5～6h，反刍需要 7～8h）。

15. 不喂霉败变质饲料，更换饲料要有 3～5d 的缓冲期，以免影响生长发育及增重。

16. 育成牛所吃的草料数量既不要按书本生搬硬套，也不要搞平均主义、头头相同（一般精饲料饲喂量为牛体重的 0.8% 左右），要观察牛的粪便质地气味、牛的鼻镜的水珠情况、精神状态等，按需定量，并根据其体重增加，实行动态管理。

17. 每月定时称重，以便根据增重情况，采取有效饲养措施，调整饲料配方。架子牛进场和肥育牛出栏的运输前要检疫，要按运输安全措施办理，确保人畜安全。

综上所述，培育育成母牛应利用大量的粗饲料，少量的精饲料，以促进母牛消化器官的发育和高产性能的形成。

第四节　成年牛阶段的变化规律

成年奶牛饲养管理总则：为奶牛创造干净、干燥舒适的生产环境，依据产奶量、体况、采食量、繁殖情况，确立各阶段的饲养管理策略。

一、成年奶牛生理特点

成年奶牛按阶段划分为泌乳牛和干奶牛。泌乳期奶牛的生理变化，可以用泌乳曲线、体重变化曲线、干物质变化曲线来描述。

1. 泌乳曲线　奶牛产后 40～60d 达到产奶高峰，峰值产奶决定整个泌乳期产量，峰值增加 1kg，全期增加 200～300kg。群体中头胎牛的高峰奶相当于经产牛的 75%，干奶期的饲养、奶牛体况产后失重等都是影响峰值奶量的主要因素。泌乳高峰期有长有短，高产奶牛高峰期持续时间一般较长，高峰期后，产奶量逐渐下降。

2. 采食量变化曲线　奶牛临产前 7～10d，由于生理变化，干物质采食量下降 25%。由于泌乳高峰出现在产后 40～60d，而干物质采食量高峰发生在产后 70～90d，此阶段奶牛处于能量负平衡，表现为产后体重下降。高产奶牛干物质采食量产后逐渐增加，但增长速度比较平缓，其高峰出现在产后 90～100d，之后再缓慢平衡地下降。合理的饲养管理可以提高干物质采食量，减少产后失重提高产奶量减少发病，有利于产后发情。影响干物质采食量的因素有日粮水分、粗饲料品质、日粮类型等，日粮水分以 45%～50% 为宜，若高于 50%，每高于 1%，DMI 下降体重的 0.02%；优质的牧草、全混日粮均可以提高 DMI。另外，全天候采食与干净、清洁的饮水对提高 DMI 也是必需的。

3. 体重变化曲线　奶牛产犊前体况处于 3.5～3.75 分，由于泌乳早期动用体内储备维持较高产奶量的需要，造成产后体重下降，泌乳早期体重下降不应超过 50～70kg。产后 90～100d 体重降到最低，最低体重出现的时间较高产奶牛高峰的出现稍迟些或同时发生，以后体重又渐增，至产后 100d 左右，体重可恢复到产后半个月时的水平。一般来说，奶牛尤其是高产奶牛在泌乳盛期失重 35～45kg 是比较普遍的，若超过此限，就会对产奶性能、繁殖性能及母牛健康产生不利影响。由此可见，高产奶牛由于其干物质采食量高峰的出现比其泌乳高峰的出现迟 6～8 周，因而高产奶牛在泌乳盛期往往会陷入营养不足的困境，奶牛不得不分解体组织来满足产奶所需的营养物质。在这种情况下，既要充分发挥产奶潜力又要尽量减轻体组织的分解，唯一可行的方法就是要提高日粮营养浓度，即增大精料比例，这也就是美国、日本等国 20 世纪 70 年代后所采用的"诱导饲养法"，也称"挑战饲养法"。实际上，高产奶牛即使采用了"挑战饲养法"，在泌乳盛期内要安然无恙全避免体组织的消耗也是不可能的，但可以通过此法，使其减重不超过一定限度，从而保证既能发挥出产奶潜力又不影响母牛健康和繁殖性能。由于干物质采食量达到高峰以后下降的速度较平稳，因而盛期过后要注意调整日粮结构，降低营养浓度，防止过肥。

二、成年奶牛的饲养特点

1. 饲养阶段　根据奶牛产奶期生理变化和正常泌乳曲线的

变化，分为以下 5 个饲养阶段：干奶期、围生期、泌乳盛期、泌乳中期、泌乳后期。干奶期是从母牛妊娠后期停止挤奶至分娩这一阶段，大约 60d。前 45d 为干奶前期，后 15d 为干奶后期，也就是围生前期。围生期是指分娩前后的各 15d。泌乳盛期是分娩后 16～100d。泌乳中期是指分娩后 101～200d。泌乳后期指的是分娩后 201d 至干奶。各个阶段牛有不同的生理状态和营养需要，所以在饲养上要区别对待。泌乳期的饲养不仅影响产奶量，也影响胎儿的正常发育和正常分娩。

2. 营养需要　奶牛进食的饲料除了维持其生命活动和健康需要外，还要供给产奶、妊娠和生长需要。一头泌乳期产奶量为 5 000kg 的奶牛，从牛奶中分泌的干物质可达 500～600kg，超过其本身干物质重量的 3～4 倍。所以，必须根据奶牛饲养标准的要求，满足其营养需要。

3. 日粮结构　奶牛产奶量高，营养物质需要量大，采食量较多。为了满足营养需要，日粮中必须有相当比例的精饲料，但精饲料过多会造成牛的总采食量和粗饲料采食量减少，瘤胃 pH 下降，影响纤维素的正常消化，引起瘤胃酸中毒及其他代谢紊乱。一般而言，日粮中的精饲料的比例不要超过 60%。日粮中粗纤维含量不宜低于 13%。

4. 饲养制度　奶牛在生产中要形成良好的条件反射。因此，要制订有利于牛的生理活动和工作人员休息的工作日程及饲养制度。严格规定饲喂、挤奶、管理等顺序和时间。防止饲喂时间、数量、日粮类型、操作顺序的突然改变，以免引起应激反应，造成产奶量下降甚至代谢紊乱。

三、干奶母牛的饲养管理

干奶是奶牛饲养管理过程中的一个重要环节。干奶方法的好坏、干奶期长短的安排及干奶期的饲养管理对胎儿的发育、母牛和子牛的健康以及下一个泌乳期的产奶量有着直接的影响。

1. 干奶期的长短　一般为 45～75d，平均为 50～60d。可根据母牛的年龄、体况、泌乳性能而定。体弱及老龄母牛初胎或早配母牛、高产母牛以及体况较差的母牛，可安排较长的干奶期（60～75d）。而体质强壮产奶量低营养状况较好的母牛干奶期可短至 30～45d。

2. 干奶的方法

（1）逐渐干奶法。在 10～20d 将奶干完。方法是在计划干奶日前 10～20d 开始变更饲料，减少青草、青贮块茎多汁饲料，限制饮水，停止运动和放牧，停止乳房按摩，改变挤奶次数和挤奶时间，由 3 次挤奶逐渐改为 2 次和 1 次，以后隔日或隔 2～3d 挤 1 次奶。每次必须将奶完全挤净，当产奶量降到 4～5kg 时停止挤奶。

（2）快速干奶法。到计划干奶时开始停喂渣糟类辅料、块根块茎及青绿多汁饲料，控制饮水，加强运动。适当减少或不减少配合料的喂量，逐步减少每天的挤奶次数，打乱挤奶的顺序，停止乳房按摩。使实际日产奶量每天有较大幅度下降，经 4～7d，日产奶量接近 8～10kg 时停止挤奶。最后一次挤奶要充分按摩、挤净。用杀菌液蘸洗乳头，再注入干奶软膏。并对乳头表面进行消毒。待完全干奶后用火棉胶涂抹乳头附近。

（3）骤然干奶法。这是奶牛业发达的国家普遍使用的方法。到预产期计算所得的计划干奶日期时，在正常挤奶之后，充分按摩乳房，将奶挤净，在各乳头口注入干奶软膏 5g，停止挤奶。少数日产奶量仍很高的牛，在停挤 2～3d 后再把奶挤净一次，重新注干奶软膏。在停奶当天开始减喂辅料（糟渣、根茎类）和配合料，4～5d 减到干奶期的精料喂量。从停止挤奶到乳房萎缩到最小，需要 7～10d。此法简单，对奶牛无不良副作用，是目前最简单的干奶方法。

3. 干奶期的饲养管理　干奶后当残留乳汁被吸收，乳房干瘪后就可逐渐增加精饲料和多汁饲料的喂量。5～7d 内达到正常饲养标准。干奶母牛的饲养可分为两个阶段：干奶前期和干奶后期。

（1）干奶前期。指从干奶到产犊前 2～3 周。在这阶段对营养状况较差的牛和初产牛要适当提高饲养水平，增加精饲料。对营养状况较好的牛从干奶到产前最后几周一般只给予优质的干草，这对改进瘤胃机能起着重要的作用。

（2）干奶后期。产犊前的 2～3 周为干奶后期。这期间应为牛的分娩和产后的饲养管理做准备，也就是对即将开始的泌乳和瘤胃对产后高精料的喂量进行必要的准备。因此，日粮中要适当提高精饲料的水平，这对初孕牛更为必要。

干奶期在管理上应加强运动，坚持每天刷拭牛体。做好乳房按摩，一般在干奶 10d 后开始乳房按摩，每天 1 次。但产前出现乳房水肿（经产牛产前 15d，头胎牛 30～40d）应停止按摩。做好保胎工作，保持饮水清洁卫生，冬季饮水温度应在 10～15℃，不喂发霉变质和霜冻结冰的饲料。产前 14d 进入产房。进产房前应对其彻底消毒，铺垫干净柔软的干草，并设专人值班。有条件的场可设干奶牛舍将产前 3 个月的头胎牛和干奶牛进行集中饲养。

四、产犊前后母牛的护理

母牛在预产期的前 15d 转入产房，熟悉产房环境。每牛一栏，不拴系，任其自由活动，并由有经验的人员管理。产栏事先用来苏儿或新洁尔灭消毒，铺垫清洁褥草（如稻草或锯屑）。

临产前母牛阴户肿大松弛，尾根两侧和耻骨间开始松弛下降。最初下陷处可容一指，逐渐增大至能容四五指或一拳时，即将分娩。这时应用消毒水洗净母牛的后臀、外阴和乳房。更换垫草，保持环境安静，做好一切助产前的药物和用具准备，随时注意母牛动态，准备助产。一般在母牛阴门露出胎膜后 20～30min 胎儿即可产出。当胎儿的前蹄将胎膜顶破时，要用桶将羊水接住，产后给母牛饮 3～4L，这样可预防胎衣不下。尽量让牛自然分娩，当发生难产时要及时请兽医助产。母牛分娩后要尽快将之赶起。母牛分娩后的 0.5～1.0h，要喂温热的麸皮盐水汤（麸皮 1.5～2.0kg，食盐 100～150g），有助于母牛体质的恢复，随后清除污秽垫草，换上干净褥草。上述工作完毕后，母牛即可开始挤奶，使犊牛在 1h 以内吃到初乳。犊牛生下后立即用干抹布或干草将口、鼻腔及体表的黏液拭净。若有假死（心脏仍在跳动）应即将犊牛的两后肢拎起，倒出喉部羊水，并进行人工呼吸。脐带如已断开可在断端用 5％碘酒充分消毒；未断时在距脐部 6～8cm 处用消过毒的剪刀剪断，然后用 5％的碘酊浸泡 2min。冬天可先擦干犊牛体表的黏液再处理脐带。剥去软蹄，然后进行称重和编号。

五、泌乳期各阶段的饲养管理

1. 泌乳初期　母牛产后 10～15d，也称身体恢复期。这一阶段母牛的食欲尚未恢复正常，消化机能弱；乳房水肿，乳房及循环系统机能还不正常。繁殖器官也正在恢复。产奶量上升得很快，但进食的营养物质不能满足生产的需要，处于营养的负平衡，体储开始动用。这一阶段的饲养原则是：在加强产后乳房护理和卫生管理的基础上，根据母牛的食欲状况及早补料，在尽量促进产奶量上升的同时尽量减少体储的动用，从而达到高产稳产的目的。

产后可喂给温热的麸皮盐水汤，并任其自由采食优质干草或青干草。对乳房加强热敷、按摩、挤奶。保持牛体、乳房和牛舍的卫生。一般产后的 2～3d 后母牛的食欲已经有所恢复。可根据食欲、乳房状况每天增加 0.5～1.0kg 的精料。在加料的过程中要注意牛的食欲、反刍、粪便和乳房状况。只要母牛食欲旺盛，反刍和粪便正常，乳房逐渐消肿，就可继续增加精料。高产奶牛在刚产犊的前 4d，不要将乳房的奶全部挤净，一般第一天挤 5～

6kg，第二天挤全天奶量的 1/3，第三天挤 1/2，第四天挤 3/4 或挤完，每次挤奶时，要按摩或热敷乳房。日粮干物质采食量应占体重的 2.5%～3%，日粮每千克干物质中应含有 2.0 个奶牛能量单位、14% 的粗蛋白质、20% 的粗纤维，精粗比为 40：60，钙 0.6%、磷 0.3%。

2. 泌乳高峰期　从泌乳初期到产奶高峰（产后 16～100d）。这一阶段母牛泌乳倾向较强，与泌乳有关的激素如甲状腺素、催乳素和生长激素分泌均衡。母牛的产奶量迅速达到产奶高峰并维持产奶高峰，母牛一般产后 30～60d 达到产奶高峰。从产后到 100d 的产奶量占全泌乳期产奶量的 40%～45%，是发挥奶牛生产潜力、夺取高产的重要阶段。

产奶高峰一般出现在母牛产后 4～6 周，而采食量一般在产后的 8～10 周才达到高峰。食欲高峰落后于产奶高峰使母牛在泌乳的初期和盛期出现营养的负平衡，母牛动员体储产奶，体重损失较大。

精饲料是奶牛日粮中不可缺少的营养物质，其喂量应根据产奶量而定，对高产奶牛可采取以下措施：

（1）增加饲料的能量浓度。在饲料中添加脂肪可增加饲料的能量浓度，从而达到提高总能量进食量和向乳房提供脂肪酸，以及减缓高产奶牛产后失重的目的。一般情况下，奶牛日粮中的粗脂肪含量应控制在 7% 左右，超过这个量，将影响瘤胃的正常发酵和饲料消化（尤其是粗饲料），而添加脂肪的形式和来源直接影响添加的效果。富含脂肪的棉籽、大豆和向日葵饲喂奶牛也可取得不错的效果。另外，目前在国外（美国、加拿大、日本等国）已广泛使用钙皂，钙皂多用棕榈油为原料制成。

（2）增加饲喂次数。高产奶牛每天至少应保持 6～8h 的采食时间，在生产中应做到分群饲养、定时定量、少给勤添。为保证高产奶牛足够的采食量，可在运动场设精料补饲槽。

（3）提高日粮中非降解蛋白质的含量。瘤胃微生物蛋白不能满足高产奶牛的营养需要。可使用天然的瘤胃降解率较低的蛋白质饲料。提高蛋白质的利用效率。日粮干物质采食量由占体重的2.5%～3%增加到3.5%，日粮中每千克干物质应含有2.4个奶牛能量单位，16%～18%的粗蛋白质、15%的粗纤维，精粗比为60：40，钙0.7%、磷0.45%。

（4）采用"引导"饲养法。从母牛干奶期的最后15d开始，在原来每天精料给量的基础上（1.8kg）每天增喂0.45kg的精饲料，直至吃到1.0～1.5kg的精料为止。产后每天继续增加0.45kg精饲料。原则是多产奶，多喂料，适当粗料，多喂精料，达到泌乳高峰后精饲料的喂量固定下来，到泌乳高峰期过去后再进行调整。

3. 泌乳中期　指产后101～200d。母牛的产奶量逐渐下降，月下降幅度为5%～7%。母牛体重自20周开始恢复，日增重约为0.5kg。饲养上要根据母牛的产奶量和体况调整精料喂量，使产奶量缓慢下降但不应把牛喂的过肥。给予充足的干草和青贮饲料，保持适当的精料，每两周根据产奶量和膘情调整一次精料喂量。

日粮干物质采食量应占体重的3.0%～3.2%。日粮中每千克干物质应含有2.13个奶牛能量单位，13%的粗蛋白质、17%的粗纤维，精粗比为40：60，钙0.45%、磷0.45%。

4. 泌乳后期　指产后201～305d。母牛到了妊娠后期，胎儿发育很快。泌乳量急剧下降。这一阶段应多喂粗料，适当饲喂精料，一般以每产3.5kg奶喂1kg精料，日粮干物质采食量应占体重的3.0%～3.2%，日粮中每千克干物质应含有2.0个奶牛能量单位，12%的粗蛋白质、20%的粗纤维，精粗比为30：70，钙0.45%、磷0.35%。

六、不同季节的饲养管理

季节的变化是影响母牛产奶量的重要环境因素，应根据季节的变化采取相应的饲养技术，这是保证奶牛高产稳产的重要措施。季节变化的影响主要表现在温度上。夏季高温对产奶量影响最大,尤其是高温潮湿天气影响更大。外界温度上升到 27℃时会影响奶牛的产奶量。气温超过 30℃时产奶量的下降可达20%～30%。

在生产中要注意进行产犊调节,不要使泌乳盛期在炎热的季节。另外,还可采取以下措施:

1. 适当增加日粮的营养浓度。

2. 选择适口性好营养价值高的青粗饲料,如胡萝卜、苜蓿、冬瓜、南瓜或其他优质干草。

3. 延长饲喂时间,增加饲喂次数。夏天中午牛舍内的温度比舍外低,为了使牛体免受太阳直射,可在 12:00 上槽。另外,夜间补饲,增产的效果很好。

4. 喂冷凉饲料也可起到防暑降温的效果。

5. 降低空气湿度,增加排热降温措施。牛舍内的相对湿度应控制在 80%以下。保持良好的通风,早晚打开门窗。有条件的可安装吊扇。

6. 保持牛体和牛舍环境卫生,夏天要经常刷拭牛体以利于牛体散热。

夏季蚊蝇多,干扰奶牛休息还容易传染疾病,可定期用1%～1.5%的敌百虫喷洒牛舍及其环境。另外,要以预防为主,减少乳房炎、腐蹄病、子宫炎、食物中毒等疾病的发生。每天刷洗 1次饲槽。

冬季气温较低,维持能量消耗增加,饲料消化率也有所下降。在大风天气下产奶量将受到一定影响。冬季要注意防寒保暖,另外要适当增加维持能量的需要。在冬季将部分精饲料做成热粥料也有促奶的效果。

七、初产母牛的饲养管理

首次妊娠到产犊的小母牛称为初产母牛。初产母牛虽然生长速度已经下降，但其身体还继续生长发育，体躯显著向宽深发展，乳房的发育很快。所以，初产母牛的饲养不仅影响第一产的产奶量，而且还影响其终生产奶量。

1. 初产母牛的饲养　初产母牛产前按干奶期母牛的要求，产后按泌乳初期母牛的要求来安排。饲养上要控制饲料的营养水平，过肥将造成体内储存过多脂肪，影响母牛健康；过瘦则造成母牛体躯窄浅、四肢细高，成为产奶量不高的奶牛。要求初产母牛保持中上等的营养水平。所以，在日粮组成上要遵循以青粗料为主、适当搭配精饲料的原则。

2. 初产母牛的管理　至少在产犊前的 4～5 个月对乳房进行按摩，这对促进乳房发育和养成挤奶的习惯是必要的。每天按摩 2 次，每次 3～5min。开始按摩要轻一些，经 10d 左右的训练后即可和经产牛一样按摩。到产前的 30～40d 乳房迅速膨胀时可停止按摩。在按摩乳房时注意不要擦拭乳头。特别是不要将乳头表面的蜡状保护层擦去，否则将引起乳头龟裂甚至是乳房炎。

由于初产牛乳头较小、乳头括约肌紧，加之又不习惯挤奶，常表现胆怯不安。所以，初产牛挤奶前要先给予和善的安抚使其消除紧张的情绪，以利于顺利操作。初产母牛最好在临产前的两三个月交由有经验、有耐心、技术熟练的饲养员管理。

八、高产奶牛的饲养管理

高产奶牛指 305d 产奶量 6 000kg 以上、乳脂率 3.4% 的奶牛。高产奶牛的产奶量高，产犊后 50～60d 达到泌乳高峰，高峰期约持续 1 个月。高峰过后产奶量下降缓慢。月平均产奶量递减 5%～8%。高产奶牛采食量高，饲料转化效率高，对饲料和外界环境的反应敏感。由于机体新陈代谢旺盛，高产期间牛的体温、脉搏、呼吸、血压等生理指标均高于一般牛。在饲养上要做到以下几点：

1. 从干奶期就加强饲养（方法见引导饲养法）。

2. 必须提高日粮营养物质的浓度，特别是要提高日粮中的能量和过瘤胃蛋白的含量。

3. 保持日粮中适当的能量、蛋白质比例，不要喂过多的蛋白质饲料（特别是豆饼）催奶。

4. 注意保持高产母牛旺盛的食欲。旺盛的食欲对高产奶量的维持很重要。要有足够的优质粗饲料，并且在加精料的过程中不宜过快。

5. 高产奶牛的日粮要易消化易发酵。

九、日常管理

1. 饲料要多样搭配　泌乳母牛的日粮应根据饲养标准合理搭配，要以青绿多汁饲料和优质干草为基础，营养物质不足的部分用精料和其他添加剂补充。日粮应由 2 种以上粗饲料、2～3 种青绿多汁饲料、3～4 种精料组成。做到粗饲料为主，精饲料为辅；青贮为主，青刈为辅，坚持干草，青贮长年不断。由于饲料多样化，可使日粮营养价值达到全价，适口性好，促进奶牛的食欲并提高饲料转化率，从而保证泌乳母牛身体健康，提高产奶性能。

2. 饲喂技术要科学

（1）定时、定量，少喂勤添。"定时"使消化液分泌有规律。"定量"每次掌握饲喂量，保证牛吃饱。"少喂勤添"即每次添草、添料数量要少，但次数要勤，这样可使牛有旺盛的食欲。

（2）稳定日粮。泌乳母牛瘤胃微生物区系的形成需要 30d 左右的时间，一旦打乱，恢复很慢。因此，有必要保持饲料种类的相对稳定。在必须更换饲料种类时，一定要逐渐进行，以便使瘤胃微生物区系能够逐渐适应。尤其是在青粗饲料更换时，应有 7～10d 的过渡时间，这样才使泌乳母牛能够适应，不至于产生消化紊乱现象。

（3）饲喂有序。根据精粗饲料的品质、适口性安排饲喂顺序，当泌乳母牛建立起饲喂顺序的条件反射后，不得随意改动，否则会打乱母牛采食饲料的正常生理反应，影响采食量。一般的饲喂顺序为：先粗后精、先干后湿、先喂后饮。但喂牛最好的方法是精粗料混喂，采用混合日粮。

（4）防异物、防霉烂。泌乳母牛采食量大，进食草料速度快，咀嚼不细，对异物反应不敏感，容易吞食铁丝、铁钉、碎玻璃等尖锐的异物，导致创伤性网胃-心包炎的发生，因此应严防这些异物混入饲料中喂牛。另外，切忌使用霉烂、冰冻的饲料喂牛，保证饲料的新鲜和清洁。

3. 饮水要充足 水对泌乳母牛十分重要。据试验，日产奶50kg 以上的奶牛，每天需水 100～150L，如饮水不足，会使产奶量下降。最好在牛舍内安装自动饮水器，让奶牛随时饮上新鲜而清洁的水。如无此设备，每天至少给牛饮水 3～4 次，夏季天热时应饮水 5～6 次。此外，在运动场内应设置水槽，经常装满清水，使牛随时都能喝到清洁的水。冬季水温不可过低，必要时可饮温水。

4. 适当运动 运动可增强泌乳母牛的体质，促进新陈代谢，尤其是舍饲的牛必须保证适当的运动。如运动不足，易使母牛变肥，影响产奶量和繁殖力，而且会因体质下降而患病，因此泌乳母牛应每天坚持 3～4h 的自由活动时间。

5. 经常刷拭 牛体刷拭对促进泌乳母牛新陈代谢、保持牛体清洁卫生和保证牛奶卫生均有重要意义。因此，应每天刷拭 2～3 次。

6. 肢蹄护理 泌乳母牛蹄的好坏与其经济价值有很大的关系，奶牛场中，肢蹄疾病造成的损失仅次于乳房炎，牛蹄障碍可引起牛行动站立不便，吃草料和饮水困难，导致产奶量下降。因此，肢蹄要经常护理，一般每年春秋各一次。

7. 预防热应激 泌乳母牛生产的最适气温为 10～20℃，这时饲料转化率最好，产奶量最高。奶牛在 −5℃ 以下产奶量略有降低；在 20℃以上就可出现热应激反应，采食量减少，饮水量增多，产奶量下降；环境温度超过 27℃，奶牛就会出现严重的热应激，产奶量急剧下降，体温升高，呼吸加快，尤其高温高湿影响更大。

十、挤奶技术

1. 手工挤奶　手工挤奶常用拳握式和下滑式两种。

挤奶步骤：首先用约 45℃温水充分地把乳房、乳头洗挣。用温水洗乳房对牛是个良性刺激，使牛反射地引起乳腺泡周围的肌上皮细胞收缩，使乳房内压提高，可使挤奶省劲，也易于挤净。全部过程为 1min。

首先把每个乳区的第一、二把奶挤在小平盘上或带有黑罩的容器中，观察有无絮状凝乳等。先把正常乳区挤净，异常奶的乳头最后挤。异常奶挤储于单个容器内，挤奶同时对该乳区全面检查及请兽医治疗。

检查完第一把奶均为正常时，则开始挤奶。先挤前两乳头，前两乳头挤净后前乳区体积缩小和松弛，后乳区即自动前移数厘米，这时挤后两乳头就方便了。挤的速度为每分钟 80～120 次，必须在 6～8min 挤完，因为牛受温水冲洗、按摩而产生的排乳反射仅能维持 5min 左右，超过后由于乳房内压下降，腺泡外周的肌上皮细胞不收缩而造成腺泡中部分奶滞留（大约每延误 1min 少挤约 5％的奶，长期未能把奶挤净，则本胎产奶量将相应地降低 10％～20％）。当大部分牛奶被挤出后应再次按摩乳房，挤净最后一滴奶。

2. 机器挤奶　机器挤奶的配套设备由电动机、真空泵、真空罐(缓冲罐)、真空调节阀(真空调节器)、真空表、气嘴、挤奶桶、脉动器和集乳器组成。从真空泵到气嘴所经各设备由管道连接。

机器挤奶与手工挤奶一样，拴好牛之后，用 45℃温水彻底洗净乳房和乳头，检验各乳头第一把奶是否有异常，共用 1min，随后把已准备好的集乳杯连接集乳器的 8 根软胶管握在左手对折，打开奶桶盖上牛奶管的开关，脉动器节拍无误，即先上两后乳头，后上前乳头，挤奶即进行，吸 2～3min 后观察奶桶盖上牛奶流量，查看玻璃管。当奶流量减少时，即取下前两乳头的挤奶杯（因为前两乳头产奶量只占总产奶量的 40%，后两奶头则占 60%，为了避免"干吸"造成前两乳区的损害，故先取下），对折两杯的 4 根软管，等到牛奶流量极少时关闭牛奶管开关，把集乳器挂在桶盖挂钩上，手工把残奶挤净按摩乳房。正式挤奶到把奶挤净必须在 5min 内完成。把其空气嘴阀关闭，打开奶桶盖上牛奶管开关，挤奶桶盖即可揭开。

手工挤奶或机器挤奶中凡与奶接触的用具用完后马上用45～50℃洗洁净溶液洗刷，再用净水冲洗干净，扣转倒尽残水备下次用。

十一、鲜奶的初处理

牛奶的初处理是奶牛场必不可少的一个环节。为了保持牛奶的卫生，必须对刚挤出来的新鲜牛奶进行过滤、冷却、冷藏等处理，并安全运输到乳品厂。

1. 牛奶的过滤　牛奶挤出后应及时过滤，除去牛奶中的杂质。如毛、饲料残渣等。

2. 牛奶的冷却　牛奶经过过滤后应立即进行冷却以抑制奶中细菌的繁殖。刚挤出的牛奶温度接近牛的体温，是细菌生长繁殖的最适宜的温度，如不及时冷却奶中的细菌随着储存时间延长而迅速生长繁殖造成牛奶的酸败变质。牛奶的理想冷却温度一般为 0～5℃。但为了节约能源，可根据牛奶需储藏的时间来调节。冷却的方法有水池冷却、单管式冷却器冷却、直冷奶罐冷却等，可根据具体情况具体选择。水池冷却是最简单的牛奶冷却方法，但冷却的效果较差，适用于个体户或小型奶牛场。而单管式冷却的效果较好，适用于中小型乳品。直冷奶罐冷却是集过滤冷却和储存于一体的设备。占地面积小，使用操作简便，提高了劳动效率。适用于大中型奶牛场或乳品厂。

第五节　奶牛饲养管理要点

要想提高奶牛养殖效益，针对奶牛不同生理阶段准备相应的饲养管理至关重要。

一、奶牛在饲养管理中应采取的措施

1. 配制奶牛不同时期的全价饲料，养好生产母牛　根据奶牛生产的不同时期，配制合理的全价饲料，能降低成本，增加效益。目前，大多数奶牛的管理都比较粗放，计划投放的精细草料也有限，造成草料浪费现象也时有发生。为合理搭配饲料，按奶牛不同的生产时期调配日粮，是制订全价饲料的基础。全年奶牛的生产周期，可分为产奶前期、产奶中后期和休产期。奶牛在生产前期，生产的投入与产出大都处于负平衡状态。此时，也是奶牛患代谢疾病的高发时期。这时日粮的配制，应采用蛋白质含量高、易消化的优质饲草料，避免投放粗制的饲料，又因为奶牛的子宫处于恢复阶段，在饲料中还要补充维生素 A、维生素 D、维生素 E、碳酸氢钠、鱼粉等辅助产品。产奶中后期，奶牛体质已恢复，食欲也相当旺盛，配制日粮要选用能量高、粗纤维含量的饲料，按需求供给，产奶中后期也是奶牛发挥生产水平的重要时期，抓好饲料关是这个时期的首要任务。奶牛休产期是奶牛为下一个生产周期做好准备的生理调整时期。这个时期的日粮配制，除满足胎儿生长发育的营养需要外，还要防止母牛因肥胖造成胎儿难产和产后疾病的发生，在日粮调配时，要突出蛋白质含量高的粗制饲草种类，还要加入鱼粉或粗蛋白质含量高的去脂豆粕，维生素的投放比任何时期都高，优质的粗细干草是休产期母牛的主要饲料。

2. 养好犊牛，加强后备母牛的管理 养好犊牛是全年饲养管理的又一重要环节。合理的喂养是保证犊牛健康生长、降低经济成本的必要条件。犊牛在 2 周内基本以全脂奶为主，从第三周起可投少量优质的细软干草料，早日引诱犊牛开食。随着日龄的增加，粗硬的干草也不能少，粗硬的干草对加速瘤胃的发育有一定的促进作用。到第五周起可减少全乳量的 1/4，逐渐增加犊牛料的喂量，按日龄的增加，在断奶前加到 1kg 左右为宜，也可根据犊牛的发育情况灵活掌握。到 3～5 月龄起断奶，断奶后犊牛还有 3 个月左右的适应期，这段时期犊牛易患消化道疾病，预防胀肚是管理中注意的问题。在饲喂上，投放精料要适量，一般 1.5～2kg 为宜，优质干草适量，粗制干草少喂勤添。6 月龄后，消化功能的发育基本健全，适当减少优质草的供给量，加大粗制干草的喂量，让其瘤胃充分发育完善，发挥最大限度的采食功能。后备母牛的管理可根据饲料种类，按母牛的发育情况，经常进行调整，饲料优质的量可以少给，反之多给，但骨粉的供给量占精料的 2%～3%，维生素 A、维生素 D 适当补充。

3. 日常管理中应注意的改进方法 舍饲奶牛中，除在挤奶时投喂定量的饲草料外，还要在运动场外设置自由采食干草的饲槽、饮水槽，以便奶牛多采食粗制干草。粗制干草粗纤维含量高，粗纤维含量高的粗制干草是调节奶牛消化功能、预防代谢疾病的主要饲草，要大量投喂。外伤性乳房炎是奶牛的常见病之一。主要由奶牛相互顶撞引起，为此，奶牛的大角要及时锯掉。另外，人为的粗暴管理方法也要改进，尤其在挤奶的过程中。实践证实，创造奶牛合理的管理方法，安静的生产环境是提高经济效益、稳定生产水平最有效的方法。

二、奶牛饲草饲料的供应

1. 讲究饲草卫生 饲草是否干净卫生决定牛采食量和采食后的机体健康，如果牛吃了不洁净的饲草，很容易引发疾病，如消化系统疾病、呼吸系统疾病，严重者导致供给失调，引起产奶量下降。奶牛生产的直接产品是牛奶，它是人们直接饮用或用于深加工的食品，必须保证干净卫生，严禁掺杂使假或混进污物。饲草中如果混有铁丝、铁钉、碎布条、塑料薄膜、玻璃碴等非饲料类物质，奶牛首先出现采食减少，患网胃炎或者前胃迟缓等症，严重者导致奶牛过早淘汰。奶牛采食不洁饲草也会患乳腺炎，产奶量下降，要使用一些药物治疗。治疗期间挤出的奶不能饮用，直接导致养殖户效益下滑。

2. 备足饲草饲料　奶牛日粮主要由青饲料、粗饲料和精饲料组成。青饲料包括各种牧草、青绿秸秆和青贮料。青绿秸秆最好是制作成青贮饲料供奶牛常年采食。粗饲料是指各种干草和农作物干秸秆。干草的营养价值高于干秸秆，有条件的农户应在夏秋季节多晒制些干草。精饲料可购买饲料厂的混合饲料或者养殖户自己配制。在精饲料中，能量类饲料（玉米、麸皮等）占70%～75%，饼粕类（豆饼、豆粕、菜籽饼等）占20%，矿物质、盐、添加剂等占5%～10%。每头成年奶牛一年需青饲料9t、粗饲料1t、精饲料2t。准备饲草饲料时，严禁使用国家明令禁止使用的违禁类和违规类药品、添加剂或非饲料用物质。

3. 满足产奶需要　牛舍采光通风条件要好，坚持每天清扫干净。冬季拴在户外多晒太阳，夏季拴在阴凉处。青饲料充足供应，以吃饱不剩为好。粗饲料作为搭配料，要少量添加。精饲料按产奶量计算，高产奶牛每产3kg奶喂1kg精料，低产奶牛每产4kg奶喂1kg精料。定时饲喂，严禁喂霉变饲料，不饮冷水或脏水。产奶10个月左右逐渐干奶。干奶的方法有两种：一是逐渐干奶法，即将挤奶次数从3次/d减到1次/d，限制饮水，加强运动。产奶量下降到4kg时停止挤奶，在两周内奶牛逐渐干奶。二是快速干奶法，减少精料控制青料和饮水，加强运动，当天挤1次奶后隔日再挤1次，在1周内使奶牛干奶。

4. 配制奶牛日粮　奶牛生长发育好坏与饲料日粮有密切关

系。据农户饲养奶牛统计，饲料成本占鲜奶生产成本的60%以上，因此必须重视奶牛日粮配合。日粮配比应坚持6个原则：一要满足奶牛营养需要；二要营养平衡；三要原料优化组合；四要体积适当；五要适口性好，成本低；六要对奶品无不良影响。鉴于奶牛不同生产阶段日粮配合技术性较强，尤其是精饲料的配合更是讲究，奶牛养殖户可以直接使用正规生产厂家生产的奶牛精料配合料或浓缩饲料，然后再加上自有的粗饲料或能量性饲料，如玉米、麸皮、青贮料、干草等，即可配成奶牛的全价日粮。

5. 不同产奶饲料

（1）泌乳盛期。饲料中可消化的总养分要高，并应含有足够的粗纤维。饲料中最好包括棉籽、大豆等油脂含量高的籽实或动物脂肪。这个时期，奶牛日粮中粗蛋白质应占日粮干物质的16%～18%、钙0.7%、磷0.45%、粗纤维不低于17%（占日粮干物质）。泌乳初期饲料中粗蛋白含量可提高到19%，精粗比（46～50）：（50～54）。同时，加喂蛋氨酸、赖氨酸和苏氨酸含量高的蛋白质饲料或添加剂。一般体重600kg、日产奶量40kg的泌乳母牛饲料组成为：精料12kg、青贮饲料25kg、干草4kg、多汁饲料5kg。

（2）泌乳中期。这个时期奶牛产奶量以6%～8%速度开始逐渐下降。同时，母牛怀孕后，营养需要较以前有所减少，应抓住这个特点，让其多吃干草，适当补充精料，使产奶量和乳脂率维持在较高水平。奶牛泌乳中期日粮的精粗比可控制在（40～48）：（55～60）。

（3）泌乳后期。奶牛产奶量已大幅度下降，此时较易饲养，应利用这一阶段加紧恢复奶牛体况。从饲料能量的转换率及饲养的经济效果来看，这时泌乳牛各器官仍处于较强的活动状态，饲料代谢功能转化的总效率比干奶期高，还有产奶潜力可挖，饲料日粮的精粗比可控制在（25～30）：（70～75），注意不可使泌乳牛养得过肥。

（4）干奶期。奶牛不需要产奶，此时以恢复体况和保证胎儿生长发育为目标。饲料日粮的精粗比可控制在（15～20）：（80～85）。参考配方 1：玉米 38.3%、高粱 16.4%、大豆粉 4.2%、麸皮 17%、脱脂米糠 3%、苜蓿粉 13%、糖蜜 5%、磷酸二钙 0.7%、碳酸钙 1.7%、盐 0.5%、维生素矿物质预混剂 0.2%。参考配方 2：玉米 43.3%、高粱 21%、大豆粉 7%、麸皮 9%、脱脂米糠 7%、苜蓿粉 4.3%、糖蜜 5%、磷酸二钙 0.5%、碳酸钙 2.2%、盐 0.5%、维生素矿物质预混剂 0.2%。

6. 提倡使用苜蓿　苜蓿是一种优质的多年生豆科牧草，5 年生苜蓿平均年亩产干草量 1t 左右，年亩产粗蛋白质 150kg。苜蓿、羊草、混合精料能量蛋白综合比为 100∶64∶122，而可消化粗蛋白质市场价格比为 100∶240∶136。商品苜蓿有草捆、草块、草颗粒、半干青贮和青苜蓿等多种形式，不同形式喂量有一定差异：苜蓿草捆、草块的喂量以 2.5～3kg 为宜；草粉、草颗粒粉的喂量以 1.5～2kg 为宜；半干青贮、青苜蓿的喂量以 5～10kg 为宜。青苜蓿含有皂角素，喂量过多会发生瘤胃膨气，可以与玉米秸秆或麦秸混合饲喂。用 2.5kg 苜蓿和玉米秸秆混合饲料喂奶牛，价格低于 2kg 羊草，营养含量高于 5kg 羊草。

主要参考文献

董德宽，2003. 乳牛高效生产技术手册［M］. 上海：上海科学技术出版社.

蒋林树，陈俊杰，2014. 现代化奶牛饲养管理技术［M］. 北京：中国农业出版社.

金尔光，周木清，章娅，2006. 奶牛性别控制研究进展［J］. 上海畜牧兽医通讯，51（4）：7-8.

李建国，高艳霞，2013. 规模化生态奶牛养殖技术［M］. 北京：中国农业大学出版社.

李永志，2012. 现代奶牛健康养殖技术［M］. 北京：科学技术文献出版社.

莫放，2003. 养牛生产学［M］. 北京：中国农业大学出版社.

邱怀，2002. 现代乳牛学［M］. 北京：中国农业出版社.

王占赫，陈俊杰，蒋林树，等，2007. 奶牛饲养管理与疾病防治技术问答［M］. 北京：中国农业出版社.

王中华，2003. 高产奶牛饲养技术指南［M］. 北京：中国农业大学出版社.

徐照学，2000. 奶牛饲养技术手册［M］. 北京：中国农业出版社.

于静，王巍，2012. 奶牛健康养殖关键技术［M］. 北京：中国农业出版社.

岳文斌，2006. 奶牛规模养殖新技术［M］. 北京：金盾出版社.

岳文斌，杨修文，2003. 奶牛养殖综合配套技术［M］. 北京：中国农业出版社.

赵义斌，1992. 动物营养学［M］. 兰州：甘肃民族出版社.

图书在版编目（CIP）数据

奶牛营养与生理/蒋林树，陈俊杰，熊本海主编
. —北京：中国农业出版社，2018.1
ISBN 978-7-109-23590-8

Ⅰ.①奶… Ⅱ.①蒋… ②陈… ③熊… Ⅲ.①乳牛－
家畜营养学②乳牛－饲养管理 Ⅳ.①S823.5

中国版本图书馆 CIP 数据核字（2017）第 290742 号

中国农业出版社出版
（北京市朝阳区农展馆北路 2 号）
（邮政编码 100125）
责任编辑 李文宾 冀 刚

中国农业出版社印刷厂印刷 新华书店北京发行所发行
2018 年 1 月第 1 版 2018 年 1 月北京第 1 次印刷

开本：850mm×1168mm 1/32 印张：9.125
字数：240 千字
定价：19.80 元
（凡本版图书出现印刷、装订错误，请向出版社发行部调换）